重庆市教委科学技术研究项目：积极老龄化视域下应用型高校建筑类专业适老化发展建设研究（KJQN202302501）

中国民办教育协会规划课题（学校发展类）：积极老龄化视角下民办本科院校适老化发展建设研究（CANFZG23219）

重庆城市科技学院校级科研项目：积极老龄化视域下重庆"共建共享"居家养老服务体系构建探究（CKKY2022015）

适老·健康：多元养老模式下的养老建筑设计

何真玲 ◎ 著

U0386317

北方联合出版传媒（集团）股份有限公司

辽宁科学技术出版社

图书在版编目（CIP）数据

适老·健康：多元养老模式下的养老建筑设计 / 何真玲著 . -- 沈阳：辽宁科学技术出版社，2024.3
ISBN 978-7-5591-3478-3

Ⅰ . ①适… Ⅱ . ①何… Ⅲ . ①养老院—建筑设计—研究 Ⅳ . ① TU246.2

中国国家版本馆 CIP 数据核字 (2024) 第 053700 号

出版发行：辽宁科学技术出版社
　　　　　（地址：沈阳市和平区十一纬路 25 号 邮编：110003）
印 刷 者：河北万卷印刷有限公司
经 销 者：各地新华书店
幅面尺寸：170 mm×240 mm
印　　张：18.5
字　　数：280 千字
出版时间：2024 年 3 月第 1 版
印刷时间：2024 年 3 月第 1 次印刷
责任编辑：于　倩
封面设计：优盛文化
版式设计：优盛文化
责任校对：康　倩

书　　号：ISBN 978-7-5591-3478-3
定　　价：98.00 元

联系电话：024-23284363
邮购热线：024-23284502
E-mail：lingmin19@163.com

前　言
preface

　　进入 21 世纪后，各个国家都面临着人口老龄化的问题。我国目前正处于大规模人口老龄化进程中，特别是在我国特殊的人口政策和国情下，人口老龄化的形势非常严峻。传统的家庭式养老模式随着"421"倒金字塔家庭（指 4 个老人、夫妻 2 人、1 个孩子）的出现而产生了诸多问题，如家庭空巢化、小型化等现实问题，越来越多的高龄、失能老人需要专门的照顾，因此，我国应该不断完善养老保障体系，构建多元化的养老模式，在原有的基础上建造多样化的养老建筑，发挥各自的优势和潜能，从而慢慢走出家庭养老的困境。

　　本书共分为八章，系统性地对多元养老模式下的养老建筑设计进行了详细的分析与研究，具体如下：

　　第一章为"导论"，以背景为出发点，对中国人口老龄化的演变及特征、中国老年人的养老需求、养老政策与养老建筑标准的发展、中国养老建筑发展概述逐一进行了阐释。

　　第二章为"我国养老模式的多样性"，分别从异地养老模式、农村养老模式、"医养结合"养老模式、城市社区居家养老模式、住房反向抵押贷款养老模式 5 个方面进行了分析。

　　第三章为"乡村养老建筑设计"，主要包括乡村建设中的养老建筑设计、村镇互助式幸福院建筑养老设计、面向城市人群的乡村养老建筑设计等内容。

　　第四章为"田园综合体养老建筑设计"，主要内容有养老结合田园综合体理论及发展实践、田园养老产业与田园综合体的结合、以田园综合体为依托的养老建筑设计、田园综合体养老建筑设计的实证分析。

第五章为"医养导向下养老建筑设计"，内容包括医养导向下养老建筑设计概述、基于医养导向的养老建筑设计、医养导向下养老建筑设计实证等内容。

　　第六章为"山地度假型养老建筑设计"，主要包括山地度假型养老建筑理论概述、山地度假型养老建筑设计策略、山地度假型养老建筑设计实证等内容。

　　第七章为"绿色理念下的养老建筑设计"，内容主要有绿色理念下的养老建筑认识、绿色理念下的养老建筑设计、绿色理念下的养老建筑设计实证。

　　第八章为"展望：养老建筑设计发展"，包括走向交互设计的养老建筑设计、贴合心理需求的养老建筑设计、幼儿园与养老建筑设计的结合三部分内容。

　　本书理论与实践相结合，具有较强的实用价值，可供从事相关工作的人员作为参考书使用。本书在写作过程中得到了很多专家、教授的帮助，在此表示感谢。由于著者水平有限，书中难免存在一些不足与缺陷，希望广大读者多提宝贵意见，以便我们不断改进和完善。

目 录
contents

第一章　导论

第一节　中国人口老龄化的演变及特征

一、中国人口老龄化的演变

（一）认识"人口老龄化"

人口老龄化是中国在 21 世纪不可逆转的基本国情，它将对宏观经济运行、国家治理能力、社会民生保障等方面产生深远影响。客观认识中国人口老龄化的基本形势和老龄化演变及特征，准确把握人口老龄化规律与老龄化社会形态之间的作用关系，是认清新时代人口形势的重点。

人口老龄化包括两个方面含义：一是指老年人口相对增多，在总人口中所占比例不断上升的过程；二是指社会人口结构呈现老年状态，进入老龄化社会。国际上的普遍看法是，当一个国家或地区 60 岁以上的老年人口占总人口数的 10%，或 65 岁以上的老年人口占总人口数的 7%，而同时 14 岁及以下人口占总人口比重低于 30%，并有逐渐缩小的趋势，即意味着这个国家或地区处于老龄化社会。人口老龄化作为人口统计学的一个概念，强调人群的老化，而不是个体的老化。个体的老化是单向的，是不可逆转的，而人口老龄化则是老年人口在总人口中相对比例的变化，在一定条件下是可以逆转的。

（二）人口老龄化近况

2015 年 2 月 26 日，国家统计局发布了 2014 年国民经济和社会发展统计公报。公报数据显示，2014 年年末，我国 60 周岁及以上人口数为 21242 万人，占总人口比重为 15.5%；65 周岁及以上人口数为 13755 万人，占总人口比重为 10.1%，首次突破 10%。数据显示，2014 年末中国大陆总人口数为 136782 万人，比上年末增加 710 万人，其中城镇常住人口数为 74916 万人，占总人口比重为 54.77%。全年出生人口数为 1687 万人，出生率为 12.37%；死亡人口数为 977 万人，死亡率为 7.16%；自然增长率为 5.21%。全国人户分离的人口数为 2.98 亿人，其中流动人口数为 2.53 亿人。老年人数量超 2 亿。

2015 年 11 月 29 日，中国保险行业协会、中华人民共和国人力资源和社会保障部社会保障研究所等 5 家机构联合发布了《2015 中国职工养老储备指数大中城市报告》，该报告显示，我国人口老龄化已达到较为严重的程度。

2021 年 3 月 2 日，国务院新闻办公室举行发布会，原银保监会主席郭树清表示："中国是一个发展中国家，但是将很快进入老龄化社会。现在，我国 65 岁以上人口已经占 12% 以上，比日本、欧洲低得多，美国是16% 左右，按照专家分析，用不了多少年，我国可能会超过美国。所以，人口老龄化确实是一个很大的挑战。"

2021 年 5 月 11 日，第七次全国人口普查结果公布，中国 60 岁及以上人口数为 26 402 万人，占总人口比重为 18.70%，其中，65 岁及以上人口数为 19064 万人，占总人口比重为 13.50%。人口老龄化程度进一步加深（表 1–1）。

表1-1　中国7次全国人口普查年龄分布

普查年份	0～14 岁 /%	15～64 岁 /%	65 岁及以上 /%
1953	36.28	59.31	4.41
1964	40.69	55.75	3.56

续 表

普查年份	0～14岁/%	15～64岁/%	65岁及以上/%
1982	33.59	61.5	4.91
1990	27.69	66.74	5.57
2000	22.89	70.15	6.96
2010	16.60	74.53	8.87
2020	17.95	68.55	13.5

1. 老龄化速度高于平均水平

我国面临着人口老龄化的重大压力，随之而来的就是数量庞大的老年人口的养老问题。

第七次全国人口普查结果公布，全国人口数为 14.43 亿人，与 2010 年的 133972 万人相比，增加了 7206 万人，增长 5.38%，年平均增长率为 0.53%，比 2000—2010 年的年平均增长率（0.57%）下降 0.04 个百分点。数据表明，我国人口近 10 年来继续保持低速增长态势。其中，60 岁及以上人口占 18.70%，65 岁及以上人口占 13.50%。2022 年，中华人民共和国国家卫生健康委员会、中华人民共和国教育部、中华人民共和国科技部等 15 个部门联合印发《"十四五"健康老龄化规划》。其中提到，"十四五"时期，我国人口老龄化程度将进一步加深，60 岁及以上人口占总人口比例将超过 20%，进入中度老龄化社会。

根据 1956 年联合国《人口老龄化及其社会经济后果》确定的划分标准，当一个国家或地区 65 岁及以上老年人口数量占总人口比例超过 7% 时，则意味着这个国家或地区进入老龄化社会。1982 年，维也纳老龄问题世界大会确定 60 岁及以上老年人口占总人口比例超过 10%，意味着这个国家或地区进入严重老龄化社会。我国 65 岁及以上人口占比在 2004 年就达到了 7%（图 1-1），并且逐年上升；抽样调查结果显示 60 岁及以上人口在 2011 年就达到了 10% 以上（图 1-2）。从这两个标准来看，我国已经进入老龄化社会。

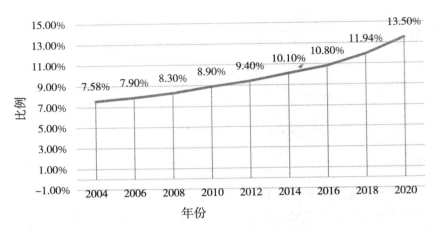

图 1-1　中国 65 岁及以上人口比例超过 7%

图 1-2　中国 60 岁及以上人口比例超过 10%

按照国际惯例，当 60 岁以上人口比例超过总人口的 10%，或者 65 岁以上人口比例超过总人口的 7%，就被称为"老龄化社会"，而比例超过 14% 就被称为"老龄社会"。老龄化社会是一种动态的进程，是走向老龄社会的进行时；老龄社会是一种静态的完成时。从老龄化社会进入老龄社会，法国用了 115 年，英国用了 47 年，德国用了 40 年，而日本只用了 24 年，速度之快非常惊人。根据联合国的人口统计数据，我国将在 2024—2026 年前后进入老龄社会，速度与日本大体相同。

从国际横向比较来看，全球人口整体上呈现出老龄化趋势，表现为

65 岁以上人口占总人口比例逐渐攀升，且具有"发达程度越高，人口老龄化越严重"的特征。据世界银行数据显示，2002 年，全世界 65 岁及以上老年人口比重为 7.04%，2020 年则达到 9.40%。进入 21 世纪以来，全世界总体上步入人口老龄化社会，发达国家人口老龄化程度明显加深，发展中国家总体上还未进入老龄化行列。从全世界范围来看，2000 年，全世界总人口数为 61.4 亿人，2020 年增至 77.9 亿人，20 年间增长 16.5 亿人；与此同时，60 岁及以上老年人口数由 6.1 亿人增至 10.5 亿人，增长 4.4 亿人；2000 年，60 岁及以上老年人口比重为 9.9%，处于人口老龄化社会的前夕，2020 年此比重增至 13.5%，20 年间增长了 3.6 个百分点。同期，发达国家 60 岁及以上老年人口数从 2.3 亿人增至 3.3 亿人，增长 1.0 亿人，占总人口比重从 19.3% 增至 26.0%，增长 6.7 个百分点，人口老龄化程度较重且相比世界总体水平高出很多。发展中国家（不含中国）60 岁及以上老年人口数量从 2.5 亿人增至 4.7 亿人，仅增长 2.2 亿人，占总人口比重从 6.9% 增至 9.3%，增长 2.4 个百分点，人口老龄化程度较轻且进程明显慢于发达国家，总体上还未进入人口老龄化社会。

中国人口老龄化进程明显快于世界老龄化进程，也快于发达国家。2000—2020 年，中国 60 岁及以上老年人口数从 1.3 亿人增至 2.6 亿人，增长 1.3 亿人，即全世界增长的 4.4 亿老年人口中，有 1.3 亿由中国贡献；60 岁及以上老年人口比重从 10.0% 增至 18.7%，增长 8.7 个百分点，增长幅度高出全世界约 5.1 个百分点，也高出发达国家约 2.5 个百分点。中国与全世界几乎同时进入人口老龄化社会，然而，中国步入老龄化行列时经济发展水平明显更低。中国当前的经济发展水平与世界总体水平相当，但人口老龄化程度明显更深。世界银行数据显示，2000 年、2020 年，全世界人均 GDP 分别为 5512 美元、10909 美元，中国对应的数据分别为 959 美元、10500 美元。这表明，中国人口老龄化呈现出明显的未富先老、进程较快的特征（表 1-2）。

表1-2 2000—2020年世界及中国人口老龄化状况

分类	总人口数量 / 亿人			60 岁以上人口数量 / 亿人			60 岁以上人口比重 /%		
	2000 年	2010 年	2020 年	2000 年	2010 年	2020 年	2000 年	2010 年	2020 年
世界	61.4	69.6	77.9	6.1	7.6	10.5	9.9	11.0	13.5

续　表

分　类	总人口数量／亿人			60岁以上人口数量／亿人			60岁以上人口比重／%		
	2000年	2010年	2020年	2000年	2010年	2020年	2000年	2010年	2020年
发达国家	11.9	12.3	12.7	2.3	2.7	3.3	19.5	21.8	25.7
发展中国家（不含中国）	36.4	43.2	50.5	2.5	3.2	4.7	6.8	7.5	9.2
中国	12.6	13.4	14.2	1.3	1.8	2.6	10.0	13.3	18.7

2. 人口出生率和自然增长率处于下滑趋势

我国人口在新中国成立之后高速增长。1959—1961年三年严重困难时期，人口增长率大幅度下降甚至出现了负增长。随后，经济条件改善使人口增长率在1963年左右达到了巅峰。1982年，计划生育被定位为基本国策并写入宪法，人口增速得到了抑制。在1988年左右，20世纪60年代高增长时代出生的人群进入生育期，推动人口增长率达到一个小的高峰期。此后，人口一直处于较低的增长水平。

多年的计划生育政策，使我国人口逐渐产生老龄化的趋势，我国出现了劳动力不足、年轻人负担过重等问题。2016年1月1日，我国开始实行全面两孩政策。

人口调查数据显示，人口出生率在2016年有了一定幅度的上升，从2013年的13.03%升至13.57%，全面两孩政策产生了一定效果。但是在2017年，人口出生率并未如预期一样继续上升，而是回落到了12.64%。这反映出我国居民生育意愿降低，全面两孩政策并没有达到显著效果；2018年，人口出生率降至10.86%，人口自然增长率降至3.78‰；到2021年，人口出生率降至7.52%，人口自然增长率降至0.34‰。在全面两孩政策最有可能起到作用的2017年、2018年，人口出生率不增反降，那么，未来人口增速则更难实现（图1-3）。同发达国家的历程一样，我国人口出生率进入了低增长时代。

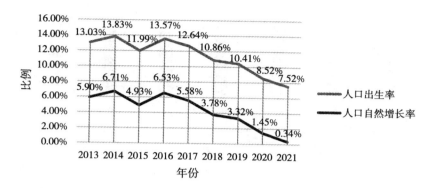

图 1-3　人口出生率和人口自然增长率持续下滑

3. 人口平均预期寿命在逐年提升

根据国家统计局数据显示，我国人口平均预期寿命逐年提高（图1-4），2015 年达到 76.34 岁，高于中等偏上收入国家（图 1-5），我国老年人口的比例相对较高。[①]

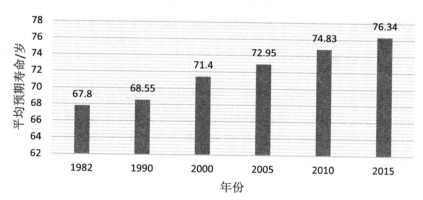

图 1-4　人口平均预期寿命逐年提高

---

① 宋剑勇，牛婷婷. 智能健康和养老 [M]. 北京：科学技术文献出版社，2020：11.

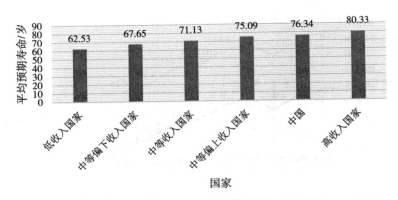

图 1-5　2015 年中国人口平均预期寿命高于中等偏上收入国家

持续走低的人口出生率和稳步提升的人口平均预期寿命，在二者的共同作用下，使我国人口结构越来越趋于老龄化。我国 2016 年人口结构和日本 1980 年的人口结构极其类似。日本在 20 世纪 90 年代出现了经济衰退、深度老龄化等社会问题，其重要原因就是人口结构问题。因此，我国应及早制定相关政策，发展养老产业，应对人口老龄化问题。

（三）人口老龄化的演变

自中华人民共和国成立至今，我国经历了 20 世纪 80 年代初期与 20 世纪 80 年代后期的人口增长高峰期后，人口出生率与人口自然增长率持续下降，人口结构从成年化阶段步入老龄化阶段，人口结构发生了根本性的转变。20 世纪 90 年代后，我国 65 岁以上的老年人口数量与老年抚养比呈不断上升趋势，少儿抚养比则呈不断下降趋势。

1. 成年化阶段（20 世纪至 80 年代）

中国的人口老龄化在改革开放之前并未显露。20 世纪 70 年代初，我国开始实行以控制人口增长为目标的计划生育政策，我国的生育率发生了急速的转变，生育率呈下降趋势。生育率下降导致了少儿人口减少，同时，20 世纪 70 年代前高生育率下出生的人口成为劳动年龄人口，人口年龄结构向成年化阶段转变。1982 年的第三次全国人口普查结果显示：0 ～ 14 岁的人口比重较 1964 年下降了 7 个百分点，15 ～ 64 岁的人口比重较 1964 年上升了 11 个百分点，而 65 岁以上的人口比重较 1964 年上升了 1.3 个百分点，变化幅度相对较小。1990 年的第四次全国人口普查结果显示：0～14岁的人口比重较1982年下降了5.9个百分点，15～64岁的人口比重较1982年上升了6个百分点，65岁以上的老龄人口比重较1982年上升了5.6个百分点。少儿人口比重的逐渐降低和劳动年龄人口比重的逐渐增加表明我国的人口金字塔出现了底部收缩的趋势，人口结构步入成年化阶段。

2. 老龄化形成阶段（20世纪90年代）

20世纪90年代，我国的总和生育率进一步下降。1990年我国的总和生育率为2.31，1995年下降为1.99，20世纪90年代中后期总和生育率维持在1.8左右，低于2.1的生育更替水平。在此期间，我国的人口结构继续呈现少儿人口比重下降、劳动年龄人口和老龄人口比重上升的变化特征。2000年第五次全国人口普查结果显示：0～14岁少儿人口比重下降为22.89%，15～64岁劳动年龄人口比重上升为70.1%，60岁以上人口比重超过10%，65岁以上老龄人口的比重为6.96%，分别超过与接近10%和7%的国际通行老龄化标准，这说明进入20世纪90年代后，我国的人口老龄化速度加快，人口结构开始转为老年型，我国逐渐步入老龄化社会。

3. 老龄化加速阶段（21世纪初期）

2000年以来，我国的总和生育率不断下降。2000年的总和生育率为1.22，2005年的1%人口抽样调查结果显示总和生育率为1.34，远低于2.1的生育更替水平。2010年的第六次全国人口普查结果显示：0～14岁少儿人口比重为16.6%，15～64岁劳动年龄人口比重为74.53%，60岁以上人口比重为13.4%，65岁以上老龄人口比重为8.87%，60岁以上人口和65岁以上老龄人口的比重较2000年分别增加了3%和1.7%。这说明进入21世纪后，我国的老龄人口及其比重的增长速度高于此前30年，人口老龄化处于加速阶段。

4. 老龄化高速阶段（2010年至今）

2010年我国的总和生育率为1.18，其中城市为0.88，农村生育率为1.44。而根据《世界人口数据表》的统计结果：2010年全球平均总和生育率为2.5，发达国家为1.7，欠发达国家为2.7，最不发达国家为4.5。中国的总和生育率低于世界平均水平的一半，而且低于发达国家的平均水平。尽管2014年实施"单独两孩"的生育政策后，2015年的1%人口抽样调查结果显示，中国的总和生育率下降为1.047，远低于1.8的政府鼓励水平。2021年5月31日，中共中央政治局召开会议，审议《关于优化生育政策促进人口长期均衡发展的决定》。会议指出，进一步优化生育政策，实施一对夫妻可以生育三个子女政策及配套支持措施，有利于改善我国人口结构、落实积极应对人口老龄化国家战略、保持我国人力资源禀赋优势。三孩政策成为中国积极应对人口老龄化而实行的一项计划生育政策。

我国的人口老龄化分为快速发展阶段（2010—2022年）、急速发展阶段（2023—2035年）、缓速发展阶段（2036—2053年）与高峰平台阶段（2054—2100年）。在快速发展阶段，中国老年人口将出现第一个增长高峰期，人口老龄化水平提升至18.5%，但仍属于轻度老龄化阶段；在急速发展阶段，老年人口将出现第二个增长高峰期，老龄化水平提高为29%，老年抚养比超过少儿抚养比，进入中度老龄化阶段；在缓速发展阶段，老年人口将出现第三个增长高峰期，老龄化水平为35%，处于重度老龄化阶段，并将超过发达国家的平均水平；在高峰平台阶段，人口老龄化速度降低，老龄化水平将保持在34%左右，形成一个稳定状态[①]。

二、中国人口老龄化的特征

（一）"三高两化一超"特征

"三高两化一超"特征指的是老年人口结构总体呈现基数高、增速高、抚养比高，高龄化、空巢化及超前于现代化。

1. 老年人口规模全球最大，且呈现继续扩大态势

根据世界银行统计数据，2019年我国65岁及以上老年人口数为17599万人，约占世界老年人口总量的23%，约占亚洲老年人口总量的50%，为世界之最。按照联合国人口司预测，在2050年以前，我国将一直是全球老年人口规模最大的国家，老年人口全球占比保持在20%以上。根据国家统计局数据，2000年我国65岁及以上老年人口数为8821万人；2021年，第七次全国人口普查结果公布，全国人口总数为141178万人，

---

① 陆杰华，郭冉.从新国情到新国策：积极应对人口老龄化的战略思考[J].国家行政学院学报，2016（5）：27-34，141-142.

与 2010 年的 133972 万人相比，增加了 7206 万人，增长率为 5.38%，年平均增长率为 0.53%，比 2000 年到 2010 年的年平均增长率（0.57%）下降 0.04 个百分点。数据表明，我国人口近 10 年来继续保持低速增长态势。其中，15～59 岁人口占 63.35%，60 岁及以上人口占 18.7%，65 岁及以上人口占 13.5%，与 2010 年相比，15～59 岁、60 岁及以上人口的比重分别下降 6.79 个百分点、上升 5.44 个百分点。我国少儿人口比重回升，生育政策调整取得了积极成效。同时，人口老龄化程度进一步加深，未来一段时期将持续面临人口长期均衡发展的压力。近 20 年来，我国高龄老年人口的增幅最大，增加 1.5 倍以上，这表明我国老年人口总基数高，而且高龄老年人口基数高、增幅大。

2. 老年人口增速快

从 1980 年我国正式实行计划生育政策以来，我国老年人口的比重快速上升，到 1999 年 65 岁及以上人口占比已突破 7%，进入轻度老龄化社会。这表明我国用不到 20 年的时间完成了老龄化进程，大大快于世界主要发达国家完成这一进程的速度。我国老年人口规模庞大，自 2000 年迈入老龄化社会之后，人口老龄化程度持续加深。2021 年中国 60 岁及以上人口数为 26 736 万人，比前一年增加 334 万人，占全国人口的 18.9%，比前一年提高了 0.2 个百分点（图 1-6）；65 岁及以上人口数突破 2 亿人，达到 20 056 万人，比前一年增加 992 万人，占全国人口的 14.2%，比前一年提高了 0.7 个百分点（图 1-7）。

图 1-6　2016—2021 年中国 60 岁及以上人口数量和占比

图 1-7　2016—2021 年中国 65 岁及以上人口数量和占比

3. 老年抚养比大幅上升

随着我国老龄化的加速，老年抚养比快速上升。2021 年我国老年抚养比达到 20.8%，比 2020 年上升 1.1 个百分点，相比 1990 年的水平，提高了一倍多。1990 年我国老年抚养比仅为 8.30%，20 世纪 90 年代长期保持在 10% 以下。但从 2002 年开始，我国老年抚养比进入快速上升通道，从 2002 年的 10.40% 上升到 2021 年的 20.8%。同时，从近几年来看，老年抚养比有进一步加快上升的态势。由于老年人口的快速上升，预计我国老年抚养比将在 2025 年前后超过少儿抚养比（图 1-8）。

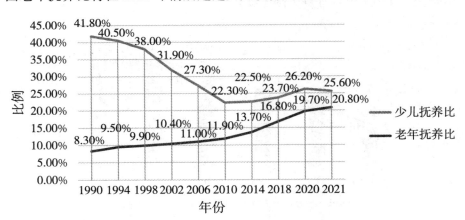

图 1-8　中国人口抚养比变化

4. 老年人口高龄化趋势较为明显

从我国 65 岁以上老年人口的年龄结构看，2000 年我国 65 岁及以上老年人口中，65 ～ 69 岁人口占 39.40%，到 2019 年这一比例略有上升，达到 40.13%，上升不到 1 个百分点。2000—2019 年，我国老年人口中 70 ～ 74 岁人口占比下降，由 47.02% 下降为 42.45%，80 岁及以上的高龄老年人口占比出现较大涨幅，比重由 13.58% 上升到 17.42%，上升约 4 个百分点。其中，在 2019 年的我国老年人口中，65 ～ 69 岁、70 ～ 79 岁和 80 岁及以上的人口占当年老年人口总量的比重分别为 40.13%、42.45% 和 17.42%。

5. 独居老年人口和空巢老年人口规模不断扩大

根据中华人民共和国民政部（以下简称"民政部"）的统计数据，2000—2010 年仅 10 年时间，我国城镇空巢老人比例就由 42% 快速上升到 54%，农村空巢老人比例由 37.9% 提高到 45.6%。2013 年我国空巢老人人口超过 1 亿，到 2019 年增长到约 1.2 亿，占老年人口总量的 68.6%。2020 年空巢老人数为 1.18 亿。根据北京大学曾毅研究团队预测，2030 年我国空巢老人数将增加到 2 亿以上，占老年人口总数的 90% 左右。研究显示，1982—2015 年，中国家庭平均人数从 4.40 人下降至 2.89 人，预测到 2050 年将下降至 2.51 人。在家庭小型化趋势下，独居老人规模大幅提升。根据民政部抽样数据统计，我国独居老人的数量从 2010 年的约 1754 万快速上升至 2019 年的 3710 万。未来，随着"独一代"的"60 后"父母进入老年队列，叠加"独一代"的"50 后"老年父母，使独生子女老年父母数量快速增加，老年人家庭空巢化、独居化、小型化趋势继续深入发展。

6. 人口老龄化超前于现代化

受世界范围内生育水平持续下降、人均寿命提高等因素影响，全球老年人口绝对数量和增速都在上升，人口老龄化成为一个全球性趋势。中国、欧洲、美国与日本人口年龄、性别结构均呈现较为明显的纺锤形，其中日本的纺锤形结构最为明显，而印度人口年龄、性别结构呈现十分明显的金字塔形。这预示着中国、欧洲、美国、日本的人口结构已经属于老年型，而印度的人口结构仍然属于年轻型。

联合国经济和社会事务部公开数据显示，从世界主要发达国家人口

老龄化进程看，65 岁及以上老年人口达到 7% 时，人均 GDP 基本介于
5000 ～ 10000 美元。而我国进入老龄化国家行列时，人均 GDP 仅为 800
美元，世界发达国家的人口是"先富后老"或"富老同步"，而我国属于
"未富先老"。如图 1-9 a 所示，2018 年，中国 65 岁及以上人口占总人口
比例达 10.9%，人均 GDP 为 7755 美元（2010 年美元不变价），而主要发
达国家和地区 65 岁及以上人口占总人口比例与中国水平相似时，其人均
GDP 水平均高于中国——美国为 26223 美元（1976 年）、日本为 34877
美元（1988 年）、欧盟为 16434 美元（1972 年）。2019 年中国老龄化程
度在全球经济体中位居第 61 位，高于中等偏上收入经济体 2.2 个百分点。
2019 年全球 65 岁及以上人口占比为 9.1%，高收入经济体、中等偏上收
入经济体分别为 18.0%、10.4%；全球老龄化程度位居前三的经济体为日
本、意大利、葡萄牙，占比分别为 28.0%、23.0%、22.4%。如图 1-9 b 所
示，从老龄化程度与经济发展水平的国际对比看，美国、日本、韩国、
中国人均 GDP 达到 1 万美元分别在 1978 年、1981 年、1994 年、2019 年，
当时 65 岁及以上人口占比分别为 11.2%、9.2%、5.8%、12.6%。美国、日
本、韩国、中国的 65 岁及以上人口占比达到 12.6% 分别是在 1990 年、
1992 年、2015 年、2019 年，当时人均 GDP 分别为 2.4 万美元、3 万美元、
2.7 万美元、1 万美元。

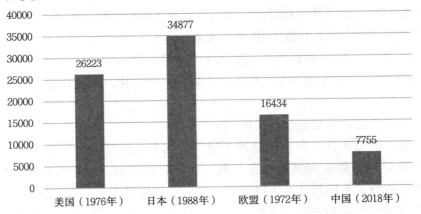

a. 老龄化约 11% 时人均 GDP（以 2010 年美元不变价计算）

图 1-9　我国与世界主要国家和地区老龄化变化比较

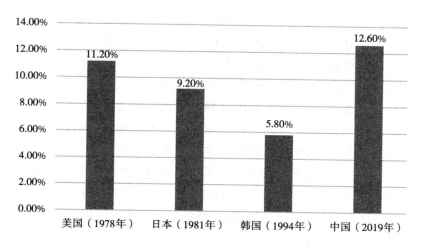

b. 人均 GDP 达 1 万美元时老龄化程度比较

图 1-9 我国与世界主要国家和地区老龄化变化比较（续）

（二）城乡老年人口呈规模倒置、农村老龄化更加严重及年龄结构趋同的结构性特征

1. 我国老年人口逐步向城镇聚集

2000 年，我国城镇人口数为 48359 万人，城镇人口中 65 岁及以上的老年人口数为 2940 万人，我国乡村人口数为 78384 万人，乡村人口中 65 岁及以上的老年人口数为 5881 万人，乡村老年人口数约为城镇老年人口数的 2 倍。随着我国城镇化的推进，农村剩余劳动力转移加快，2017 年城镇老年人口首次超过乡村老年人口数，到 2018 年末，我国城镇人口数增加到 83137 万人，其中 65 岁及以上老年人口数增加到 8853 万人，增加 5913 万人，约增加 2 倍，年均增速为 6.32%。同时，我国乡村人口数减少到 56401 万人，其中 65 岁及以上老年人口增加到 7805 万人，但相比城镇老年人口少 1048 万人，增幅为 32.72%，年均增速为 1.58%。2000—2018 年，城镇老年人口增幅比乡村高出近 1.7 倍，城镇老年人口年增速比乡村高出近 5 个百分点。

2. 全国乡村人口老龄化趋势更为明显

2000 年，我国城镇老年人口数占城镇总人口数的 6.08%，乡村老年人口数占乡村总人口数的 7.50%。按照国际老龄化标准，2000 年我国乡村已经进入轻度老龄化社会。2000 年以后，我国城镇老年人口比重在波动中缓慢上升，到 2009 年首次突破 7%，进入轻度老龄化社会，并在随后几年保持在这一水平之上，到 2018 年城镇老年人口占比达到 10.65%。而 2000 年以来，我国乡村老年人口比重持续保持较大幅度上升，到 2018 年达到 13.84%，相比城镇老年人口比重高出约 3 个百分点。2000—2018 年，我国城镇老年抚养比由 8.03% 增加到 14.39%，增加约 6 个百分点；乡村老年抚养比起步较高，由 11.20% 持续上升到 20.74%，增加约 9.5 个百分点。相比于城镇而言，乡村人口老龄化面临更严峻的形势，叠加乡村"空心化"问题，当前全面推进乡村振兴的人力支撑和民生保障方面面临更大的压力。

3. 全国城乡老年人口年龄结构基本一致

统计数据显示，2000—2018 年，我国城镇 65 岁及以上老年人口中 65～69 岁人口占比围绕 38% 的水平小幅波动，70～79 岁人口占比的平均水平约为 46%，80 岁及以上人口占比保持在 16% 左右，城镇老年人口分年龄段的结构性比例基本保持在 38：46：16 的水平。同时期，我国乡村 65 岁及以上老年人口中 65～69 岁人口占比的平均水平约为 37%，70～79 岁人口占比的平均水平约为 47%，80 岁及以上人口占比平均水平同样保持在 16% 左右，乡村老年人口分年龄段的结构性比例为 37：47：16，基本与城镇老年人口分年龄段的结构性比例保持一致。

（三）各省（自治区、直辖市）老年人口呈现空间分布、规模增速、老龄化程度及抚养比发展不平衡的特征

我国幅员辽阔，分布在全国各省（自治区、直辖市）的老年人口受地方经济、社会及历史因素影响，呈现不同的发展态势和特征。

1. 各省（自治区、直辖市）老年人口规模差异性较大

2021 年全年，在中国 141260 万人中，60 岁及以上的老年人口数为 26736 万人，占总人口数的 18.9%。中国老年人口最多的山东省 60 岁及以上人口数为 2122.1 万人，其次是江苏省、四川省、河南省、广东省、河北省、湖南省、浙江省、湖北省、安徽省、辽宁省，老年人口数均超

过千万（表 1-3）。由于各省（自治区、直辖市）老年人口规模的巨大差异，国家在制定人口、医疗、社保等政策时，要充分考虑各地实际情况，避免"一刀切"。

表1-3　2021年全国老年人口超过千万的省（自治区、直辖市）排序

省（自治区、直辖市）	2021 年老年人口／万人	排　名
山东省	2122.2	1
江苏省	1850.53	2
四川省	1816.4	3
河南省	1796.4	4
广东省	1615	5
河北省	1507	6
湖南省	1310	7
浙江省	1252	8
湖北省	1179.5	9
安徽省	1146	10
辽宁省	1095.45	11

2. 各省（自治区、直辖市）老龄化发展变化差异性较大

由于我国各省（自治区、直辖市）的空间区位、资源禀赋、经济基础、历史文化等存在较大差异，各地的老龄化呈现不同特征。根据国家统计局抽样数据，2002—2019 年，65 岁及以上老年人口占比增长最快的省（自治区、直辖市）是辽宁省，由 8.10% 上升到 15.92%，上升 7.82 个百分点。65 岁及以上老年人口占比上升较快的省还有山东省、吉林省、四川省、重庆市、黑龙江省、安徽省、河北省、甘肃省和江苏省（自治区、直辖市），分别上涨 7.33、6.60、6.37、6.20、5.86、5.73、5.51、5.22 和 5.19 个百分点。同时期，部分省（自治区、直辖市）65 岁及以上老年人口占比增长较少，甚至出现负增长。例如，西藏减少 0.39 个百分点，呈现逆老龄化发展形态。其他 65 岁及以上老年人口占比增长较少的省（自治区、直辖市）包括新疆省、海南省、广西省、天津市、广东省和北京市，老龄化分别增加 1.95、1.74、1.54、1.34、0.84 和 0.68 个百分点。

根据第七次人口普查的数据：全国老龄化程度最严重的城市是江苏省南通市，65 岁及以上的人口比重为 22.67%；第 2 名是四川省资阳市，65 岁及以上的人口比重为 22.62%；第 3 名是江苏省泰州市，65 岁及以上的人口比重为 22.01%；第 4 名是四川省自贡市，65 岁及以上的人口比重为 21.29%；第 5 名是内蒙古自治区乌兰察布市，65 岁及以上的人口比重为 20.81%。这意味着这些城市进入了中度老龄化社会。

3. 各省（自治区、直辖市）老年人口抚养比上升差异性较大

人口老龄化给各省（自治区、直辖市）带来较大挑战，2002—2019 年各省（自治区、直辖市）65 岁及以上老年抚养比的发展变化看，上升最快的是辽宁省，增加了 11 个百分点，增幅为 103.77%。吉林省、山东省、宁夏回族自治区、黑龙江省、河北省、四川省、甘肃和重庆市（自治区、直辖市）等老年抚养比也有较大增幅，增幅分别为 103.45%、103.42%、94.29%、90.36%、80.37%、78.69%、76.92% 和 76.56%。广东省和西藏自治区的老年抚养比则出现负增长，分别减少 0.1 和 0.4 个百分点，降幅分别为 0.81% 和 5.32%。北京市虽然也是正增长，但增幅较小，增加 0.8 个百分点，增幅 5.76%。

截至 2020 年我国人口总抚养比为 45.88%，其中，老年抚养比为 19.69%。河南省、广西壮族自治区、贵州省、湖南省、安徽省总抚养比位列前五，其中，河南省总抚养比最高，达到 57.79%。数据显示，老年抚养比排名前十的省（自治区、直辖市）分别是重庆市、四川省、辽宁省、江苏省、山东省、安徽省、湖南省、上海市、吉林省和河南省。在这十个省（自治区、直辖市）中，除河南省以外，其他省（自治区、直辖市）均已迈入中度老龄化社会。

第二节 中国老年人的养老需求

一、老年人的精神养老需求

（一）人际交往需求

多数老年人已离开工作岗位或生产第一线，儿女经常不在身边，自己身体又不好，行动不便，社交圈明显缩小。他们倍感失落和无聊，很想走出狭小的居住空间，与老朋友交流，更希望在各种社会活动中结交新朋友，形成新的人际交往空间。

（二）文化娱乐需求

老年人闲暇时间相对较多，又不愿意浪费光阴，因此需要通过参加一些有益身心健康的文化娱乐活动来排解无聊烦闷的情绪，填补孤独寂寞的心情，丰富晚年生活，享受人生乐趣。

（三）知识教育需求

"活到老，学到老"在不少老年人身上得到体现，他们的求知欲不亚于年轻人，渴望通过接受教育，陶冶情操，汲取新知识来更新观念，提高文化素质，丰富人生阅历，融入时代发展。[1]

（四）政治参与需求

老年群体是一支不可忽视的政治力量，尤其在人口老龄化的社会里，尽管他们离开了生产领域，但他们并没有退出政治生活，他们有充足的时间和丰富的人生阅历，有较强的政治参与热情，特别关注、关心本行政区域的社会公共事务和公益事业。

---

[1] 魏金玲.关注老人精神需求与加强我国精神养老[J].决策与信息（中旬刊），2015（12）：284-286.

（五）自我实现需求

自我实现需求是老年人的尊严和其自身价值的体现，是老年人追求实现老有所为的本质所在，是其精神需求的最高境界。尽管他们已经卸下社会生产和家庭的重担，但依然期望继续实现自己对家庭、对社会的价值。自我实现需求的满足程度最终决定老年群体精神生活的整体质量。

二、老年人的生理养老需求

老年人的生理特点决定了其基本的生理养老需求。在养老建筑设计中对老年人的生理需求给予有针对性的满足可以提高老年人的养老生活品质。

（一）安全无障碍需求

老年人神经系统衰退，反应能力和应变能力相对迟缓，骨骼韧性降低，容易发生骨折等情况。因此，他们对居住环境的安全无障碍标准有更高的要求。养老建筑在设计过程中，需要对沟坎、台阶和楼梯进行无障碍处理，为老年人的日常生活使用提供便捷，提高老年人行动的安全性。需要合理设计门窗、扶手、墙面凸出物、室内卫生间挡水墙及地面，降低老年人使用的危险性，避免对老年人身体造成损害。养老建筑安全无障碍设计，不仅体现了对老年人生理需求的尊重，也是养老建筑的基本要求。

（二）建筑热工性能需求

老年人身体机能衰退，易感染各类疾病，活动范围主要集中在室内空间，因此，养老建筑应具有良好的热工性能指标，以保证适宜的室内温度与湿度，同时加强室内的自然通风和采光。养老建筑在室内外连接处可通过设置连廊或避雨亭等空间形式的冷热环境过渡区，提高老年人对室外环境的适应能力。

（三）医疗保障需求

老年人免疫系统衰退，抵抗力低，易产生突发性疾病，因此，养老建筑需具备一定的医疗保障功能，不仅应临近区域内的大型医疗机构，而且养老建筑内部应有针对性地设置基础医疗服务站。老年人居住的室内应设有应急呼叫按钮，便于老年人在紧急情况时报警呼救，为其身体健康提供必要的基础保障。

（四）健身锻炼需求

健身锻炼是一种较为简单且效果显著的全身性的保健方法，适当地健身锻炼可以增强老年人的体质，提高身体免疫力，对老年人的生理健康产生积极的作用。因此，养老建筑在设计过程中，应设置合理、足够的活动空间以满足老年人对健身锻炼的需求。

三、老年人的心理养老需求

养老生理需求的满足是"老有所养"的基本体现，而心理需求的满足则是"老有所乐"的关键所在。

（一）安全感需求

老年人不安的情绪会使其神经高度紧张，影响正常生活。养老建筑在设计过程中应营造富有安全感的空间环境，如养老建筑应靠近医疗设施和服务设施，为老年人提供医疗服务保障；建筑细节应采取无障碍设计，安装防火、防盗与报警设备等，为老年人提供更具安全感的空间环境；养老建筑的材料应尽可能地选用温和属性的材质，构建暖色调的空间居室风格，使老年人的身心得以放松。

（二）归属感需求

老年人通过参加集体社交活动实现自我价值，并从中获得归属感以提升养老生活品质。养老建筑功能及空间的设置应满足老年人的社交活动需求，应提供书画室、棋牌室与声乐室等丰富的活动空间。老年人根据自身的喜好和条件选择琴、棋、书、画等休闲活动，不仅可以提升自我价值，而且可以陶冶情操，养生益寿。老年人通过同伴之间的相互交流，积极参与社交活动，能够更好地促进老年个体融入集体环境，使其获得相应的归属感，增添生活热情，并减少消极情绪。

（三）价值感需求

老年人通过参与教育培训活动发挥余热，将自身的经验、知识和技能传授给年轻一代，能够更好地展现自身的价值。养老建筑设计也要充分考虑老年人价值感的需求，尽可能提供演讲座谈、技艺研习及文化休闲等教育活动的场所，增加交流机会，使具有特长的老年人发挥自身优势，向他人授技能，从而使老年人产生自我价值感，同时鼓励老年人相互学习交流，增加社会互动，不断提升自我价值。

（四）沟通感需求

丰富的社交活动是缓解或消除老年人群孤独与消沉等心理疾病的重要方式。与同龄人的沟通可使老年人激发对生活的感悟，产生情感共鸣，缓解内心的消极情绪，从而加深交流，提升老年人的活力。因此，养老建筑设计应充分考虑交流空间的设置，提供更多层面的活动条件和交流机会，如可设置儿童活动场所，促进老年人与年轻人和儿童互动玩耍，以满足沟通感的需求。

第三节　养老政策与养老建筑标准的发展

一、养老政策的发展历程

我国的养老政策体系建立比较晚，一直作为社会福利制度的一部分而融入整个经济体制中。中华人民共和国成立后，我国对于基本生活资料实行统购统销和配给制度，城市实行单位制，由家庭和单位来满足城市老年人的养老服务需求；农村实行人民公社制，由家庭、集体互助为老年人提供养老服务；对于城市的"三无"人员、农村的"五保户"等弱势群体，国家通过建立公办福利院、五保制度，提供救济型的养老服务。随着国家对老龄化的重视，制度变迁导致传统保障功能的减弱，20世纪80年代以来，我国开始逐步建立起养老政策体系。

（一）早期探索（1982—1999 年）："福利性"转向"社会化"

20世纪80年代以来，我国进行了社会主义市场经济体制改革，农村人民公社被取消，城市单位制瓦解，国有企业实行改革，原先的集体保障、单位保障等养老机制逐渐消失，只剩下对农村"五保户"和城市"三无"人员的救济政策，老年人对养老服务的需求无法得到保障。国家开始正视人口老龄化与传统保障功能弱化的事实，1982年"中国老龄问题全国委员会"成立，全国各地开始建立老龄工作机构，从中央到地方的老龄工作网络逐步形成。1983年，民政部提出"社会福利社会化"的社会福利事业改革思路，推动社会福利由国家包办向国家、社会、个人共办转移，社会机构开始兴建为养老服务的福利机构。1993年，民政部等14个部门联合印发了《关于加快发展社区服务业的意见》，首次将"养老服务"从社会福利概念中独立提出。1994年，原国家计委等10个部委联合发布《中国老龄工作七年发展纲要（1994—2000年）》，明确了老龄事业是中国特色社会主义事业的重要组成部分，提出了家庭养老与社会养老相结合的原则，扩大老年人社会化服务，这是我国在国家层面对养老服务政策体系的早期探索。

（二）初步建立（2000—2012 年）：社会养老概念、体系开始形成

1999年末，我国60岁以上老年人口占总人口比重超过10%，开始进入老龄化社会，国家对人口老龄化问题更加重视。2000年，《中共中央 国务院关于加强老龄工作的决定》发布，这是这一阶段国家关于养老服务方面发布的纲领性文件，为进一步推进养老服务发展奠定了基础。"养老服务"这一概念从1993年第一次被提出，开始作为一个独立专有的概念被广泛使用。2001年，我国第一次把老龄化事业纳入更大范围的国家五年规划之中，老龄事业规划纲要也进入为期五年的常态化制定过

程中。2006年，全国老龄委等10个部门联合颁发了《关于加快发展养老服务业的意见》，第一次明确界定了"养老服务业"的概念，并提出"逐步建立和完善以居家养老为基础、社区服务为依托、机构养老为补充的服务体系"。"养老服务业"的正式提出，标志着社会福利范畴的养老服务开始向现代服务业转变，"服务体系"则意味着养老服务是由不同部分组成的一个整体，同时明确了"居家""社区"及"机构"3种养老方式。2011年，国务院办公厅印发《社会养老服务体系建设规划（2011—2015年）》，对养老服务体系的内涵、功能定位、指导思想和基本原则等作出了明确的规划。自此，"社会养老服务"的概念基本形成，明确了国家福利制度外的养老服务的制度定位。

（三）逐步完善（2013年至今）：社会化和体系化进一步延伸

党的十八大报告明确提出"积极应对人口老龄化，大力发展老龄服务事业和产业"，作出应对老龄化的战略部署，把养老服务上升到国家重大政策层面。在这一思想指导下，养老服务的政策、法规纷纷出台。2016年，《民政事业发展第十三个五年规划》将医养结合直接纳入养老服务体系中，形成了"居家""社区""机构"3种养老方式和其功能定位，以及"医养结合"的社会养老服务体系的大致框架。2017年，党的十九大报告增加了"构建养老、孝老、敬老政策体系和社会环境，推进医养结合"的内容，政策体系进一步完善。2018年，《中华人民共和国老年人权益保障法》进行第三次修正，从此我国不再实施养老机构设立许可制度，这意味着国家全面放开社会力量进入养老服务领域，国家对养老机构的管理从准入管理向综合监管迈进。2019年2月，《养老机构等级划分与评定》发布，这是我国首次发布养老机构星级评定的"国标"，它将进一步规范养老机构建设，引导养老机构提供优质服务。2019年4月，《国务院办公厅关于推进养老服务发展的意见》提出建立由民政部牵头的养老服务部际联席会议制度，各地要将养老服务政策落实情况纳入政府年度绩效考核范围。2019年11月，中共中央 国务院印发《国家积极应对人口老龄化中长期规划》，对养老服务体系的说法进一步调整，明确提出要"健全以居家为基础、社区为依托、机构充分发展、医养有机结合的多层次养老服务体系",并从社会财富储备、劳动力有效供给、为老服务和产品供给体系、科技创新能力、社会环境 5 个方面部署了应对老龄化的工作任务。2021 年,《中华人民共和国国民经济和社会发展第十四个五年规划和 2035 年远景目标纲要》提出"实施积极应对人口老龄化国家战略"。图 1-10 为详细的养老政策发展历程。

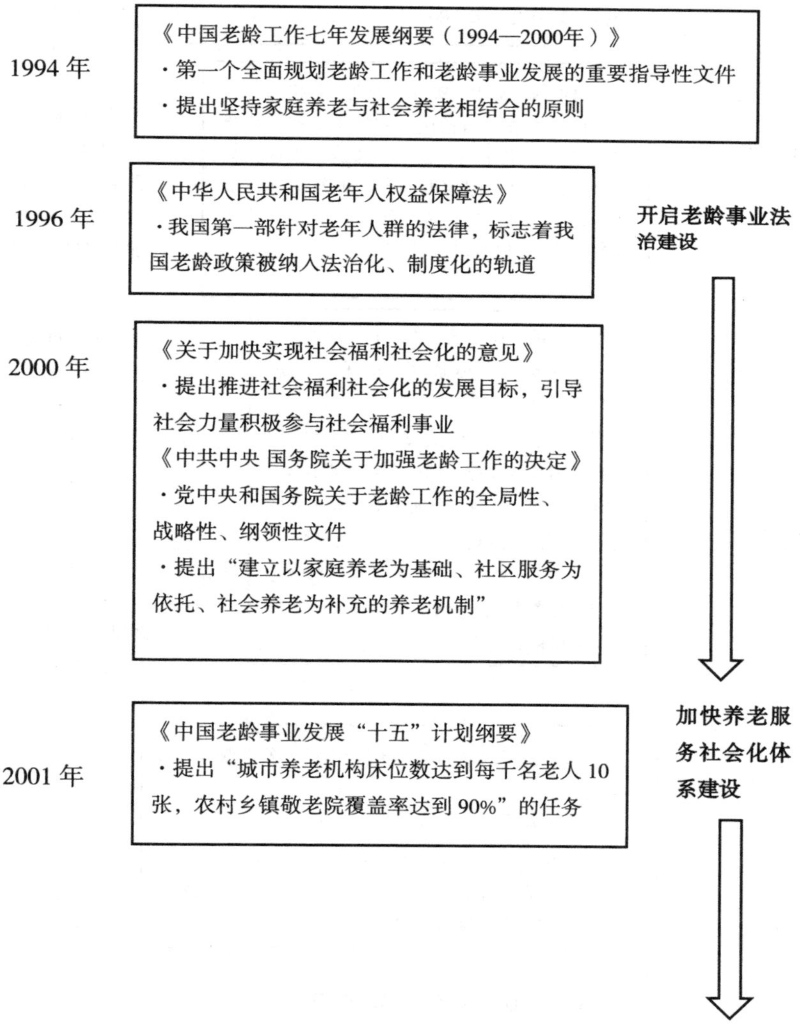

1994 年
《中国老龄工作七年发展纲要(1994—2000年)》
· 第一个全面规划老龄工作和老龄事业发展的重要指导性文件
· 提出坚持家庭养老与社会养老相结合的原则

1996 年
《中华人民共和国老年人权益保障法》
· 我国第一部针对老年人群的法律,标志着我国老龄政策被纳入法治化、制度化的轨道

开启老龄事业法治建设

2000 年
《关于加快实现社会福利社会化的意见》
· 提出推进社会福利社会化的发展目标,引导社会力量积极参与社会福利事业
《中共中央 国务院关于加强老龄工作的决定》
· 党中央和国务院关于老龄工作的全局性、战略性、纲领性文件
· 提出"建立以家庭养老为基础、社区服务为依托、社会养老为补充的养老机制"

加快养老服务社会化体系建设

2001 年
《中国老龄事业发展"十五"计划纲要》
· 提出"城市养老机构床位数达到每千名老人 10 张,农村乡镇敬老院覆盖率达到 90%"的任务

图 1-10 养老政策发展历程

2006年

《关于加快发展养老服务业的意见》
·提出"逐步建立和完善以居家养老为基础、社区服务为依托、机构养老为补充的服务体系"
《中国老龄事业发展"十一五"规划》
·"十一五"期间，农村"五保"供养服务机构要实现集中供养率50%的目标。新增供养床位220万张，要新增城镇孤老集中供养床位80万张

构建"居家-社区-机构"养老服务体系，形成"9073"养老服务格局

"十一五"期间
（2006—2010年）

·上海市探索提出"9073"养老服务格局
·我国主要省（自治区、直辖市）开始构建"9073"养老格局，即90%的老年人在社会化服务协助下通过家庭照顾实现养老7%的老年人，享受社区居家养老服务3%的老年人入住养老服务机构进行集中养老

大力推进机构养老床位建设

2011年

《中国老龄事业发展"十二五"规划》
《社会养老服务体系建设规划（2011—2015年）》
·提出建立"以居家为基础、社区为依托、机构为支撑"的社会养老服务体系
·到2015年，实现"全国每千名老年人拥有养老床位数达到30张"的发展目标
·"十二五"期间，以社区日间照料中心和专业化养老机构为重点，增加日间照料床位和机构养老床位340余万张

机构养老的定位由"补充"改为"支撑"

鼓励民间资本介入，推进公办养老机构改革

2012年

《民政部关于鼓励和引导民间资本进入养老服务领域的实施意见》
·推进民间资本参与养老服务业发展
《中华人民共和国老年人权益保障法》（修订）
·重新定位家庭养老，老年人养老方式由"主要依靠家庭"改为"以居家为基础"

图 1-10　养老政策发展历程（续）

- 确定了老龄服务体系建设的基本框架
- 增加老年宜居环境建设的内容

2013 年

《国务院关于加快发展养老服务业的若干意见》
- 确立到2020年"全国社会养老床位数达到每千名老人35～40张"的发展目标
- 按照人均用地不少于 0.1 ㎡的标准，分区分级规划设置养老服务设施

《民政部关于开展公办养老机构改革试点工作的通知》
- 推行公办养老机构公建民营
- 探索提供经营性服务的公办养老机构改制

2014 年

《养老服务设施用地指导意见》
- 新建养老服务设施用地依据规划单独办理供地手续的，其宗地面积原则上控制在 0.03 km² 以下。有集中配建医疗、保健、康复等医卫设施的，不得超过0.05 km²

2015 年

《关于鼓励民间资本参与养老服务业发展的实施意见》
- 再次强调鼓励民间资本参与养老服务业发展

"十三五"期间
（2016—2020年）

《"十三五"国家老龄事业发展和养老体系建设规划》
- 提出健全"以居家为基础、社区为依托、机构为补充、医养相结合"的养老服务体系

机构养老的定位由"支撑"改为"补充"，推进"医养结合"

2021 年

《中华人民共和国国民经济和社会发展第十四个五年规划和2035年远景目标纲要》
- 提出"实施积极应对人口老龄化国家战略"

机构建设量收缩，鼓励发展社区养老，强调医养结合

图 1-10　养老政策发展历程（续）

二、养老建筑标准的发展

（一）养老建筑标准规范发展状况

1999 年，随着中国步入老龄化社会，我国出台了首个针对老年人建筑设计的标准规范，即《老年人建筑设计规范》，填补了我国工程建设标准在这一领域的空白。随着近年来老龄化趋势的加快，国家不断出台、修订相关标准规范。从 1999 年至今，我国发布并实施的养老建筑标准规范见表 1- 4。

表1-4　我国从1999年至今发布实施的养老建筑标准规范一览

标准名称	标准编号	实施日期	标准状态
《老年人建筑设计规范》	JGJ 122—99	1999 年 10 月 1 日	已废止
《老年人居住建筑设计标准》	GB/T 50340—2003	2003 年 9 月 1 日	已废止
《城镇老年人设施规划规范》	GB 50437—2007	2008 年 6 月 1 日	修订中
《社区老年人日间照料中心建设标准》	建标 143—2010	2011 年 3 月 1 日	现行
《老年养护院建设标准》	建标 144—2010	2011 年 3 月 1 日	现行
《养老设施建筑设计规范》	GB 50867—2013	2014 年 5 月 1 日	已废止
《老年人居住建筑设计规范》	GB 50340—2016	2017 年 7 月 1 日	已废止
《老年人照料设施建筑设计标准》	JGJ 450—2018	2018 年 10 月 1 日	现行
《城镇老年人设施规划规范》	GB 50437—2007	2019 年 5 月 1 日	现行

（二）我国养老建筑标准的发展动向

1. 调整和修订已出台的养老建筑标准规范

早期的标准规范对养老建筑的界定不够明确，部分条文的设计要求已落后，难以符合时代的发展需求[①]。2012—2016 年，国家对《养老设施建筑设计规范》和《老年人居住建筑设计规范》进行了整合，颁布了《老年人照料设施建筑设计标准》，从建筑类型上进一步明确了养老设施和老

---

① 杜浩渊，王竹，裘知.我国养老设施相关设计规范解析 [J].建筑与文化，2017（9）：107-109.

年人居住建筑的差异。

2. 编制各类老年住宅国家标准图集

近年来，我国民政部、住建部等部门编制了老年养护院、社区老年人日间照料中心、老年人居住建筑的国家建筑标准图集，为全国各地的养老建筑建设规划提供了有效指导。

3. 不断出台地方性标准规范

除国家层面的标准之外，各地方政府还出台了与养老设施相关的规定及各类标准规范。例如，北京市出台了《社区养老服务设施设计标准》；上海市出台了《养老设施建筑设计标准》；四川省出台了《四川省养老院建筑设计规范》等。

综上所述，我国养老服务业正逐步向社会化、市场化转型，养老项目的建设呈现多样化的发展趋势，既有建筑改造项目的占比也在增多，这使得市场对灵活性设计的诉求逐渐增加，继而导致现行涉老建筑标准面临许多挑战。以往我国的标准在编制思路和方法上呈现出以指令性要求为主的特点，限制、约束了设计。标准中通常缺少对设计目标的清晰阐述和说明，导致设计人员对标准的理解和使用存在偏差。另外，还有部分标准内容不符合当前养老项目建设的客观条件，降低了标准的现实指导效果。

为此，我国已开始着手修订多部涉老建筑标准，吸取国外经验（英国、美国、日本等国家的建筑法规皆以目标化、功能化和性能化说明为主），我国的涉老建筑标准将向以目标为导向的编制思路转型，包括重新思考标准的定位、编制思路与方法等，以期在养老项目实践中发挥更有效的指导作用。

第四节 中国养老建筑发展概述

一、养老建筑类型

（一）中国养老建筑的类型名称

我国的养老建筑尚处于发展初期，其类型体系及名称术语仍在逐步完善中。一方面，国家标准规范对于养老建筑的类型名称进行了界定；

另一方面，各地方政府在推动养老服务设施发展建设时也会根据各地的需求及特色，确定一些养老建筑类型名称。与此同时，随着市场上人们对养老项目的探索，新的养老建筑类型名称也在不断涌现。本部分主要以国家标准规范为依据，并结合现阶段我国的社会养老服务体系，介绍一些常见的养老建筑类型名称及其相应的服务定位。

我国以往的相关规范通常将养老建筑中专门为老年人提供照料服务的机构及场所笼统地归纳为养老设施。目前，我国的相关规范将提供照料服务的养老设施称为"老年人照料设施"，以强调其专业照料和护理服务的特点。常见的养老设施类型名称及相互关系如图1-11所示。

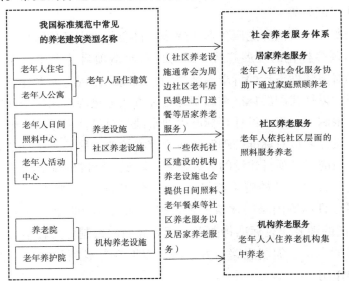

图1-11 我国常见的养老建筑与社会养老服务体系的名称与关系

（二）不同养老建筑的特征

1. 不同类型养老建筑的特征

不同类型养老建筑的差异主要体现在面向的老年人群体和采用的服务管理模式等方面。

目前，大部分老年人住宅都是供具备自理能力的老年人以家庭为单位独立居住生活的；而老年养护院、养老院则主要为不同程度失能老人提供集中的居住和护理服务。相应地，二者在建筑形式上也呈现出不同的特征。老年人住宅通常采用与普通住宅类似的单元式布局，而养老院则多采用廊式布局，以便高效开展护理服务。

2. 不同养老建筑的差异性

"老年人公寓"（或老年公寓、养老公寓）一词目前在市场上出现得较多，但许多人对这一概念的认识比较模糊，存在一定误解。从现行的标准规范定义来看，老年人公寓是指介于老年人照料设施和老年人住宅之间的，为具备自理能力和轻度失能老年人提供独立或半独立家居形式的建筑类型。与老年人住宅相比，老年人公寓一般会有配套的生活照料设施和文化娱乐设施，为老年人提供服务。相比面向中、重度失能老年人的老年人照料设施，老年人公寓更倾向于居家式的服务和空间氛围，通常以"套"为单位，而非以"床"为单位。目前，市场上部分养老院也以老年人公寓命名，有些是沿袭下来的名称，有些则是觉得这个名称更加亲切，更易被老人及家属接受。老年人公寓、老年人住宅和老年人照料设施之间的比较见表1-5。

表1-5 老年人公寓、老年人住宅、老年人照料设施的比较

建筑类型	定 义	经营方式	管理服务
老年人公寓	为老年人提供独立或半独立家居形式的建筑，含完整配套服务设施	多为租赁	为老年人提供以餐饮、休闲娱乐为主的生活照料服务和综合管理服务
老年人住宅	以老年人为核心的家庭使用的专门住宅	用地性质为住宅用地，以售卖为主	为老年人提供社区的公共配套设施服务
老年人照料设施	为老年人提供的以集体居住和生活照料为主的养老院、老年养护院等的总称	以床位租赁为主	为老年人提供生活照料、康复护理、精神慰藉、文化娱乐等专业服务

二、养老建筑发展方向

（一）我国养老建筑未来的发展趋势

1. 回归社区是发达国家养老建筑发展的趋势

发达国家养老居住模式的发展，一般经历了由医院养老到机构养老，

再到居家和社区养老的转变过程。自 20 世纪中叶起，西方发达国家逐渐认识到，大量、盲目地建设养老院、护理院，让老年人入住机构接受住院式照护的养老模式，不仅加重了政府的负担，而且也不利于老年人保持原本的生活方式和延续以往的社会关系。近年来，一些发达国家开始倡导和推行让入住机构的老年人回归"社区照顾"，旨在最大限度地发挥社区各类资源的服务功能，尽可能地延长老年人在原有社区生活的时间，减少老年人对养老机构的依赖。

在"社区照顾"理念的影响下，发达国家的养老建筑建设策略开始逐步朝着社区化、小型化、家庭化的方向演化，并发展出以下两类主流的社区养老设施：

（1）遵循"由社区来照顾"理念而设立的养老设施，主要包括辅助生活老年人公寓、持续照料老年人公寓、社区内小型护理之家等。老年人居住在社区的老年人公寓或养老服务机构中，不仅可以获得专业人员的照顾，而且可以在自己熟悉的社区环境中生活。

（2）遵循"由社区来照顾"理念而设立的养老设施，主要包括社区日间照料中心、社区老年人活动中心、社区暂托服务处等。这些设施通过连接社区与家庭养老资源，可以使社区里需要照顾的老年人继续留在家里生活。

2. 积极探索和发展社区化养老建筑

中国现阶段的养老建筑发展建设正处于窗口期，不应再走发达国家的老路，盲目追求养老机构和床位数量，而应在结合我国国情的基础上，借鉴发达国家回归社区的发展理念，推进居家养老和社区养老，其原因主要有以下 3 点：

（1）中国的居住形态适合依托社区建造养老建筑。与一些发达国家相对分散和低密度的居住形态不同，中国城市的居住形态普遍是以多层、高层集合住宅为主，居住人口密度大，意味着单位空间的人口会以较大的密度集中老化。这既是一种挑战，也是一种优势。从空间层面看，近十几年来，商品住宅开发建设形成的居住小区，为社区养老服务的开展划定了空间范围。基于既有的城市居住区空间形态，利用社区内的各项资源来发展居家养老及社区养老适当且合理。

（2）发展社区养老有助于提高服务效率，节约社会资源。从服务层面来看，由于居住形式相对集中，开展社区服务的效率会比在分散居住模式下开展服务的效率更高。相比大批量地新建养老机构，基于现有社区条件改造或插建养老设施，让老年人依托原来的住宅和社区就地养老，不仅符合中国老年人主流居住意愿，而且可以节约社会资源。

（3）社区化养老建筑的建设发展方向——社区复合型养老设施。以往的社区养老设施以提供单一、特定的服务内容为主，能够同时提供长期居住、上门服务的养老居住设施很少，如社区日间照料中心、老年人活动站等只在白天为老年人提供服务。如果老年人需要长期居住、上门服务等，就只能选择入住养老院或雇用家政服务人员。社区养老服务的承载力十分有限，这造成了社区养老设施发展的瓶颈。社区复合型养老设施是指依托社区建设的，可提供居住托养、日间照料、上门护理、康复保健等多种养老服务的多功能复合型养老设施。与传统的设施相比，社区复合型养老设施具有功能更集约，更能满足老年人多样化需求，空间使用率更高、更灵活等优势。从发达国家的经验来看，许多国家的养老居住设施都开始向养老服务综合化、社区化的方向发展。

3.建立明晰的养老建筑类型体系，提升服务与设计质量

发达国家养老建筑的发展经验表明，建立完善且层次清晰的养老建筑类型体系，能够对明确服务内容、提升服务质量、规范设计标准起到积极的作用。当前发达国家养老建筑的类型体系和层次划分已相对完善，这与养老政策及相关制度的发展成熟度有关。例如，日本、美国及欧洲的一些国家通过法律或相关规定明确养老建筑的类型及服务属性，既有利于老年人根据自身需求来选择养老机构，又有利于建立相对应的建设和服务管理标准，实现对服务和设计质量的细致管控。

4.清晰定位不同老年群体的需求并实现细分

与发达国家相比，中国当前的养老建筑在类型体系和层次划分方面尚存在类型划分不清晰、定位不明确等问题。从现实状况来看，很多养老院的服务对象为健康状况不同的老人，由于这些老人的需求有很大差异，在服务管理模式上容易出现照护不周等问题，不利于服务的精细化发展。

随着相关政策及服务体系的健全，我国养老建筑的类型划分也将逐

渐明晰，从而实现对各个类型老年群体需求的精准定位，并进一步促进服务标准与设计标准的建立与完善。

相关设计人员和开发商应关注老年人的多样化需求，关注不同身体状况、不同支付能力的老年群体的养老需求，重视特殊老年群体（如失智老人、需临终关怀的老人）的照护需求；建立多层次的服务标准，明确与服务对象相对应的服务方式，根据老年人的需求建立相应的服务管理标准；形成明确的建筑设计标准，划分多层次的养老建筑类型，实现设计与建造的标准化和精细化。

（二）我国养老建筑设计的未来发展方向

1. 养老建筑设计理念不断扩充完善

从发达国家近百年的养老建筑发展历程中可以看出，养老建筑的设计理念一直在不断地被扩充和完善。例如，从 20 世纪中叶开始，西方国家逐步摒弃最早的以医院为原型的养老设施建筑形式，开始强调养老设施设计的人性化，包括建筑空间实现居家化（去机构化）、正常化、保护隐私与尊严等设计理念。近几十年来，随着健康老龄化和回归社区照顾运动的推行，许多强调健康老龄化和强调社会融合的设计理念被提出并逐步实现。

2. 进一步丰富我国养老建筑的设计理念

近年来，我国在养老建筑方面不断进行实践和探索，已经具备了一些对老年居住设施开发和设计的经验。在未来，我国老年人对生活环境和建筑环境品质的需求会随着老年人经济条件和教育水平的提高而提高。这就要求我国在养老建筑的空间规划和设计上继续创新和探索，如在设计中融入康复医养服务、加入景观环境疗法等。

3. 进一步探索本土化运营服务方式对建筑设计的影响和要求

由于国内外在文化背景、经济水平、法规政策等多方面存在差异，所以我国不能照搬国外在养老建筑设计配合运营服务方面的经验和方法，只能借鉴、参考。我国应该根据国内的实际情况，探索具有中国特色的本土化运营服务及其对建筑空间设计的影响和要求。我国养老设施项目的总体规模比日本、英国等发达国家大，因此，我国的养老设施应该采取比国外面积更大、床位更多的护理形式，只有这样才能符合项目的总体规模和人员配置要求。

4.养老建筑设计应着眼于未来发展

发达国家的养老建筑项目设计融入了可变设计、可持续设计、智能化设计等前沿设计方法和技术手段，以适应未来不断变化的养老市场需求和社会政策环境，这也要求我国的养老建筑设计应着眼于未来发展。

（1）设计应留有余地。随着西方老年人有了更高的私密性需求，欧洲有很多养老设施也都将多人护理间改造为私密性更强的单人居室。这些养老设施由于在设计之初并没有考虑到以后的改造，于是在改造过程中出现了改造难度大、难以改造的情况。因此，我国新建的养老设施项目应为以后的改造留有余地，降低未来对居室空间和公共空间进行改造的难度。

（2）结合可持续发展技术。20世纪90年代，以美国、英国等为代表的西方发达国家开始在建筑领域应用绿色环保、节能减排等技术。采用一系列绿色节能技术和管理措施建成的养老建筑的日常能耗明显下降，这不仅降低了运营成本，还增强了养老居住设施的舒适性，使其更加适合老年人居住。我国的养老建筑设计也应结合可持续发展技术，设计出与老年人养老需求更加贴合的养老建筑。

（3）融入智能化技术。近些年，西方国家的一些养老建筑项目正在尝试与快速发展的高新科技和产品相结合，使这些技术和产品融入养老建筑设计，形成先进的项目特色。例如，美国等发达国家在养老居住设施中设计了"五感"治疗室，采用缤纷的声光效果和智能化互动产品来改善老年人的情绪。这些新技术和新产品不仅提高了养老居住设施的服务质量，也为我国养老建筑的设计提供了新的思考方向。

5.我国养老建筑应具有前瞻性

从西方的养老建筑设计理念和经验中可以看出，我国的养老建筑设计虽然能够满足当下的需求，但是很难满足未来的需求。因此，我们要考虑未来的空间改造和硬件升级等方面，在项目的用地规划、结构设计、空间布置、设计选型等方面留出改造和升级余地，以便在未来市场和服务需求产生变化时能够快速应变。

第二章　我国养老模式的多样性

第一节　异地养老模式

一、异地养老模式概述

老龄化问题在我国已经不再是一个新问题，而是一个一直在研究解决，并且需要多个领域、各个社会层面都给予关注和投入的、迫在眉睫的社会问题。第七次人口普查数据显示：2020 年中国 60 岁及以上人口的比重达到 18.7%，预计至 2030 年时我国 60 岁及以上人口的比重将突破 35%，2040 年将达到 45% 以上。而在 21 世纪，老龄化将成为全球的大趋势，并贯穿整个世纪。

（一）异地养老模式定义

异地养老模式是现今较为流行且比较时尚的新型养老模式，主要指老年人离开现有的住宅、城市，到外地居住的一种养老方式。如今这种养老模式掀起新的热潮，很多老年人或即将步入老年的中年人都纷纷选择这一养老模式来度过自己的晚年生活。对于异地养老模式，很多专家学者都对其进行了深入地研究，而针对这一名词都有着不同的理解与定义。

穆光宗提出，"异地养老模式实质上是指老年人选择到非出生地、非户籍所在地进行养老的一种新型模式，它包括长期性的迁居养老和季节性的休闲度假养老，是与居家养老相对而言的，主要适合有一定经济实力、身体条件允许且有异地养老意愿的老年人。"其主要发展形态有迁居和暂居两种，前者属于迁居式定居，具有长期性；后者属于暂时的休闲度假、治疗养生等娱乐消遣，具有短暂性。从养老目的看，异地养老多为季节性的休闲度假，选择人群多以有一定经济基础且健康状况良好的老年人群。[①]

袁开国等人在《国外关于异地旅游养老问题研究综述》中指出，"异地养老是指老年人离开现有住宅，到外地居住的一种养老方式，其实质是'移地'养老，包括旅游养老、度假养老、回原籍养老等许多方式"。

此外，对于异地养老模式还有一些其他的理解与定义。一些专家学者认为，异地养老模式是离开现居建筑到其他性质的建筑中进行养老，如从住宅转移到当地养老机构进行养老。因为这一养老模式所受影响因素很多，且发展还不稳定等原因，所以人们对于异地养老模式的概念还不是十分清晰，但是总体来看，人们对于这一养老模式还是给予了肯定，且其发展前景不容忽视。

从开展的调查来看，老人选择异地养老模式有着不同的目的，有的老人想要进行短期或者中期度假，有的老人想要探亲和游玩兼得，有的老人则想到异地去疗养身体，利用新环境来调节身心健康。所以，笔者认为，异地养老模式体现出两种性质，即物质性和精神性，根据异地养老的目的而体现出它的不同属性。而物质性是具有现实意义的，比如探亲、疗养、季节性疾病需要换地养老等情况就体现出异地养老模式的物质性。而如果出于体验、娱乐或者是圆老年人年轻时的旅游梦等就更多地表现出它的精神性。当然，其物质性与精神性是互相依附、并存的。老人们根据不同的需求对异地养老有不同的目的，从上述目的选项看，老人们还是更加注重环境与精神享受的。由于身体机能在逐渐下降，在

---

① 穆光宗.关于"异地养老"的几点思考[J].中共浙江省委党校学报,2010,26（2）：19-24.

经历了人生岁月的洗礼后，很多老年人在选择异地养老时除了必要的身体疗养外，也在追求一种新的生活环境与生活方式。

（二）异地养老模式特征

1.市场性

异地养老是建立在较好的经济基础之上的，其客户群是自己或者子女有一定经济实力的老人，满足的是老年群体的发展性需求，因而多不属于政府的基本责任范围。异地养老属于老龄产业的范畴，市场性是异地养老的基本属性。市场是异地养老的建设主体，并基于自愿原则参与，营利是市场组织的主要目标。异地养老机构首先应体现其市场属性，即应按照市场逻辑运营；其次才体现其社会属性，承担必要的社会责任。政府不能要求作为市场组织的异地养老机构向社会提供福利性的养老产品与养老服务。

2.小众性

国内由于各个地区经济政策不同，地区差异较大，异地养老并非社会的首选养老方式。虽然有数据显示异地养老的人数可能多达百万，然而我国人口基数大，老年人数量超过2亿，选择异地养老的老年人所占比例极小，异地养老的市场是非常小众的。

3.随机性

由于异地养老不是必要的需求，会受到许多无法预测的因素影响，因而异地养老具有的随机的属性并可能会带来许多问题。

4.风险性

异地迁居对于年纪大的老人来说是一个挑战，他们不仅要考虑安全问题，还要应对突发事件。此外，新的环境对老人来说也是一种考验，能否适应当地的气候、能否结识新的朋友、能否适应新的生活环境等都需要认真对待。组织方也存在着法律方面的风险，当老人因为种种原因发生意外时，这个责任谁来承担也是需要好好商讨的重要问题。

二、异地养老模式功能

异地养老模式的产生是应时应景的，由于我国人口老龄化的快速发展，且人口基数大，老龄人口众多，这必将使得养老模式多样化、综合化。借鉴欧美、日本等先于中国进入老龄化社会的国家和地区的养老先例，异地养老模式的产生是必然的。

异地养老模式对社会养老大环境以及对社会其他方面都有其特定的功能，主要分为外显功能和潜在功能两个方面。下面将分别从这两个方面阐述其对于养老问题与社会经济、建筑发展等方面所产生的作用：

（一）外显功能

1. 顺应养老趋势

异地养老模式的产生顺应养老发展的热潮，人口老龄化进程的加快使得居家养老不能够满足部分老年人晚年的养老需要。而单纯的居家养老在一些拥挤的一线城市给家庭与社会带来巨大压力，日本就曾因居家养老过度拥挤而影响社会与经济的正常秩序，所以日本政府就这一问题采取了相应措施，在新加坡与柬埔寨等地设立异地养老机构以缓解国内紧张的养老局势。我国在今后的发展中也会存在类似的问题，为此，基于国外的前车之鉴，我国发展异地养老是非常有必要的，其能够显著地帮助缓解大城市居家养老拥挤的难题，又能够为老年人带来新的生活方式，所以异地养老顺应了未来人口老龄化问题的发展趋势。

2. 提高精神生活

没有刺激的生活会引起心理、生理疾病，缺乏刺激的环境中会引起厌烦、抑郁情绪，还会产生痛苦，继而损害健康。可见长期处于平淡的、一成不变而缺乏良性刺激的生活环境中，也不利于老年人的身心健康的。胡夫兰德在《人生长寿法》中指出，"不良情绪和恶劣心态是导致人寿命减短的重要原因。"可以看出，满足老人的精神需求至关重要，这关系到他们晚年的生活质量，也影响了社会和谐和文明程度的发展与稳定。而异地养老模式无论是短期的还是长期的都无疑为老年人的晚年养老生活增添了适度地刺激。老年人选择异地养老模式也是想换一种心情、换一种生活方式来使自己身心愉悦，从而更新自我的精神内涵。所以，异地养老模式能够在一定程度上满足老年人对精神生活的更高要求，为老年人的晚年生活注入新鲜血液。

（二）潜在功能

1. 推动经济发展

国内很多城市都已经开始实施异地养老模式，如大连市成立了全国第一家互动式异地养老服务中心，通过对市场需求进行分析，整合各地养老机构以及闲置资源，联合全国养老机构构成一个系统，以便更好、更高效地做好异地养老工作。其他一些城市，如上海市、北京市、中国香港等地也都将异地养老付诸实践。再如浙江省天目山地区将避暑、疗养、休闲、娱乐、旅游等功能结合为一体，适应各种异地养老需求，如"候鸟式""休养式"养老等。

常见的"候鸟式"养老在我国东北三省比较常见，很多老年人到了冬季就选择去三亚市、青岛市、厦门市等城市进行异地养老，有的只在过年期间全家到指定地区度假，有的老年人由于气候原因或者出于疗养目的，在北方即将入冬时至11月份之前就会到南方疗养度假。

异地养老模式集养老服务、旅游观光、休闲娱乐等诸多能够提高老年人养老生活质量的功能于一体，这一模式具有重要的经济功能和社会价值。欧美、日本等国家和地区曾经为了促进经济发展或者缓解经济压力而着力发展异地养老模式，而我国，一些一线城市如上海市、北京市等地由于人口压力大，其人口老龄化发展速度比二、三线城市发展快，住房也更加紧缺，再加上经济的快速发展，老年人的消费水平也随之提升。像这样的情况就可以考虑发展异地养老模式，缓解地方人口压力，促进区域间资源整合，带动其他城市的经济发展。

2. 发展养老建筑

各地在发展异地养老模式的同时，在养老建筑的策划、设计，以及管理使用方面也都需要有新的调整与配合措施，这就相应地促进了养老建筑的发展，在新的矛盾与新的需求促进之下，养老建筑无论在建筑设计、空间改造还是技术革新方面都会得到进步与更新。

三、异地养老模式发展的优点

（一）异地养老模式可以满足更高层次养老服务需求

目前我国异地养老目的地的选择主要是部分沿海城市，以及三亚市和东北地区，南下过冬，北上避暑。异地养老属于老年人的自主选择，一般是在经济条件以及身体状况都比较好的情况下，老年人为寻求更高层次的养老服务，就会选择异地养老，如"候鸟式"养老、度假型养老以及旅游型养老。

（二）异地养老模式可以有效实现地区间养老资源的配置与融合

互联网技术的迅速发展为异地养老提供了新的契机。互联网具有开放、共享、及时等特点，利用互联网技术，可以实现异地养老迁出地和迁入地之间的信息共享，为养老资源的配置与融合提供便利。例如，海南省每年冬季会迁入大量的老年人，养老资源较为紧张，夏季则会迁出大量的老年人，养老资源就得不到充分利用。在现代信息技术的帮助下，海南省可以每年对老年人的流动情况进行追踪记录，进而实现养老资源的合理配置，防止出现供给不足和供给过度等情况，同时能够更好地实现养老服务供给和老年人需求的匹配，解决结构性失调问题。

（三）异地养老模式有利于构建多元化养老模式

异地养老模式有利于我国构建多元化养老模式，推动我国社会保障制度的现代化进程。目前，我国正积极构建"以居家为基础、社区为依托、机构为补充、医养相结合"的养老服务体系。异地养老服务模式的发展，对我国养老服务产业市场起着巨大的推动作用，如老年旅游业等；另外，异地养老模式的发展对于我国医疗保险、养老保险实现跨地区报销和领取，实现医疗保险（门、急诊）异地结算，长期护理保险、养老服务补贴异地对接起着重要作用，对我国社会保障制度现代化进程起着推动作用。

通过上述分析，异地养老虽是小众化的养老模式，但其发展是必然性的，这是由现代社会老年人自身的条件和需求所决定的。异地养老模式的健康良性发展，对满足老年人的多层次养老需求，构建我国多元化养老模式起着至关重要的作用。

第二节　农村养老模式

一、农村养老近况分析

随着老年人口的加速增长，少儿、劳动年龄人口的大幅减少，农村人口年龄结构提前进入重度人口老龄化时期。从现在到 2050 年，我国农村老年人口数量将先增后减，即从目前的 1.05 亿增长到 2030 年前后 1.19 亿的峰值后，回落到 0.95 亿左右。农村老年群体与城市老年职工群体的重大差异是他们无工薪，年老丧失劳动能力后没有退休金待遇，生活缺乏基本的社会保障。如何解决他们的养老问题是一大难题，这关系到农村老年人的基本生活权益、农村的繁荣和稳定，以及国家的长治久安。农村养老模式与家庭结构、农村经济社会发展水平息息相关。在目前的经济形势下，我国农村除了少数发达地区之外，绝大部分地区的基本养老模式还是"家庭养老＋社会救助供养"。

（一）家庭养老依然是主要模式

所谓家庭养老，即以家庭为单位，由家庭成员（主要是年轻子女或孙子女）赡养年老家庭成员的养老方式。养老内容主要是经济上供养、生活上照料、精神上慰藉 3 个方面。家庭养老在我国有着悠久的历史。农村经济虽然有了很大发展，经济和社会结构也发生了较大变化，我国也努力在农村建立和发展新的社会保障体系，但家庭养老在养老中的地位并未发生根本动摇，家庭养老也未被其他养老方式取代。

中国农村家庭养老的特点：一是绝大多数老年人依托家庭养老。而这一特点除了表明居家养老的巨大优势，人到老年后更恋家、爱家，更乐意在家庭养老外，经济社会发展水平的制约以及传统思想观念的影响也是重要因素。二是老年人绝大部分与子女居住在一起，在这些大家庭中，老年人是一家之主，在生产和生活中处于支配地位。在社会养老保障制度尚未建成的情况下，老年人在经济上只有靠子女供养，同时子女也需要老年人帮助料理家务及照顾孙辈，也愿意与老人住在一起。

随着人口老龄化进程的加速，家庭养老模式将遇到更大挑战。农村老年人口占全国老年人口的75%，是中国老年人的主体。中国老龄科学研究中心调查显示：当前农村老龄化程度比城镇高1.24个百分点，预计这种状况将持续到2040年。与此同时，农村养老还面临城市化、家庭结构小型化、人口价值观念改变等带来的一系列挑战。农村人口的大量外流导致赡养脱离，从今后发展看，随着农村人口生育率的下降，农村老年人"老无所养"问题将十分突出。

（二）社会养老模式成为有益补充

我国非常重视农民的社会保障和生活福利问题。全国各地陆续对孤寡老人实行了带有救济性质的五保制度，一些乡村还建立了养老退休制度。改革开放以来，我国政府有关部门以及保险业务部门普遍重视农村社会化养老的研究和探索，并进行了大量试点工作，取得了可喜成绩。目前，农村社会化养老主要有"五保"供养、农民退休养老制度、农村社会养老保险几种形式：

（1）"五保"供养：指依照规定，在吃、穿、住、医、葬方面给予村民的生活照顾和物质帮助，即保吃、保穿、保住、保医、保葬，简称"五保"。

（2）农民退休养老制度：2001年，原劳动和社会保障部发布了《关于完善城镇职工基本养老保险政策有关问题的通知》，明确参加养老保险的农民合同工在男年满60周岁、女年满55周岁时，累计缴费年限满15年的可以按规定领取基本养老金。

（3）农村社会养老保险：指为了保障农村劳动者年老时的基本生活，由政府主管部门负责组织和管理，农村经济组织、集体事业单位和各行业劳动者共同承担养老保险费缴纳义务，劳动者在年老时按照养老保险费缴纳状况享受基本养老保险待遇的农村社会保障制度。

（三）家庭与社会联合养老等新模式逐步出现

社区与家庭在养老方面进行合作，利用社区资源，发挥社区在养老服务体系中的作用，为家庭养老提供服务支持。社区是除家庭之外，人们交往最为密切的场所，尤其在农村。由于农村社区是以血缘、亲缘、地缘与业缘为一体的村落，人们能够获得的社区养老支持相对更容易，如在农忙时节，社区可以通过为老年人多的家庭提供劳务支持、开办"日托所"的方式，减轻家庭负担，弥补子女由于时间和精力不足所带来的缺憾；社区还可以通过兴办集体养老院、老年人俱乐部等方式，给老年人提供精神慰藉，解决农民的"老有所养""老有所乐"问题。一些经济条件稍好的农村地区可以发展有偿家政服务，扩大敬老院的容量，提高服务质量，接收更多的老年人入住。以村为单位创办敬老院能够解决留守老人无人管理、无人赡养的问题。目前，许多经济发达的农村已经出现私人开办的养老院，满足了部分农村老年人的养老需求。许多老年人特别是农村老年人的传统观念非常强烈，他们不肯离开自己的生活圈子，因此，这种模式对老人以及在外工作的子女来说是一种双赢的模式。

二、农村养老模式分析

随着农村生产关系的变革，农村的养老模式也在不断变化，目前农村养老采取了以家庭养老为主、集体互助和国家救济为辅的养老模式，新的养老模式也不断出现，如机构养老、社区养老、储蓄养老等。

（一）家庭养老模式

家庭养老，即老年人居住在家庭中，主要由具有血缘关系的家庭成员对老年人提供赡养服务的模式。家庭养老为老人提供了稳定的环境和物质基础，较好地解决了老年人的情感需求问题。尊老、敬老是中华民族的传统美德，我国自古以来就有尊老、爱老和养老的优秀传统文化，家庭养老模式在我国有几千年的历史。"养儿防老"观念深入人心，为家庭养老提供了心理和社会文化基础。

1. 共同居住型

子女或其他亲属和老年人同吃同住，提供老年人生活中所需要的一切费用，同时为老年人提供生活中的照料和情感慰藉。

2. 独立居住型

随着经济的发展和观念的变化，农村老年人的独立意识也在增强，很多能自理的老年夫妻不愿同子女生活在一起而选择独立居住。独立居住的老年人，他们的日常生活通常可以自理，子女仅需提供一定的生活用品或现金等。

3. 轮流居住型

这种情况通常发生在两子户或多子户的家庭中。按照子女们之间的约定，将老人轮流接到自家居住。丧偶老人或者生活不能自理的老人选择这种供养方式的较多。

家庭养老是我国农村社会的主要养老模式。中国社会已处在传统社会向现代社会变迁的转型时期，传统家庭的结构模式也发生了改变，与此紧密相连的家庭养老方式也面临着冲击和挑战。

（二）自我养老模式

自我养老通俗地说就是养老靠自己，即在整个养老时段，不管是经济供养和生活照料，还是精神慰藉都依靠自己。自我养老模式追求的是充分利用老年人的自理能力，尽可能减少家庭和社会的负担，这就要求老年人从年轻时就进行养老资源的积累。自我养老强调个人在养老中的责任，坚持权利和义务的对等原则，与我国社会保障制度的基本原则相一致。

1. 土地养老

土地是农民赖以生存与生活的基础，土地对农民而言，既是生产资料，也是生活资料。我国在实行家庭联产承包责任制以后，将土地作为保障农民基本生活需要的最根本的手段，并通过土地政策努力协调公平与效率之间的关系，为农民的土地保障和家庭保障提供了制度性安排。在现有生产力发展水平之下，农村老人可以依靠个人责任田的收入当成部分生活来源，可以说土地是农村老年人最稳定的一道养老保障屏障。老年人可以将土地转租或变卖而获得一部分收入来保障养老。这是部分丧失劳动能力的老年人的一种普遍做法，收入虽不高，但至少可以缓解一下自己养老的资金问题。农民自身生活消费包括粮食、蔬菜等生活必需品，这些都是依赖土地生产出来的，因此，农村老年人的生活基本是可以得到保障的。

2. 储蓄养老

储蓄养老，即依靠自己的积蓄来养老的方式。农民主要是将个人积蓄存入银行并以此获取一定的利息。对于老年人来说，储蓄养老的供养来源更为重要，它直接影响老年人的自我养老能力和物质生活质量。储蓄养老有利于多渠道筹集养老基金，缓解养老压力。我国已于 2000 年进入老龄化社会，虽然我国的养老保险基金规模不断增加，但每年养老保险基金的收支缺口仍然存在并呈扩大之势。强调个人养老责任的个人储蓄性养老保险正好弥补了基本养老保险的不足，在很大程度上分担了国家的养老负担，有利于提高个人养老金替代率。在国家财力有限的条件下，我国政府主导的基本养老保险只能是广覆盖、低保障，仅用于满足人们的基本保障需求，而储蓄养老有利于增强农民的自我保障意识，提高个人的养老责任感。

（三）机构养老模式

机构养老，即把老年人集中在专门的养老机构中进行养老的模式。农村的养老机构主要指养老院，又称敬老院，是为老年人养老服务的社会福利事业组织。收养对象主要是"五保"老人，而办院经费主要是集体统筹，国家给予补助。除了国家性质的养老机构外，也有私人创办的养老机构，这类机构数量不多，且主要集中分布在城市。

1. 以"五保"对象人员为主的集中养老模式

20 世纪 50 年代中期，农业合作化时期，我国农村地区建立了五保供养制度。所谓五保制度，是针对农村中缺乏或丧失劳动能力、无依无靠、没有生活来源的老、弱、孤、寡、残疾人员，由乡、村两级组织负责向其提供保吃、保穿、保住、保医、保葬（孤儿为保教）等 5 个方面援助的一种社会救助制度。五保制度高度依赖于集体经济。20 世纪 70 年代末期至今，农村地区广泛实行改革，集体经济受到冲击，在一定程度上影响了"五保"制度的落实。随着农村社会经济形势的变化，为了避免后集体时代给"五保"制度带来的影响，保障"五保"对象的基本生活，1994年初国务院颁布了《农村"五保"供养工作条例》。敬老院是农村集体福利事业单位，以供养"五保"对象为主。多为乡镇兴办，"五保"对象较多的村也可以兴办。提倡企业、事业单位、社会团体、个人兴办和资助敬老院。敬老院的经费来源依靠"乡统筹、村提留"。敬老院的供养对象为农村中符合"三无"条件的老年人。"三无"是指无法定扶养义务人或者虽有法定扶养义务人，但是扶养义务人无扶养能力、无劳动能力、无生活来源。为了规范管理，民政部还严格规定了"五保"对象的确定方式和程序。

2. 民办养老机构

尽管目前我国农村对机构养老的需求量很大，但目前我国农村的养老机构主要是敬老院、福利院等国家福利性质的养老机构，私人创办的养老机构数量非常有限。老年人要有一定的经济基础才能选择机构养老，而身体健康且经济能力又好的老年人只占老年居民的小部分，多数老年人面临健康问题或经济难题，有的老年人健康状况和经济状况都不好。所以，尽管机构养老能够为老年人提供较好的服务，但由于目前数量不多、收费水平高等原因，仍难以满足农村的养老需求。

（四）养老保险养老模式

目前实行的新型农村社会养老保险（简称新农保）是以保障农村居民年老时的基本生活为目的，建立个人缴费、集体补助、政府补贴相结合的筹资模式，养老待遇由社会统筹与个人账户相结合，与家庭养老、土地保障、社会救助等其他社会保障政策措施相配套，由政府组织实施的一项社会养老保险制度，是国家社会保险体系的重要组成部分。新型农村社会养老保险制度的基本原则是"保基本、广覆盖、有弹性、可持续"。具体包括：①从农村实际出发，新型农村社会养老保险低水平起步，筹资和待遇标准要与经济发展及各方面承受力相适应；②个人、集体、政府合理分担责任，权利与义务相适应；③政府引导和农民自愿相结合，引导农民普遍参保；④先行试点，逐步推开。新型农村社会养老保险待遇采取社会统筹与个人账户相结合的基本模式和个人缴费、集体补助、政府补贴相结合的筹资方式。年满 60 周岁的农村居民个人不再缴费，直接享受中央财政补助的基础养老金，但其符合参保条件的子女应当继续参保缴费。也就是说，只有年满 60 周岁的农村老年人，并且其符合条件的子女参保缴费，才可享受政府发放的基础养老金，这既是政府组织引导下的农民自愿参加，又是享受待遇的必要条件。实现"老有所养"是广大人民群众的热切期盼，也是社会保障的重要目标。

三、农村养老模式发展

农村养老模式的发展演变具有一定的社会规律。家庭养老模式的弱化伴随着小农生产方式的消亡过程，而自我养老、机构养老以及社会养老等养老模式的发展，伴随着农业生产方式现代化、市场化的进程。随着工业化进程不断加速，社会分工不断细化，养老从家庭众多的功能中分离出来成为社会整体运行的一部分，农村的养老模式逐渐从家庭养老模式向以家庭养老模式为主的多样化养老模式转变。在从农业社会向工业社会转变的进程中，农村养老模式的转变主要有 3 个趋势：农村家庭养老模式持续弱化、农村养老模式多样化发展、农村社会养老保障制度多元化发展。

（一）农村家庭养老模式持续弱化

在农业社会中，家庭养老模式在农村老年人的养老中一直占据主导位置。小农生产方式是家庭养老模式的物质基础，较多的后代人口是家庭养老模式的人力基础，"孝"文化是家庭养老模式的文化基础。1949 年之前的几千年发展历程中，家庭养老模式一直承担主要的养老职责，其原因就在于上述 3 个"基础"没有发生较大的改变，因此，家庭养老模式就具有稳定性。

1949 年以后，农业生产方式、人口结构与文化都发生了较大变化。集体经济时期，农业生产方式从小农生产方式直接转变为社会主义集体化的农业生产方式，农村老年人失去了对土地的所有权与产品分配权；

实行家庭联产承包责任制时期，农业生产方式虽然以家庭为单位，但是由于农业生产技术的提高与农业种植技术获取的便利性，成年子女可以获取生活资料，对家长的依附性降低，家长的权威下降。在此期间，国家开始实行计划生育政策，子女数量的减少使得老年人获得的养老支持力度减弱；全面建设小康社会时期，农村青壮年劳动力大量外流且在城镇定居，导致子女对老年人的生活照料与精神慰藉不足。随着对外开放的大门越开越大，西方的文化冲击着中国传统的"孝"文化，部分青壮年认为养老应该是社会的责任而拒绝履行赡养义务。在从农业社会向工业社会的转型过程中，农业生产方式、人口结构与文化都发生了较大变化，破坏了家庭养老模式存在的基础。虽然我国宪法规定子女有义务赡养老人，但是并没有从实质上阻碍家庭养老的弱化趋势。一旦家庭养老的基础受到损坏，国家用法律维护家庭养老模式的成本就会上升，这不利于社会的发展。因此，伴随着农业社会向工业社会的转型，农村家庭养老模式弱化是社会发展的必然趋势。

（二）农村养老模式多样化发展

在家庭养老模式弱化的同时，我国工业化水平的不断提高也为农村新型养老模式的发展提供了条件。比如，自我养老模式、机构养老模式与社会养老模式等都得到了较好地发展。在一些"空巢"老人现象较为严重的村落，村委会将农村老人聚集起来，让他们互相帮助，互相照料，这种养老模式为互助养老模式。互助养老模式是自我养老模式的一种，因为养老资源的传递在老年人之间，老年人并没有得到后代养老资源的供给。互助养老模式具有一定的脆弱性，一旦村落中高龄老人与失能老人等需要别人提供照料的人数增多，而超过健康老年人的人数，老年人之间互助的压力就会增大，互助养老模式的稳定性就会受到影响。

随着经济的不断发展和农村生活水平的不断提高，越来越多的新型养老模式会在不同习俗的农村地区以适合本地区生活特点的形式出现。在农村家庭养老模式不断弱化的条件下，新型养老模式会在政府牵头探索与市场不断发展的条件下弥补家庭养老的不足，逐渐成为支撑农村养老的重要养老模式。

（三）农村社会养老保障制度多元化发展

目前我国农村的养老保障制度主要包括针对"五保"户的"五保"供养制度与面对全体农民的新型农村社会养老保险制度。与发达国家相比，我国农村的社会养老保障较为单一，国家对农村老人的养老保障只出现在经济保障方面，没有涉及生活照料与精神慰藉方面。与城镇相比，农村的社会养老保障支付水平较低，大部分农村老人只能领取基础养老金。

1978年以来，我国经济飞速发展，综合国力显著上升，为我国社会保障制度的建立打好了经济基础。中国作为社会主义国家，在社会发展的过程中不仅要考虑经济效率问题，还要考虑社会公平问题。习近平同志指出，"广大人民群众共享改革发展成果，是社会主义的本质要求。"因此，随着社会经济的发展，国家综合实力的提高，社会养老保障制度的未来设计不仅能解决农村老人养老的经济保障问题，还会涉及农村老人养老的生活照料与精神慰藉方面。更高的保障水平、更加多元化的发展是农村社会养老的发展趋势。

第三节　"医养结合"养老模式

一、"医养结合"养老模式概念与理论基础

（一）"医养结合"养老模式概念

从字面分析，"医养结合"包括"医"和"养"两个要素，这是一种将资源重新统筹，以"养"为主、实现"医"的可及性的新型照护养老方式。"医养结合"是养老传统路径的发展延伸，也是我国在人口老龄化背景下的创新之举，符合新时代要求，能够满足老年人的养老需求，是我国养老服务发展的必经之路。

下面从服务的主体、对象、方式和内容4个方面更为详细地对"医养结合"概念进行分析。首先，医养服务供给的主体多样，包括政府、社区、家庭、养老机构和医疗机构。其次，在服务对象层面，"医养结合"提供的服务面向所有老年人，其中包括健康、能自理，基本健康、

部分自理，身体状况差、难以自理等所有层次。再次，医养服务的供给方式多样，既可嵌入养老中，即在养老院或老年公寓中增设医疗设备和人员、在家庭中利用社区补给服务，也可融入医疗中，即在卫生机构增加照料服务、在医院发展老年医学科，还可以由不同性质的机构合作开展医养服务。最后，服务内容层面，不同于传统方式提供单一服务，"医养结合"提供综合性服务，核心要素在于"养""医""合"。"养"包括起居照料、文化活动、生活陪伴等多形式全方位的照顾；"医"指常规检查、疾病咨询、疾病诊断、疾病治疗和疾病康复的全套服务；"合"指不同机构要将"养"和"医"深度整合，使老年人能够有病诊治、无病休养、医养结合。[①]

"医养结合"养老模式服务框架如图2-1所示。

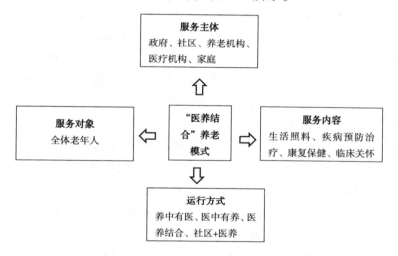

图2-1 "医养结合"养老模式服务框架

（二）"医养结合"养老模式理论基础

1.需求层次理论

20世纪中叶，亚伯拉罕·H.马斯洛（Abraham H. Maslow）对人类的

---

① 崔树义，杨素雯.健康中国视域下的"医养结合"问题研究[J].东岳论丛，2019，40（6）：42-51，191-192.

动机进行研究，提出了需求层次理论。马斯洛认为："人的需求分 5 个层次，逐层递进，其中生理需求是基本驱动力，位于需求金字塔的最底端，自我实现位居金字塔的顶端；人类需求是一个由低向高持续向上变化的过程，当低一级的需求基本实现后，另一优势的需求就会显现；而且每个人在不同的人生阶段需求也不相同，每个人同一阶段也可以同时拥有多种需求，但是一定会以某个需求为主导。"①

需求层次理论在老年群体中同样可以得到体现，不同阶段的老年群体、不同的老年人都会有不同的需求。比如，身体条件比较好的老年人，对被尊重和重视、社会交往、实现自我的需求就会比较强烈，希望自己的社会权益得到充分的保障，发挥自己的"人生余热"；而身体条件不太好的失能、半失能老年人则首先考虑的是自己被照顾和疾病治疗需求，希望可以获得较好的生活照料，疾病能够得到治疗和痊愈。

需求层次理论可以运用到"医养结合"的落实过程中去。"医养结合"面向全体老人，需要针对不同老人在入院时进行身体健康等级的评估划分，对老人进行提前分类，从而提供针对性的服务，促进实现老人需求个性化以及全面化，提高养老服务质量。

2. 积极老龄化理论

20 世纪 50 年代至今，世界上许多国家相继迈入老龄化社会，如何从战略上应对人口老龄化趋势成为国际社会关注的焦点。20 世纪 60 年代早期，"成功老龄化"的主张进入人们的视野，驳斥了老年人"无用论"和"退出论"，扭转了国际社会对待人口老龄化问题的悲观情绪。20 世纪 80 年代，世界卫生组织在第一届老龄问题世界大会上首次提出将"健康老龄化"作为新时期人口老龄化的应对战略；强调老年人要保持生理、心理的良好状态，缩短病期，尽量将失能和疾病困扰推迟到生命的尽头。这一提法旨在提高老年人生活质量，促进老年人自我价值的实现。1999年，在"健康老龄化"的基础上，世界卫生组织将老龄化战略的内容进一步扩展并提出了"积极老龄化"的理念。"积极老龄化"的主张是联合国关于老年人发展 5 个基本原则——有尊严地生活、独立自主、基本照

---

① 马斯洛，荣格，罗杰斯，等.人的潜能和价值：人本主义心理学译文集[M].林方，主编.北京：华夏出版社，1987：162-177.

料、社会参与，以及自我价值实现的综合性概括。2002 年，世界卫生组织发布《积极老龄化：政策框架》，将"健康、参与和保障"界定为积极老龄化战略的三大支柱。也就是说，任何国家和政府在积极老龄化战略指导下制定的老龄政策框架至少应具备 3 个方面的基本功能：其一，关注老年人的健康和福祉。保持老年人在生理、心理和社会生活方面的良好状态，延长其自理期和健康期，使其有尊严、有活力地健康生活。其二，鼓励老年人参与社会经济、文化活动。尊重老年人权利，创造再就业和教育培训条件，支持老年人通过收入性的和非收入性的活动继续为社会做出生产性贡献。其三，确保建立有力的保障性环境。对退出劳动领域、无劳动能力，以及无社会收入来源的老年群体，要建立起完善的养老保障制度、社会救助和基本救济制度；对失去生活自理能力和鳏寡孤独、需要照料的老年群体，要提供长期护理和日常照料的养老服务，给予他们充分的物质赡养、精神慰藉和社会扶持。

近些年，我国人口学家和老年学家穆光宗教授结合东方传统文化和代际关系，又提出了"和谐老龄化"的新命题，使之与"健康老龄化""积极老龄化"形成互动关系。

健康一直以来都是老龄化战略关注的焦点，世界卫生组织认为：健康并不仅仅指没有疾病，更是指生理健康、心理健康、道德健康和社会适应能力的综合表现。在任何年龄阶段，健康都至关重要，尤其是老年时期，由于身体机能的退化，健康就显得更加难能可贵。

3. 福利多元主义

养老模式的核心内容是养老服务，因此，养老模式的构建必然涉及养老服务的供给，供给主体和供给方式直接影响养老服务的质量和效率。随着凯恩斯主义下的一元福利制供给渐渐"力不从心"，福利多元主义开始进入政府决策者的视野。福利多元主义主张福利供给主体的多元化和公共服务的市场化，这对各国养老事业的发展具有重要的指导意义。

早在 1978 年，英国的《沃尔芬德的志愿组织的未来报告》首次提出了福利多元主义的概念，它把志愿组织归属社会福利的提供者。随后，罗斯（Rose）在《相同的目标、不同的角色——国家对福利多元组合的贡献》一文中对福利多元主义进行了更加详细地论述。他认为国家在福利的提供上扮演着最重要的角色，但并不意味着国家是福利的绝对垄断者。

市场、家庭和个人都是福利的重要来源，都要承担起提供福利的责任，他们之间并不是纯粹的竞争关系，而是一种相互补充的关系。

"医养结合"养老模式的构建符合福利多元理论。随着我国人口老龄化的快速发展，老年人的需求呈现多样化趋势，过去"大政府、小社会"的"一元福利"制度无法应对老龄化的各种挑战，福利多元化改革是大势所趋。针对老年人多样化需求中最核心、最迫切的医疗和护理需求的激增，我国养老机构和医疗机构因为条块分割、自成体系，无法为老年人提供及时有效的服务。在这种情况下，整合医疗和养老资源单纯依靠政府很难实现，需要在政府统筹指导下，养老机构、医疗机构和家庭加强合作，并动员全社会参与养老服务。

二、"医养结合"养老模式类型与对比

（一）"医养结合"养老模式的类型

1. "医养结合"养老模式——内置型

内置型"医养结合"养老模式即由单一机构通过内部资源的优化、丰富、提升自身功能，提供"医养结合"养老服务，包括具备医疗功能的养老机构和具备养老功能的医疗机构。模式一即养老机构内置医疗机构；模式二即医疗机构内置养老机构。

（1）模式一：养老机构内置医疗机构。采用该模式的主体为养老院、福利院等专业养老机构。这一模式就是在养老机构内部设立专门的医疗卫生机构，如门诊科、卫生室等。这一模式除解决居住在养老机构的老年人日常生活照料问题以外，还能对健康状况差的老年人提供病时医疗和护理服务，对健康状况良好的老年人提供专业养生指导，使老年人在养老机构中，足不出户就可以享受到专业治疗，满足他们的医护需求，为晚年生活提供保障。

养老机构内部设置医疗机构的做法并不是"医养结合"养老模式的创新。目前多数养老院都设立了卫生室之类的医疗机构，但是所配备的医疗设备和人员十分有限，只能提供最基本的医疗服务。原来的内置医疗机构只针对养老机构中身体不适的老年人，只为他们提供基本的医疗

服务，而对于养老机构中暂时没有健康问题的老年人并没有顾及到。总体来说，过去机构养老内置医疗机构的做法只着眼于养老机构中"医"的层面，且只触及"医"的表层，形式大于内容。

这里所指的养老机构内置医疗机构作为"医养结合"养老的一种模式，虽然形式一样，却是"旧瓶装新酒"，体现了养老机构养老理念的创新。同样是内部资源优化，"医养结合"理念下的内置机构功能得到提升，所提供的服务更加专业、全面，兼顾了"医"和"养"两个层次。从"医"这个层面来讲，内置机构具备专业化的医疗团队，科室众多，设备齐全，老年人常见病可得到有效治疗。从"养"这个层面来说，养老机构配备专业护理团队，结合内置机构为入住老年人建立健康档案，根据每位老年人的身体状况，为每一位老年人提供营养均衡的膳食，特别针对慢性病患者提供饮食养生的方案。

（2）模式二：医疗机构内置养老机构。采用该模式的主体为大型医疗机构，这一模式就是在医院内部或周边设立护理院或养护中心等具备专业养老功能的机构。入院治疗的老年人在病情稳定后转入护理中心，接受专业的护理服务。转入护理中心的老年人不仅可以享受到专业的护理服务，而且一旦病情反复，"零距离"转诊更是无数老年人的定心丸。

采用该模式的医疗机构大都是公办医院，最初这些医疗机构设立养老机构也是受福利政策的影响，为特定人群提供优质养老服务，如海军疗养院、老干部疗养院等。这类养老机构有特殊政策支持，依托大型公办医院，硬件、软件配备齐全，是老年人养老的理想选择。但是此类特殊的养老机构毕竟是稀缺资源，辐射面有限。近些年来，全国各地许多医院陆续开设了专业的护理院，护理院设有专门的床位，供入住的老年人长期使用，从而在具有专业护理功能的基础上添加了养老功能。此类做法主要是为了缓解医院的供求矛盾。目前，全国各地大型医院普遍存在床位紧张的情况，一方面是因为优质医疗资源的稀缺，另一方面存在患者"押床"现象，尤其是老年"押床"现象更为普遍。老年人多患有慢性疾病，恢复较慢，再加上家庭规模的日趋缩小，家庭护理难度增高，所以许多老年患者都愿意长期住院治疗。这就造成了老年病科室病床的紧张，许多病情严重的老年人无法顺利入院进行治疗。如今，医院通过内置护理院，分离了"医""护"环节，老年人在病情严重、紧急情况下在医院接受治疗，在病情缓和、需要长期护理的情况下就转入护理院接受专业的护理。这样不仅能有效地减少医院老年患者"押床"现象，还缓解了老年人看病困难的矛盾，更满足了老年慢性病患者的养老需求。

随着国家大力推动医疗改革和养老服务业的发展，设立医疗机构和养老机构的准入条件逐步放宽，越来越多的民营资本进入医疗和养老行业。许多民营医疗机构纷纷内设护理院，拓展自身的业务，增强自身的功能。其主要原因有以下3点：医疗机构内设护理院，内部资源优化的成本较低；专业化程度高；老年人的养老需求旺盛，长期护理能提高营业收入。

2."医养结合"养老模式——联动型

联动型"医养结合"养老模式是指由独立的养老机构和独立的医疗机构展开合作，养老机构主要负责"养"的功能，医疗机构主要负责"医"的功能，养老机构、医疗机构各司其职，分别提供专业化服务，形成机构间互相支撑、互相协作，形成互利共赢的局面。

联动型"医养结合"养老模式强调机构间协作，涉及两个主体——养老机构和医疗机构。根据当前的实践来看，全国各地养老机构的功能差异显著，运营方式多种多样。相比之下，医疗机构的功能和运营方式相对简单。由于主体的差异，联动型"医养结合"养老模式也存在差异，具体可分为两种模式：专业型养老机构＋医疗机构和复合型养老机构＋医疗机构。

（1）模式一：专业型养老机构＋医疗机构。该模式所指的专业型养老机构是指为老年人提供饮食起居、清洁卫生、生活护理、健康管理和文体娱乐活动等服务的机构。它与普通的养老机构无异，可以是独立的法人机构，也可以是企事业单位、社会团体或组织、综合性社会福利机构的一个部门或者分支机构。此处称之为专业型养老机构是为了区别于后文提及的复合型养老机构。与复合型养老机构相比，专业型养老机构单纯致力于满足老年人机构养老的常规要求，为入住的老年人提供各种日常生活保障。

随着老年人对"医养结合"养老需求的不断提高，各地的养老机构为满足这种需求不断地进行探索。资源统筹能力较强的养老机构选择通过内置医疗机构来完成资源优化，提供"医养结合"养老服务。然而能够独立完成自身资源优化的养老机构很少，大多数养老机构（尤其是规模较小的民营养老机构）并不具备内置医疗机构的实力和条件。它们根据自身的特点，通过与医疗机构签订合作协议，或与医疗机构比邻而建，或为医疗机构提供场地，开设门诊部，辅助开展日常老年人的健康管理，并开通双向"绿色通道"，一旦病情需要，立刻通过专用通道将老年人送入医疗机构预留的老年人病房，进行专业治疗。老年人在病情稳定后返回养老机构继续接受专业护理服务。

（2）模式二：复合型养老机构 + 医疗机构。复合型养老机构主要是指国内的高端养老社区，是在我国老年人居家养老的习惯和观念的基础上，借鉴国外成熟养老社区的经验（尤其是美国持续性照顾退休社区的经验），由多个投资运营主体联合参与，针对拥有高额养老储蓄的老年人群开发的项目。目前国内开发的养老社区多采用"持续性照顾退休社区 + 医疗服务"为主导的医疗安养中心这种运作模式。

表 2–1 为国际现行的不同类型养老社区对比表。

表2–1　国际现行的不同类型养老社区对比表

类　型	形　式	入住群体	服务和配套设施
独立生活型	生活自理社区	生活完全自理的老年人	提供基本配套设施和餐饮服务，不提供日常生活照护
辅助生活型	生活协助社区	半自理或介助老年人、高龄老年人	提供基本配套设施和餐饮服务，提供日常生活照护
辅助医疗型	老年护理社区、记忆衰退照护所	患病、卧床、术后恢复或记忆功能障碍的老年人	除基本配套设施外，还配备医疗护理和康复护理设施，提供日常护理和医疗护理、康复护理服务
居家生活型	持续性照顾退休社区	当前生活能自理，希望获得持续性就医、养老服务的老年人	分为 IL、AL、SN 三大不同区域，配套设施和服务项目俱全，如餐饮、定时体检、安全监控、紧急呼叫等
	活跃老年社区	生活完全自理的中低龄老年人	大型社区，配备高档娱乐运动设施，为老年人安排多种社会活动

3. "医养结合"养老模式——辐射型

辐射型"医养结合"养老模式即居家养老服务机构与医疗机构或社区卫生服务机构合作，以社区养老服务中心为枢纽，建立满足老年人各种服务需求的居家养老服务网络，上门为居家老年人提供助餐、助洁、助医、助急等多层次、专业化的健康定制服务。

辐射型"医养结合"养老模式是根据我国以居家养老为主要养老方式的实际情况，顺应养老服务社会化的要求而形成的。受传统道德价值观的影响，我国老年人仍旧秉持在子孙附近生活的居家养老观念，居家养老始终是我国老年人养老的首要选择。"十一五"以来，全国各地对老年人养老格局的建设规划以形成"9073"格局为目标，坚持社会养老服务体系的建设要与基本国情和老年人养老意愿相统一的原则。辐射型"医养结合"养老模式由多个养老服务机构、医疗机构分别与社区养老服务中心签订协议，结成分工合作的联盟，以社区养老服务中心为辐射原点，针对社区内需要服务的老年人形成"医养结合"服务辐射区域。社区养老服务中心为社区老年人建立健康档案，积极开展健康教育、免费体检等公共卫生服务，提供家庭出诊、家庭护理、家庭病床等延伸性医疗服务。根据"小病在社区，大病进医院"的原则，分级诊疗，双向转诊，为社区老年人提供综合、连续、便捷、便宜的医疗服务和健康管理。

辐射型"医养结合"养老模式的区域辐射性要求多个主体共同参与，充分调动个人、家庭、市场等多种社会力量。根据国家政策的引导，一些大型养老集团专门开辟了居家养老服务项目，成立专门的居家养老服务机构。除此之外，许多家政服务公司也开始陆续提供居家养老服务。这些机构多利用公建配套用地，借助居家养老服务网络为老年人提供便捷的服务。

（二）"医养结合"养老模式对比分析

"医养结合"养老模式对比分析如表2-2所示。

表2-2 "医养结合"养老模式对比分析

类型	特点	优势	弊端	适用范围
内置型	资源统筹能力较强，通过内部资源的合理配置，完成自身功能的优化升级	1. 依靠自己的力量开展"医养结合"服务，工作效率高 2. 机构可以充分利用各种闲置资源，延伸服务范围，拓展业务领域，提高营业收入 3. 可以增加就业，吸纳医学专业毕业生和返聘退休医生 4. 费用相对较低，床位需求量大	1. 对自身实力要求高 2. 政府相关扶持政策力度小，缺乏经费保障 3. 养老机构内的医疗服务不在医疗保险范围之内，缺少报销通道 4. 管理体制落后，定位不清，服务质量偏低 5. 因为费用较低，供不应求，供给缺口大	比较适合一级或二级的医疗机构和部分有实力的养老机构
联动型	通过市场契约的方式，优化对接彼此拥有的医疗和养老资源，形成互利共赢的局面	1. 通过合作协议，医疗机构医疗资源和养老机构养老资源都能得到充分地利用 2. 有效地缓解了医疗机构老年患者"押床"现象。 3. 为在机构养老的老年人开辟了就医的"绿色通道"，节省了时间和医药费	1. 缺乏有效的约束制度，利益协调机制不健全，存在违约风险 2. 基于契约的双边治理，责任边界不明确，老年人的利益无法得到有效保障 3. 费用偏高	比较适合中小型的养老机构和医疗机构或者多个大型企业进行复合型开发，提供专业化服务
辐射型	利用公共养老资源，通过居家养老服务网络分工协作，形成区域内的医疗机构和养老机构分工合作的网络联盟	1. 满足老年人不脱离居家环境而享受到"医养结合"服务的需求 2. 有效整合区域内医疗资源和居家养老服务资源 3. 带动医疗卫生行业和养老服务行业的协同发展，创造大量就业机会	1. 对区域公共养老设施要求高 2. 区域性协作可控性差，协调性差，管理难度大 3. 服务项目多	比较适合有区域影响力的大型医疗机构和养老服务集团，或者由许多中小型医疗机构和养老服务机构组建的区域联盟

表2-2对"医养结合"养老模式的3种主要类型的特点、优势、弊端、适用范围进行了梳理，可以总结出以下几点：

　　（1）就市场化程度而言，内置型"医养结合"养老模式对资源统筹能力具有较高要求，所以实践中采用内置型"医养结合"养老模式的多为公办机构，民营医疗机构或养老机构无法独立完成医疗和养老资源的整合。所以，内置型"医养结合"养老模式的市场化程度相对较低。联动型、辐射型"医养结合"养老模式都依托于市场契约关系，通过机构间、行业间的分工协作完成资源整合，容纳多种性质的医疗和养老机构，市场化程度较高。相比联动型"医养结合"，辐射型"医养结合"养老模式面对的市场主体为居家老人，群体更广泛，所以市场化程度更高。

　　（2）就产业化程度而言，内置型"医养结合"养老模式是单一机构内部资源的优化，依靠的是自身的力量；联动型"医养结合"养老模式是机构间的合作，依靠的是协作力量；辐射型"医养结合"养老模式是区域内、多服务部门的协作，依靠居家养老服务网络，能够极大地促进养老产业的发展。而且，就落地产品——医养服务的专业化、多样化、个性化程度来说，联动型"医养结合"和辐射型"医养结合"养老模式都要比内置型"医养结合"养老模式更高。从内置型"医养结合"养老模式到辐射型"医养结合"养老模式，"医养结合"养老模式的运行框架越来越大，由机构内逐步扩展到行业之间，所惠及的人群也越来越广，养老功能越来越强。

　　本书强调"医养结合"养老模式的发展要走市场化、产业化的道路，这里所指的市场化并非无限制的"泛市场化"，而是"福利性"与"产业化"的耦合。若公共产品完全由私人部门供给，将会产生两种可能：一种可能是私人部门因为投入成本高、利润空间小而退出市场；另一种可能是政府给予高额补贴推动私人部门进入，而私人部门为赚取利润，提供高于竞争性均衡价格的产品和服务，从而将支付能力不足的消费者"挤出"市场。因此，对于那些收入偏低、购买力不足的老年群体来说，政府主导的福利性养老服务供给仍旧是不可或缺的。因此，"医养结合"养老模式市场化、产业化的发展需要多种模式类型、多种供给方式、多种市场力量共存，相互支撑。

　　"医养结合"养老模式的3种类型各具特色、各有优劣。3种类型应该清晰地找到自己的定位，发挥各自的支撑作用。根据内置型"医养结合"养老模式的特点，结合各地实践可以发现，公办养老、医疗机构是内置型"医养结合"养老模式的运行主体，在"医养结合"养老模式的构建中应该充分发挥市场"托底"作用，着重为"三无"老人、低收入老人、经济困难的失能、半失能老人提供无偿或低收费的供养、护理服务；联动型"医养结合"养老模式是"医养结合"养老模式市场化、产业化发展的重点，也是充分体现市场化优势、产业化供给的关键。联动型"医养结合"养老模式涵盖的主体具有多样性，所以联动型"医养结合"养老模式应该细分市场层次，丰富服务项目内容，提供专业服务，满足不同老年群体的个性化需求；辐射型"医养结合"养老模式主要针对采用居家养老方式的老年人，但依赖于居家养老服务网络和养老服务产业化的发展程度，是城市"医养结合"养老模式发展的难点。辐射型"医养结合"养老模式覆盖的老年人群更广，更加符合我国老年人居家养老的国情，是"医养结合"养老模式未来大力发展的方向。

第四节　城市社区居家养老模式

一、城市社区居家养老模式相关概念

（一）社区与城市社区

1. 社区

社区的概念首见于 1887 年德国社会学家斐迪南·滕尼斯（Ferdinand Tönnies）撰写的《社区与社会》一书中，他认为"社区是具有共同价值取向的同质人口所构成的关系密切、出入相友、守望相助、疾病相扶、富有人情味的社会共同体"。而"社区"一词是费孝通先生等人在 20 世纪 30 年代把"community"译为"社区"引入中国的，后逐渐成为中国社会学的通用词。从地域方面来看，"社区"被视为地域性的社会生活共同体；从认同感和归属感范围方面来看，"社区"则强调的是一种家庭性质的归属感，是一种小范围内强烈的人际归属，这种地域性和归属感会随着时间的推移而更加深厚。"社"是以家为构成对象的具有地域特征的地方基层行政单位。"区"较"社"的范围要宽一些，它可以是行政单位，还可以指居处。按照社会学的理念，社区是由特定的地理区域，一定数量的人口，一定类型的制度、组织和设施，较密切的社会互动，以及社区归属感这几个要素综合而成。

2. 城市社区

城市社区是指大多数从事工商业及其他非农业劳动的城市居民所形成的以区域为纽带的社会共同体。本节选择城市社区为主要研究对象，是因为随着我国体制改革的不断深入和城市化进程的加速，城市社区在社会发展和现代化建设中的地位和作用日益凸显。它作为城市社会结构的基本单位，可以在一定程度上折射出整个城市的发展变化。我国城市社区在行政和组织方面最主要的表现形式是社区、街道和居委会。

从城市社会学的角度来说，城市社区是维系家庭之外的人与人之间相互联系和支持的网络。每个城市社区都具有一定的相对独立的空间，强调生活在其中的人们的情感与公共活动，也是社区文化形成的一个必要平台。也就是说，城市社区不仅要具备外在的生活设施与环境，更要体现内在的精神实质，有凝聚力的社区文化和价值观念才能真正构成社区本质。

（二）城市社区居家养老模式概念

社区居家养老是依托社区，把社区养老服务延伸到家庭的一种社会化的养老模式。它是居家养老与社区服务的有效结合。社区居家养老模式是在社区建立的一个支持家庭养老的社会化服务体系，是一种整合社会各界力量的养老模式。其提供者主要有社区服务机构（包括政府主办的、非政府主办的、企业性质的）、志愿者队伍，以及其他形式的慈善、互助组织。社区居家养老模式涵盖了社区居家养老服务的网络体系、服务项目体系、工作队伍体系和管理体系。社区居家养老服务的功能主要是为社区内的老年人提供社区日托、家政服务、康复护理、精神慰藉、应急救援和综合性社区服务等方面的服务。

城市社区居家养老服务从发展模式来看主要有"政府购买"和"市

场化运作"两种。从目前各地实践的情况来看，全国绝大多数城市采用政府购买服务，由民间组织提供服务或街道、社区承办的模式。所谓政府购买养老服务，是指政府为了履行服务的社会职能，在公共财政的社会福利预算中拿出经费，向社会各类服务机构，通过公开招标或以直接拨款资助服务的形式购买养老服务。这种模式在大连市、宁波市、上海市、北京市、南京市、广州市、青岛市等城市都有较早地探索。目前居家养老工作主要是由政府购买服务推动，服务对象主要针对困难和特殊老人。一些地方鼓励经济条件较好的老年人自己购买有偿服务，政府给予适当补贴。

二、城市社区居家养老模式的必然性

（一）城市社区居家养老模式的优势

城市社区居家养老模式是适应我国人口老龄化和加快城市社区服务发展的新型模式，同时是联合国提倡的老龄化社会中最适合年老者的生活方式。它具有以下4点优势：

1. 具有丰富的养老功能，能满足老年人的多种需求

养老功能的全面性指尽量满足老年人在养老过程中各个层次的需求，如生理物质需求、医务护理服务需求、精神愉悦需求、维护生命需求（医疗和药物的合理使用）。

城市社区养老模式应具备上述全方位的功能，应根据老年人的多层次需求来构建，体现以老年人为中心的社会支持理念。我国社区养老模式的目标是实现老有所养、老有所医、老有所为、老有所学、老有所教、老有所乐、老有所尊（社会尊重和自尊）和老有所宁（生活环境秩序的安全感）。

2. 拥有多层次性、开放性的养老载体

城市社区居家养老模式根据独特的老年人生活习惯，结合相应的养老条件和年老者的各方面需求来合理有效地分配养老资源，规划设计养老设施。该模式要坚持以老年人为中心，根据老年人的价值观、自主性和生活自理能力采取灵活多样的养老方式。城市社区居家养老模式的

"家"不仅是一个物理空间概念，更是一个注重与老年人感情交流和给予他们家庭关怀，即同时具备了物质和精神双重功能的社会环境场所。

3.能有效利用各种资源，降低成本，适应我国社会现状

城市社区居家养老具有投资成本少、成本费用低、服务范围广、收益效果大、收费标准低等特点，因此合理构建和运行社区居家养老模式，能有效减轻机构养老服务的巨大压力。针对我国"未富先老"的国情，大力发展低成本、高效益的社区居家养老，具有重大的现实意义。

4.促进第三产业的发展，缓解社会就业压力

城市社区居家养老服务的社会效益体现在以下3个方面：激活大批老年服务产业；带动与老年服务相关的其他产业；充分利用现有的社区内资源和设施。其深远的意义在于不但符合老年人需要，还有利于社区的建设和发展。

社区养老服务机构在吸纳劳务人员时可以优先录用失业人员和待业大学生，让他们参加系统的职业培训，再经过一段时间的实务操作，合格后可上岗，这样既有效地调动了社区的闲置资源，又有利于社会秩序的稳定。

（二）城市社区居家养老模式的可行性

在社区居家养老模式中，老人既能留在熟悉的环境中，又能得到社会提供的养老服务，这是一种兼具家庭养老和机构养老优点的两全其美的养老模式，被认为是当前最为可行的选择。

1.政策导向

2012年，《中华人民共和国老年人权益保障法》重新修订。这部法律从过去主要强调家庭责任转向强调社会保障、社会服务、社会优待，并明确地提出"国家建立和完善以居家为基础、社区为依托、机构为支撑的社会养老服务体系"。这为社区居家养老提供了重要的法律依据，也体现出国家在宏观法律与政策层面对养老问题的转型思路。养老服务业进入一个全新的发展阶段。

2013年，国务院出台《关于加快发展养老服务业的若干意见》。这一具有纲领性意义的文件强调市场在资源配置中的基础性作用，逐步使

社会力量成为发展养老服务业的主体，并在税费优惠、投融资、补贴、土地供应等层面给予支持。该文件确认了养老服务业性质从"事业"到"产业"的转变，推动养老体制开始实质性的更大转型。

2014年接连发布的《关于加强养老服务设施规划建设工作的通知》《养老服务设施用地指导意见》《关于推进城镇养老服务设施建设工作的通知》等文件，对养老服务设施的用地和规划等问题提出了指导思路，加大了新建居住（小）区将居家和社区养老服务设施与住宅同步规划、同步建设、同步验收、同步交付的实施力度。

2015年，十部委联合下发《关于鼓励民间资本参与养老服务业发展的实施意见》，强调逐步使社会力量成为养老产业主体，要加大财政资金投入，推进医养融合发展，鼓励民间资本采取股份制、股份合作制、社会资本合作（PPP）等模式积极参与养老机构的发展与建设。在国家政策的引导和大力推动下，我国社区居家养老即将进入"产业化"发展的新时期。

2019年，《国家积极应对人口老龄化中长期规划》指出，要健全以居家为基础、社区为依托、机构充分发展、医养有机结合的多层次养老服务体系。《加大力度推动社会领域公共服务补短板强弱项提质量 促进形成强大国内市场的行动方案》和《国务院办公厅关于推进养老服务发展的意见》从宏观层面对完善居家为基础、社区为依托、机构为补充、医养相结合的养老服务体系，失能老年人长期照护服务体系和放权与监管并重的服务管理体系进行了总述。

2021年，民政部办公厅、财政部办公厅联合印发的《关于组织实施2021年居家和社区基本养老服务提升行动项目的通知》（以下简称《通知》）指出，发挥中央专项彩票公益金示范引领作用，引导地方各级人民政府、市场主体和社会力量将更多资源投入居家和社区基本养老服务，推动项目地区以项目实施为契机，整体撬动和推进本地区基本养老服务体系的建设，形成符合本地实际的基本养老服务清单，探索建立居家和社区基本养老服务高质量发展制度机制，对周边地区起到辐射带动效应，为实现2035年全体老年人享有基本养老服务的战略目标打下坚实基础。《通知》明确，中央专项彩票公益金支持项目地区为60周岁以上的经济困难失能和部分失能老年人建设家庭养老床位、提供居家养老上门服务。为确保中央专项彩票公益金规范使用、体现效果，《通知》对服务对象的经济困难程度、失能等级认定做出明确界定，细化了服务支持内容，确定了补助标准和资金支付方式，规范了提供主体范围，并对项目监管从内容流程、服务质量、监测评估等方面提出明确要求。

2. 社会需求

家家有老人，人人都会老。2022 年，中国 60 岁以上老年人数高达 2.67 亿，65 岁以上老年人口将占到总人口的 14%，由老龄化社会进入老龄社会。若以 60 岁及以上作为划定老年人口的标准，到 2050 年，中国将有近 5 亿老年人。随着老龄化进程速度的不断加快，养老与经济社会的转型、发展间的矛盾越来越突出，家庭养老的现实可操作性越来越弱，养老机构惨淡经营的现状根本无法满足老年人的需求，单一的养老模式因其无法避免的缺陷，无法成为老年人最理想的养老选择，而居家养老和社区照料的结合刚好满足了老年人多元化的养老需求。

第五节　住房反向抵押贷款养老模式

一、住房反向抵押贷款养老模式概述

（一）住房反向抵押贷款养老模式内涵

住房反向抵押贷款是指满足一定年龄条件且拥有独立产权房屋的老年人，将自己的住房抵押给相关的金融机构，投保机构在对投保老人的预期寿命、房屋价值走向、年龄等方面进行专业评估后，对老人的住房确定具体的金额，按月或者按年发放现金给投保老人，一直到投保老人去世。投保老人在去世之前获得现金的同时，还可以获得房屋的居住权，但负有维护房屋的责任。当投保老人去世之后，相对应的金融机构获得房屋的产权，可对房屋进行处置。

住房反向抵押贷款在释放投保老人房屋价值的同时，将住房价值转变为稳定的现金流，增加老人在退休之后的收入来源渠道，提高生活水平，实现老人的自助养老。住房反向抵押贷款养老模式作为一种补充养老模式，可以在一定程度上缓解国家的养老压力。它可以在不改变老人居家养老模式的前提下，为符合条件且拥有意愿的老年人群提供一种增加收入来源的渠道。住房反向抵押贷款运行机制如图 2-2 所示。

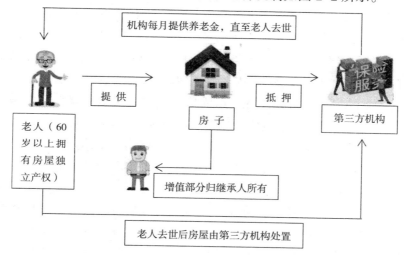

图 2-2 住房反向抵押贷款运行机制

（二）住房反向抵押贷款养老模式性质

住房反向抵押贷款养老模式对于金融企业来说是一种金融产品，对于老年人养老来说是一种养老模式。住房反向抵押贷款是为了让"房屋富有，现金贫困"的老年房产所有者在不必变卖房产的前提下，可以预支房屋的流动性，用于生活开支或紧急情况的开销。社会中更多地使用存量标准来衡量个人财富状况，然而与企业将"现金为王"视作金科玉律相似，现金以及可迅速变现的个人财富对人，特别是老年人来说尤为重要。当人步入生命周期的最后阶段——老年期，生理机能逐渐退化，各项能力逐步降低，突发性医疗情况和一些不可预见的事件发生的概率越来越大，同时随着社会的进步，老年人的需求层次产生了质的变化，由单一型的"养"转变为"养""医""为""学""教""乐"等多位一体的综合性需求结构。需求的多元化以及突发事件发生的高概率性要求老年人获取收入的渠道保持多样性，并拥有足够的、流动性强的个人财富。因此，随着人口老龄化的日益显著，对于老年群体来说，流动性强的产品将会变得更重要，住房反向抵押贷款是一项能够满足流动性的金融产品。

在住房反向抵押贷款产生前，老年房产所有者迫于无奈将房产变卖以应付突发事件或日常开销。特别是当老年人以应急为目的出售自有房产时，往往会产生不必要的财产损失。众所周知，"安土重迁"的思想在我国有着很深的文化积淀，特别是老年人，希望终老于故土或故居。变卖居住多年的房产，搬到便宜一点的房子或出租房里实属无奈之举。住房反向抵押贷款能够满足老年人的这一心理需求，使老年人在有生之年，在保有房产所有权和使用权的前提下，提前预支房屋的价值。

自我养老是老年人对个人财富中比重不大的现金储蓄的支取，家庭养老则主要依赖于血缘亲情和子女的经济实力，社会养老是国家职能的体现，政策导向性较强。从功效、运行机制等角度看，住房反向抵押贷款养老模式既是自我养老的高级形态，又与商业补充养老保险有一定的相似性，更与国家的有关政策休戚相关。首先，住房反向抵押贷款养老模式中的抵押物是房产，是典型的个人财富积累物，而且在老年人个人财富中所占的比重比较大，老年人消费住房反向抵押贷款产品，是对自我所积累的财富的支取，也相当于在个人财富存量有增无减的情况下，扩大了所拥有的流动性财富的份额。其次，通常情况下，商业补充养老保险的运作原则是分批缴纳现金保费，到期一次性支付或分期支付保险金，而住房反向抵押贷款则是将房产的未来所有权作为"保费"一次性交付给金融机构，根据贷款人和借款人双方协商的标准，一次性或分期分批地领取"保险金"，与经营商业补充养老保险的金融机构扮演着债务人的角色不同，开展住房反向抵押贷款业务的金融机构履行的是债权人的义务和职责。最后，任何一种金融产品的推出与有关政策的出台是密不可分的。西方发达国家的成功实践表明，住房反向抵押贷款作为老龄化的产物，不仅增加了老年人的收入，提高了老年人的生活水平和生活质量，而且减轻了国家、企业、个人的养老压力，更是一种体现金融机构和老年人个体合意的国家行为，带有一定的政策属性。

二、发展住房反向抵押贷款养老模式的可行性

住房反向抵押贷款养老模式对于市场的供给者与需求者有两方面的要求：对于供给者来说，只有住房反向抵押贷款能够带来利润时，才会有开发此种商品的积极性；对于市场需求者来说，只有在其拥有房屋所有权时，才能申请此种贷款。

首先，老年人私人住房拥有率较高。1994 年，国务院发布《关于深化城镇住房制度改革的决定》，我国开始逐步建立以个人产权为主的住房制度，就目前来看，此项改革取得了显著的成果——住房的拥有率大幅提高，居住条件得到较大改善。据贝壳研究院发布的《2021 社区居家养老现状与未来趋势报告》，调研中有 65.5% 的老年人独立居住（一个人居住或与配偶同住），即使在 80 岁及以上的高龄群体中，独立居住占比仍高达 48%。

其次，金融机构为住房反向抵押贷款提供了良好的外部环境。2016 年以来，中国金融机构本外币信贷收支呈逐年增长趋势，截至 2021 年底，中国金融机构本外币信贷收支均为 269.19 万亿元，均较 2020 年增长 25.83 万亿元，增幅为 10.61%，为住房反向抵押贷款养老模式的开展提供了潜在的资金支持。另外，商业银行等金融机构面临着境外金融机构的竞争，需要进一步创新金融产品，扩展金融业务。发展住房反向抵押贷款养老模式为商业银行、保险机构等扩大贷款规模、增加金融业营业收入提供了新的途径。

最后，活跃的二级房地产市场为发展住房反向抵押贷款提供了市场条件。随着房改的进一步深化，住房的私有化率得到极大地提高。由于近几年房价普遍走高，二手房市场也随之得到了相应地发展。住房反向抵押贷款需要一个二手房存量足够大、交易手续较简化、交易成本较低的二级市场。由近几年二手房市场的发展来看，住房二级市场将逐步成熟稳定，这为发展住房反向抵押贷款养老模式提供了良好的市场基础条件。

第三章　乡村养老建筑设计

第一节　乡村建设中的养老建筑设计

一、乡村建设中的养老建筑基础分析

（一）乡村老年人的生活特征与需求

乡村养老建筑作为公共服务设施为乡村留守老人提供居住、活动、医疗等空间与服务，必须考虑到乡村老年人与城市老年人的差异，将乡村老年人的生活特征与需求反映到设计中。乡村老年人与城市老年人的主要差异如下：

1.经济水平和文化程度的差异

经济水平是影响乡村老年人是否入住养老建筑的主要因素之一。乡村一般远离繁华的市区，甚至有部分乡村地处偏远、交通闭塞、发展缓慢，乡村经济相对比较落后，村民收入低，众多乡村的人均年收入比较低。

由于经济基础、教育设施的局限，乡村老年人多数没有接受过较高水平的教育，总体来说，乡村老年人的文化程度普遍低于城市老年人，并且乡村老年人之间也存在着文化水平的差异，呈现出男性老年人比女性老年人文化程度高、中心村老年人比偏远地区老年人文化程度高、较年轻的老年人比高龄老年人文化程度高的特征。文化教育水平对老年人晚年生活的品质有很重要的影响，一般来说，受教育程度越高，对生活品质要求越高，反之则越低。

随着社会的进步，城市老年人普遍文化水平较高，信息交流多，接受新生事物的能力强，养老观念开始发生变化。而在传统乡土文化的影响下，"养儿防老"的思想观念深深地影响着乡村大部分人口，导致部分老年人对社会养老模式非常排斥。但是，因为无人照料、身体衰弱等现实原因，以及政府、村委的宣传，也有部分乡村老年人对入住养老建筑态度积极，期待提高生活质量。

2. 日常活动与居住习惯的差异

乡村老年人的日常生活和城市老年人有着显著差别，乡村老年人长期从事自给自足的农耕活动，生活单调。随着经济条件和身体条件的限制，本来活动范围就相对城市老年人小的乡村老年人的活动范围逐渐缩小，而且普遍缺乏精神文化生活。

相比城市老年人娱乐项目种类多、室外活动频繁、交际范围广的特点，乡村老年人日常生活较为单调。乡村老年人的活动范围小，日常活动范围仅限于生活的乡村甚至住房周围，最频繁的活动是聊天、闲坐、晒太阳、散步、下棋等没有场所和工具要求的活动。

在居住习惯方面，乡村老年人更偏爱自身熟悉的开阔空间，以院落组织各空间的平房是乡村老年人居住的首选。在乡村建设中，部分村庄已建造起楼房，但并没有老年人入住，主要是因为乡村老年人在楼层高、空间狭小的楼房中情绪容易变得压抑、烦躁。相对于城市老年人注重私密性和安静的居住意向，乡村老年人对养老居住空间的诉求趋于对外的私密性和对内的开放性，养老建筑在设计时应充分考虑乡村老年人的居住习惯需求。

3. 生理特征与医疗条件的差异

身体健康状况与老年人的养老生活水平息息相关，身体健康是心理健康的基础。但是老年人随着年龄的增长逐渐呈现出形体变化、感知能力减退、身体机能减弱、人体反应能力退化等生理特征，并且由于经济条件、思想观念的原因，及存在医疗设施不完善、不便捷等问题，乡村老年人的身体状况比城市老年人更差。例如，高达 80.52% 的乡村老年人受慢性病困扰，比城市老年人患病率高 5.48 个百分点。因此，养老建筑在设计时应充分考虑老年人的生理特征，创造适老化空间与环境。

此外，乡村老年人对医疗卫生需求大，意愿强烈。在城市医养结合型养老建筑逐步发展的同时，乡村卫生所或医院与养老建筑结合的模式进入了探索阶段。新建乡村养老建筑宜靠近医疗建筑或与卫生所合建，以满足乡村老年人的刚性需求。

4. 心理特征与人际关系的差异

随着年龄的增长、身体的衰弱、社会地位的改变，再加上儿女不在身边等原因，乡村老年人在现实中会比城市老年人更容易产生孤独感、失落感和抑郁感，因此，养老建筑在设计时要营造温馨的环境，更要创造留守老人相互交往的空间。

在乡村中，人际关系以地缘、血缘为主导，乡村老年人之间彼此相熟相知，往来频繁，人情味浓厚。邻里人际关系在乡村老年人晚年生活中扮演着重要的角色。在空闲之余，乡村老年人喜欢串门，聚在一起聊天、下棋等。这种熟人社会关系给乡村留守老年人以精神寄托，因此，考虑到乡村老年人对社会交往、人际关系的需求，养老建筑在设计时应创造适合乡村老年人相互交流的空间。

（二）乡村老年人生活空间特征

老年人常年生活于当地村庄和建筑空间内，生活空间主要包括村庄整体格局、传统民居建筑、公共建筑与公共空间。下面结合自然、文化、经济条件，解析乡村老年人生活空间特征，挖掘其内涵与形式进行提炼，与现实条件、现代化理念、现代材料相结合，使乡村建设中的养老建筑在规划、形式、空间、环境等方面迎合当地老年人的需求，提高其生活品质。

1. 整体格局

乡村的整体格局包括村庄选址、肌理，是乡村在当地自然条件、人文条件下的综合体现，也是区别于其他地区乡村以及城市的重要方面。养老建筑在设计时应尊重乡村历史、乡村肌理与山水、田园的空间关系。

　　早期乡村的地形条件较为复杂，可用的建设用地及耕地条件较差，并且早期由于交通及基础设施条件较差，水源及耕地是村庄形成与发展的重要因素，形成了大沟建大村、小沟建小村的特点，村庄规模小且分布分散。随着交通条件的改善，出于对可达性的需求，部分村庄逐渐向交通条件较好的地方迁移，因此又逐渐形成了沿交通干线分布的村庄。

　　村庄肌理是村庄整体格局的重要组成部分，由于部分乡村地形地貌以山地丘陵为主，可用于村庄建设的用地较少，村庄建设因地制宜，呈现出密度高、空间紧凑的特点。同时，由于地形条件复杂，出于对地形的利用以及防灾考虑，这些村庄的建设大都依山就势、自由布局，而不像平原地区的村庄呈方格网状的布局形态。村庄与山水的关系既体现出了村庄建设对地形条件的合理利用，也是对村庄防灾的考虑，山、水、村之间保留多条水道，既有利于防灾，也有利于使乡村融于环境，与山水和谐共处。

　　2. 民居建筑

　　乡村传统民居建筑组合的特点是大多以封闭式院落形式存在，这也是乡村传统民居文化的重要体现。院落一般由主房（正房）、两个辅房（厢房）和围墙组成，以一进三合院为主，兼有其他院落形式和独栋建筑。院落多为南北长、东西窄的矩形院落，有利于长时间光照和应对寒风，并且房间的窗户朝向院落而不对院外开窗或开高窗。正房顺应山地走向，一般三至五间，主要用来会客、就寝。两侧厢房对称，用作厨房、储藏室及厕所等。

　　3. 公共空间

　　乡村公共空间是乡村老年人进行交往活动的主要空间，可分为节点空间、街巷空间和劳作空间。

　　节点空间一般为老年人聚集的空间，根据老年人在空间上的聚集性，可分为功能性聚集空间和场所性聚集空间。功能性聚集的节点空间是老年人为获取其空间所具备的功能而开发的空间，如老年人通常早晨在锻炼器械所在的节点空间聚集进行身体锻炼，而其他时间很少有老人聚集。场所性聚集的节点空间则不依靠其功能吸引老年人停留交往的条件，而需要具备一定的围合感、易达性、良好的视线和安全的坐具等特点，如屋檐下、公共建筑所围合的院落内、村口广场、建筑小品（如亭子）和大树下等。因此，乡村养老建筑在设计时不仅要为老年人设计功能性的活动室和室外活动空间，也需要创造室内外的场所性空间，吸引老年人停留，以便互相交往。

乡村传统街巷尺度宜人，既承担了村庄的交通功能，也是村民进行活动、交往的重要空间，乡村老年人常常聚集在路边进行活动和交往、交流。养老建筑在设计时，应注意交通空间的尺度、氛围等，满足老年人在交通空间停留的需求。

劳作空间是老年人赖以生存的工作空间，一般离村民居住区较远。在养老建筑设计中，有条件的可考虑小片劳作空间的设置。

二、乡村建设中养老建筑设计探索

（一）基于就地养老的前期规划

1. 建筑选址

养老建筑的选址是影响老年人养老生活质量的重要因素之一，恰当的选址可以使养老建筑室内外环境优越且安全，使老年人在养老建筑中颐养天年、留得住乡情乡愁。乡村养老建筑的选址应考虑以下几点①：

（1）自然环境。乡村的特殊自然环境导致乡村适宜的建设用地较少。养老建筑宜选择山水条件较好且无安全隐患的地区，地势平坦、通风良好、有充足日照的位置。基地应尽可能平坦，无不必要的坡道等，方便老年人出行和室外活动，良好的通风和充足的阳光有利于老年人身心健康。为了争取充足的日照、良好的通风，并避免高差变化导致老人体感不适，养老建筑应该选择向阳坡、迎风区。

山区乡村地形复杂，景观随地形的变化而有明显变化。在选址时，应对多方位景观特征进行充分分析，在保证老年人生活安全的基础上，选择景色宜人并有开阔的景观视野的场地。

---

① 高鹏，刘赚. 乡村建设中养老建筑设施问题的研究 [J]. 居舍，2018（2）：158，167.

（2）交通条件。综合考虑老年人出行以及紧急情况时救护等应急车辆的行驶问题，养老建筑应在交通便捷的区域选址。一般来说，在搬迁整合的乡村建设中，养老院宜在配套公共设施区域选址，并与住宅区之间交通方便。同时，养老建筑不宜选择在过于嘈杂、车流量非常大的道路旁。不宜与农家乐、民宿等距离过近。老年人的生活要清心静养，尾气与噪声污染容易对老年人身体与精神造成不良影响，并给老年人的出行安全带来一定的威胁。

（3）周围设施。老人生活中对公共资源，特别是卫生资源的需求大、使用频率高。乡村养老建筑配备的医疗措施较为简单，独立设置较为完善的医护体系投资较大，且与村、镇、乡医院或卫生所功能重复，造成浪费。因此，养老建筑的选址应当靠近医院或卫生所，使老年人的生活得到医护保障。老年人对乡村集体活动空间有很大需求，因为民俗习惯，一些集体活动（如庙会、戏剧演出）在特定场所举办而不会在养老建筑内，所以养老建筑宜靠近村民活动中心、舞台、戏台等，或者交通便捷的地方。

2. 规模确定

城市人口密度大、经济基础好，养老建筑向大规模发展，而乡村受地理环境、经济条件、老年人思想观念和生活习惯制约，养老建筑规模以中小型为主。

在乡村建设中，各层次的养老建筑在确定规模时，都应基于实际情况，充分考虑老年人口规模、服务半径、建设用地、经济条件等影响因素，通过统计所涉及村的"五保"老人、60岁以上的留守老人中有意愿入住的老年人数量，并预留发展空间以确定养老院规模。

3. 功能配置

在乡村建设的养老建筑应充分考虑老年人生活、护理的特点，遵照标准规范，全面配置功能用房。乡村养老建筑的功能大致分为老年人居住用房、医疗保健用房、休闲娱乐用房、精神文化用房和办公与辅助用房等。不同功能用房应动静分区、公私分区明确，并且各功能要有机统一，避免流线交叉和流线过长造成使用不便和空间浪费。

（二）重塑乡村生活的功能空间

1.空间组织

功能空间的组织影响着老年人在养老建筑中进行各项活动的便捷程度和护理的便捷性，所以，乡村建设中的养老建筑应将功能空间按照不同的功能要求进行分类，并根据他们之间的密切程度加以划分与联系，以便分区明确、联系方便。乡村养老建筑的功能组合需要考虑老年人的生活习惯、地方建筑文化、地形及气候等因素，主要可分为3种类型：

（1）空间主从型。空间主从型的功能空间组织方式指以一个主要空间组织各类空间，典型形式为院落空间组织方式。院落空间是乡村历史文化特色的重要特征，在传统民居和公共建筑上均有体现，因此，养老建筑在设计过程中应充分尊重当地老年人的居住习惯，综合各项条件，在借鉴传统建筑院落的基础上进行空间组织，并对其进行改进与优化，以此来形成养老建筑特征和满足老年人需求。在院落式组织时还应注意，因为体量、功能的不同，养老建筑不能一味按照民居形式设计，应避免高大的围墙式的封闭式院落对老人造成的压抑感和对村镇空间的不利影响，可以利用"L"型、"U"型等半围合空间。

（2）线网联系型。线网联系型的功能空间组织方式指以线型或者网型的骨架组织空间。这种组织形式主要针对山地群体建筑的组织形式。通常采用该类型养老建筑的各个建筑功能组成部分可相对独立，整体布局自由，对山地地形的适应能力较强，能使建筑隐藏在环境中。用以连接各功能部分的空间骨架可以是步道，也可以是连廊。

（3）空间序轴型。空间序轴型的养老建筑可位于平缓的坡地上，可沿坡面、垂直等高线组织若干个空间，用踏步坡道等方式串联成序列，形成明显的空间序轴。这种类型把建筑功能空间序列的组织和山地地形结合起来，易于与环境融合，既符合山地的地形特征，又具有较强的空间感染力。

2.内部空间

乡村养老建筑内部空间根据使用对象和功能类型的不同，通常可以划分为以下几类：

（1）居住空间。居住空间是老年人使用最频繁、停留时间最长的空间。乡村老年人习惯宽阔的居住空间，所以，乡村养老建筑居住空间在设计时要充分考虑乡村老人的生活习惯和活动范围，在有限的面积中创造舒适便捷的居住空间。

其一，居住单元设计。居住单元一般包括卧室、起居室、卫生间和阳台的全部或部分功能空间等。卧室是居住单元的核心空间。起居室作为居住单元外交通空间和卧室之间的缓冲空间，可以提供家庭聚会和老年人之间交流的空间。阳台便于老年人晾晒换洗的衣物，太阳的杀菌和晒干作用有利于老年人的身体健康，对于行动不便的老年人来说，阳台是最合适的室外活动空间。卫生间则是生活的必需空间。

由于乡村老年人的心理、生理和生活习惯上的特殊性，居住单元空间的要求不同于一般的城市住宅，针对"自然、介助、介护"等不同健康程度的老年人，考虑气候、地形、人文、经济条件，居住单元的类型可以分为一室型居住单元、一室一厅型居住单元和二室一厅型居住单元。

一室型居住单元建议入住 1～2 位行动不便的介护老人或者患有阿尔茨海默病的失智老人。一室型居住单元面积小，但应满足床位长边均不靠墙，使护工介护便捷。套内功能空间主要包括卧室、卫生间、阳台，不含有起居空间。

一室一厅型居住单元在一室型的基础上增加起居室空间，动静分区明确，既保障了卧室空间的私密性，也为老年人提供半私密、半开放的活动空间。相比一室型的居住单元，一室一厅型居住单元内空间更加充裕，空间层次更加丰富，按面积大小一般可入住 2～3 人，较适合老年夫妇或者一般老年人合住。一室一厅型居住单元可为老年人在居住单元内提供与他人交流、与家属相聚的空间，不喜欢出门或者身体状况不允许频繁出门的老年人，也可在其居室内适当进行锻炼，从而效减少老年人的孤独感。

二室一厅型居住单元即两间卧室合用一个起居室的户型，按照卧室房间大小一般可入住 2～6 位老人，但是在老年人增加至 4 人以上时，应考虑增加卫生间数量或者洁具数量。

其二，单元空间组合。单元空间的组合形式有独栋型、梯间型和走廊型。结合乡村建设用地少、传统建筑的空间组合形式、老年人居住生活习惯特征、养老空间利用率等因素，养老建筑较宜采用走廊型的组合方式。走廊型的单元空间组合方式指利用走廊串联多个居住单元。相较

于单元空间的另外两种主要形式梯间型和独栋型，在同样的面积下，走廊型可布置更多的居住单元，可以供更多的老年人共用，有更大的概率发生偶遇式聊天等交往活动。但是走廊型空间易造成老年人之间的相互影响，并且过长的空间易让老人迷失方向，因此应控制路线上的居住单元数量并把握走廊空间节奏。走廊型空间可分为外廊式和内廊式两种形式。

外廊式指廊道一侧布置单元空间，居住单元布置在南向。外廊式的单元空间组合方式使每位老年人的房间都有良好的朝向，并且走廊光线好、视野开阔、通风好，较为安全宜居。

同样的面积，内廊式的单元空间组织能够比外廊式多出一倍左右的房间，有利于降低建设成本和节约用地，但是会导致部分房间朝向差、光照少、通风不佳、走廊灰暗不安全等问题，因此可采用廊道开口、加宽走廊、设置天井等方式，对走廊及居室的空间进行优化。

在按照走廊与房间的位置关系将单元空间组合形式分为外廊式和内廊式的基础上，主从型空间常常通过走廊之间的连接，形成巡回路线。一方面，为应对冬季寒冷大风等气候，连廊给老年人带来了便利，使他们在风雨天也能够方便地到达各室内空间；另一方面回廊式的组织形式可以让医护、工作人员连续巡视和服务，有利于提高工作效率。

（2）活动空间。活动空间应满足乡村老年人特有的锻炼、娱乐等需求，如跳秧歌、看戏、绣花等，以及为不同需求的老年人、护工、子女等提供交往的场所和机会，使老年人融入集体养老建筑的生活中，避免产生孤独寂寞的心理。适当活动有助于老年人身心健康。多层次、多样化的活动空间给老年人交往交流、打发闲暇时间、排解孤独寂寞提供场所。适当设置室外活动场地有利于乡村老年人在养老院亲近自然、休养身心，室外公共活动场地的设计应满足老年人的行为特征，适当配置活动面积，朝向尽量为南向，并从安全角度出发，活动区域内不应有高差。

老年人参加文体活动，可以满足他们在精神和物质方面的各种实际需求，实现"老有所乐"。在设计内部活动空间时有以下建议：

其一，多层次的活动空间。乡村老年人文化水平不同，呈现老年男性文化水平普遍较老年女性高、较年轻的老年人普遍比高龄老年人文化水平高的特点。相对应地，不同文化水平的老年人活动类型也不一样，文化水平较低、不识字的老年人更倾向于聊天、玩棋牌、看电影等活动，而文化水平较高的老年人则会参加看书、读报等活动。并且身体健康状况不同，老年人活动也有差异。能自理的老人活动能力较强，而介助老人活动范围小，活动量小。因此，养老建筑中还应该按照村内老年人的实际情况提供活动场所，甚至可以利用这些特点设置教室，丰富老年人的娱乐活动类型。

其二，有吸引力的活动场所。为了老年人的身心健康，一个良好的活动空间要对老年人有吸引力，能够促使老年人进行活动。它需要满足以下几点：首先，活动空间应相对舒适，表现在光线充足、通风良好、尺度适宜及配套家具和设施相对完善。其次，活动空间可以使老人既方便又快速地到达，建议活动室在考虑动静分区的基础上，靠近老年人居住单元，并且在门厅、过厅、走廊转角等交通节点处设计活动空间。

（3）交通空间。乡村养老院的交通空间在满足人群聚集和疏散的功能的基础上，需充分考虑老年人逐步衰弱的生理机能、记忆力减退、行动缓慢、喜欢在交通空间停留等特点，应设计较为宽敞的空间，设置可供短暂停靠休息的空间节点，通过空间变化和标志设置提高可识别性，对光环境、风环境、声环境进行设计与控制。交通空间主要包括节点空间、走廊和楼梯。

交通节点主要包括入口空间、通道交叉路口等。节点空间不仅承担着聚集和疏散人流的作用，也是老年人交流的重要场所之一。交通节点可划分空间区域，可以使其在满足交通功能的基础上供老年人停留、交往与活动。

走廊是重要的水平交通空间，它串联着各个房间，将功能空间联系起来。对于乡村养老建筑，走廊不仅起到了交通作用，更是老年人频繁开展交流活动的场所。所以，乡村养老建筑的走廊设计要注意以下几点：一方面，需要考虑老年人的生理情况，走廊应满足安全性的要求，适宜的宽度、既不灰暗又不刺眼的光线、扶手、防滑的地面等。乡村熟识的老年人喜欢串门、聚集在走廊的居住单元入口处交谈，并且乡村老年人喜欢聚集在乡村街道靠墙处进行聊天、下棋等活动。因此，走廊的设计应该在套型入口处适当放宽。同时空间需要具有可识别性，适宜的空间节奏有助于促进老年人进行活动，从而缓解老年生活的烦闷与孤独感。楼梯作为连接各层的竖向交通空间主要应考虑安全性。乡村老年人大多习惯居住在一层的平房中，不常使用楼梯。因此，楼梯设计应按照规范选用简单的形式，通过踏步高度和宽度的调节使斜度变小，接触面变大。

3. 外部空间

乡村养老建筑服务对象为乡村老年人，因此，外部空间设计主要针对老年人的行为习惯。外部空间按活动类型可分为交往活动空间和劳作观赏空间。

（1）交往活动空间。乡村老年人更倾向于在室外进行交流活动。乡村养老建筑在设计中应设置庭院等室外空间，也可以利用建筑各部分层数差，利用屋顶增加老年人的室外交往活动空间。在乡村养老建筑外部空间设计中，老年人交往活动空间可以分为动态交往活动空间和静态交往活动空间两类。

其一，动态交往活动空间。乡村老年人动态活动往往具有集体性的特征，并且普遍爱好集体活动，参与人数较多，这一场所应该有开放，尽可能让更多人停留，因此，这种大型集体活动区应位于养老建筑的中心靠近入口的一个独立区域，尽量减少人流的穿越干扰。除了考虑易达性，同时要考虑集体活动区对其他区域的噪声干扰，做到动静分离，创造和谐环境。动态活动区要有合适的尺度，需要满足老年人跳舞、打拳、球类运动等健身活动的需求，但不能设计成单调的大广场，因为尺度过大会导致老年人不愿停留在广场中央，只愿停留在广场边缘。在设计中可以用休息凳、健身器材、植物等划分空间，使大空间分为多个具有合适尺度的小空间，同时注意小空间之间的联系。

考虑到老年人活动后需要休息，可在活动区边缘提供休息凳。活动区最好采用建筑界面或植物围合而成的方式，形成既有阳光又有阴影的空间，不至于夏天过热或冬天过冷。广场地面铺装材料宜用硬质防滑材料，同时配合绿化，宜采用当地石材、砖材。

其二，静态交往活动空间。老年人在室外不只是进行动态交往活动，身体情况较差、行动不便的老年人在户外更多的是休息、聊天、下棋、晒太阳、观赏等静态交往活动。心理学家德克·德·琼治（Derk de Jonge）的边界效应理论认为，"人们总是喜欢在沿建筑立面的地区、空地的边缘或两个空间的过渡区停留"，即相对大而空旷的空间，人们更喜欢停留在半公共、半私密的空间中，这种空间既可以给人安全感，又可以给人参与感；既可以随意停留与人交流，方便参与公共活动，又不会过度暴露自己，从而产生舒适感。因此，静态交往空间的形式应适合逗留和休憩。在乡村，这种行为主要体现在乡村老年人们经常聚集在门口、墙边、屋檐下、巷口、树下等处进行交往。在设计养老建筑外部空间时，可借鉴传统建筑，利用形式变化、屋顶挑檐或者廊道创造空间，满足老年人在冬季晒暖、夏季纳凉的同时进行社交休憩的生活需求。

老年人因为生理、心理等原因，在进行静态交往活动时，坐着的时间较多，良好的坐息空间设计就成为老年人进行静态交往活动的前提。在缺乏室外坐息空间的乡村，老年人常常坐在台阶、倒下的树干、石块上，或者自己搬着板凳甚至席地而坐。养老建筑的静态活动空间设计还需考虑舒适、安全和交流的便利性等。在物理环境上，这种休闲空间应有良好的通风采光条件；在空间组织上，尽可能使用由建筑物围合而成的"U"型和"L"型的内向平面组织形式，结合廊道、休息凳、花坛等空间为老年人创造一个便于交流、舒适的交往空间。

（2）劳作与观赏空间。大部分老年人不喜欢待在相对封闭狭小的院落里，他们更喜欢待在接近田野、树木的地方，在这些地方，他们可以和邻里闲谈，可以看见熟悉的乡野景象，几十年的乡野生活是他们乡土情愫的根基。因此在养老建筑的室外空间设计中，院落不宜过于封闭，应尽可能引入外部环境，使得内外部空间有足够的联系。植物象征着生命，郁郁葱葱的植物能给人希望，带给人正面积极的情绪。而在养老建筑中设置种植场地，不仅可以让老年人享受到劳动的乐趣，又可以促进老年人之间的交流。

劳作空间是指在乡村养老建筑内设立一小块供老年人自己耕种蔬菜的土地。劳作空间还原亲切的乡间生活环境，是对乡村老年人农耕习惯的延续，使老年人在一定程度上可以自给自足，减少生活成本，提高生活质量，可以满足老年人的社会贡献感，促进养老建筑内老年人相互交流，同时也锻炼了身体。

观赏空间主要是指绿化景观和园艺空间。养老建筑要进行观赏空间的设计，达到远景与近景结合，丰富景观层次。

（三）符合地域风貌的建筑形式

1.建筑形态

（1）依托自然环境条件。乡村的养老建筑，其建筑形体与周边地形地貌、自然景观息息相关。周边自然环境既是影响建筑形体的主要限制因素，又是建筑形体产生的灵感源泉。

乡村养老建筑作为主要公共建筑之一，其建设应以生态保护优先，应依托现有自然景色，其建筑形式不宜过于突出，与周边自然环境脱节，应避免过于繁复的线条和过度的人工雕琢，强调营造舒适宜居的建筑空间尺度。

建筑形体应融入自然环境，与自然环境共生，强调与自然环境的结合，在尊重自然环境的前提下，强调建筑与环境的融合，减少建筑造型对环境风貌的影响，从而达到建筑与自然的和谐发展。当乡村养老建筑建设用地位于山间、山麓、河岸等具有良好景观条件的地段时，宜通过化整为零的手法，削减建筑体量，减少建筑对于自然景观的遮挡，避免自然景观空间的堵塞。其次，结合现有的高差、水体进行建筑形体的布置，如将建筑隐藏于植被之后，或者利用地形遮挡部分建筑体，达到建筑与地形地貌相结合的效果。

例如，法国 Orbec 养老院（图 3-1），其位于澳尔贝克村附近的诺曼底林区中央。养老院依山而建，坐落于山峦之间景色秀丽处。设计师通过在项目中运用绿色元素，使主体融入周围环境，突出了周边环境的乡土自然气息，并将建筑的整体打碎，弱化养老院建筑的体量，减少了视觉冲击。

a   b

图 3-1　法国 Orbec 养老院及其形体分析

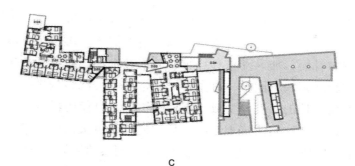

c

图 3-1 法国 Orbec 养老院及其形体分析（续）

（2）尊重乡村人文特色。乡村人文特色是指乡村居民在当地自然环境中经过漫长岁月所积累下来的民风民俗。其一方面体现在生活习惯、传统服饰、音乐、语言上；另一方面集中表现在建筑形态上。建筑作为地域文化与风土人情的结晶，是一种承载了地方传统，寄托着居民乡愁情绪的特殊文化载体。因此，在进行乡村养老建筑设计时，建筑形式应尊重乡村人文特色，建筑形态应与地域特色相结合，充分挖掘乡村原有肌理，传统建筑和构件的形状、比例、体量等形态特点。其建筑形态处理可借鉴当地民居的处理方式，从传统建筑中提取抽象的元素、符号。

2. 建筑材料

（1）地产材料的使用。乡村受地理条件的限制，往往交通不便，从城市中采购材料势必会增加运输成本，造成不必要的资源浪费，所以在设计中应尽可能考虑就地取材，便于运输、施工。

乡村地产材料以石料、灰砖、黄泥、木材、稻草、藤蔓等为主，传统建筑多以砖墙砌筑，稻草段混入黄泥抹面，局部使用石料或灰砖等材料。在养老建筑的设计中，应合理采用地产材料与现代建筑材料，如钢筋混凝土等，它一方面可节省成本，与乡村经济条件相适应；另一方面与乡村整体风貌和谐，给老年人以就地养老的亲切感。

（2）废旧材料的利用。乡村养老建筑中回应经济水平及技术条件的另一种策略即对废旧材料进行回收利用。在整合乡村建设时，伴随着旧建筑的拆除形成了许多废旧材料，新建筑设计中可对其进行再利用的探索，学习在其他地区乡村建设中已有的废旧材料利用的先例。在四川震后重建中，面对大量的建筑废墟与受挫的灾区经济，刘家琨提出了"再生砖—小框架—再升屋"的建造体系，既契合了震区遭受严重破坏的经济条件，又满足了当地人民重建家园的迫切需求。再生砖以震区破碎的建筑废墟做骨料，加入麦秸秆纤维、砂浆及水泥，在灾区的砖厂中制成低造价的轻质砌块。同时，对乡村民居常用的砖混结构进行改良，增加圈梁以及构造柱的强度，变成"小框架"体系，使用再生砖做围护和承重材料，以提高建筑的抗震性能。具体建造时可根据经济条件，先建造一层供临时居住，等到后期资金充裕再建造剩余的层数，所以被称为"再生屋"。"再生砖—小框架—再生屋"的建造体系既是对废旧材料在物质层面进行"再生"，也是对震区人民精神和情感的"再生"。

3. 建筑色彩

一方面，老年人的视觉敏感度随着年龄的增长而日益衰退，对色彩的感知产生变化。医学研究发现：老年人对红色、橙色等波长较长颜色的感知度较高，对诸如蓝色、紫色等颜色识别能力较差。因此，养老建筑的外观色彩应采用明度较高的暖色系，灰色、黑色等沉稳的颜色若使用过多，会产生压抑感，应适当使用。养老建筑不仅要选择适合老人的色彩，在色彩的搭配上更要注重对比效果，提升建筑的视觉和心理冲击力，进而增强可识别性。

另一方面，乡村传统建筑颜色主要为屋顶、墙面、门窗，以及院落围墙和大门的颜色，这些建筑色彩的组合构成了村庄整体色彩的基调。养老建筑设计应重视整体色彩及色调的控制，结合建筑材料选取合适的颜色。

三、乡村建设中养老建筑设计实践

（一）项目背景

1. 建设背景

提高保障、改善民生和乡村建设一直是国家农村工作的重点，党的十九大报告明确指出，"坚持精准扶贫、精准脱贫"。河北省阜平县地处太行深山区，曾是国家级重点贫困县，受到了国家、省、市的高度重视。2013 年，阜平县被确定为"国家旅游扶贫试验区"。天生桥镇位于阜平县西部，区位优越，是县内自然资源、人文资源较丰富、品质较高、分布相对集中的区域，镇域内多个村落被列入乡村旅游扶贫重点村与示范村的名单。为深入贯彻党的十九大精神，贯彻落实《阜平县城市总体规划（2013—2030）》的目标定位与战略路径，围绕阜平县区域发展与扶贫攻坚的总体要求，天生桥镇与其所包含的村落被列为阜平县乡村建设的重点村镇，在阜平建设国家级县域发展和脱贫致富示范区中具有重要意义和作用。

2. 村庄现状

（1）区位交通。天生桥镇位于阜平县西部山区深处，建于元朝后期，原名东下关乡，后因天生桥景区而改名为天生桥镇。

天生桥镇是京津通往山西五台山的主要通道，也是连接河北省和山西省的枢纽。天生桥镇位于五台山、西柏坡两大知名区域级旅游区的交会之地，镇域内有天生桥国家地质公园，离著名景点——五台山车程仅半小时，到天生桥瀑布景区距离为 8 km，用时 12 min。

（2）资源状况。天生桥镇北侧靠山，南部临水，村庄大部分建设在靠山高地上，南部临水台地多为耕地，较为平缓，且具有典型的沟域地貌特征，平均海拔 800 m 左右，地形地貌多样。山地多平地少，旱地多水浇地少。旅游资源相对丰富，地质、地貌、气候、水文、奇石、生物等多种资源丰富，以天生桥瀑布群、百草坨、辽道背、太行大峡谷为主，构建了良好的生态环境。景区拥有我国首次发现的片麻岩天桥，以及北方山水景观中难得的九级瀑布群，风景优美，具有一定的知名度。

民俗及文化资源丰富，镇域内保留有清代皇帝康熙、乾隆走过的御道。旅游线路串联古树、戏台、寺庙等多个历史人文节点。民俗文化极具特色，主要活动为秧歌、梆子戏、集市、庙会等。

（3）建筑风貌。村中传统建筑与普通建筑共存。传统民居为木构、青砖、土坯混合结构，均为一层独栋或合院，以坡屋顶为主，少量平屋顶，墙体厚重，体量小，形体低矮，建造历史久远，破坏较为严重。传统公共建筑主要有龙泉院、戏台等。村中新建民居多集中在道路两侧，建筑形式不一，村民自建房以一至二层为主，大多为砖混结构，多建造于 2000 年之后。天生桥村和西下关村各有两栋四层和六层新建楼房，2017 年建成。公共建筑方面，学校、卫生所等多为新建，建筑外观较为突兀。各种形式的现代建筑的冲击，加上传统建筑年久失修破败不堪，村庄建筑风貌急需改善。

3. 乡村建设

天生桥镇作为阜平县重点镇，于2015年起进行传统乡村更新建设规划，并在特色小镇培育建设的热潮下，在天生桥村和西下关村以"御道香路"建设开始进行国家文创特色小镇建设培育。天生桥镇凭借丰富的自然资源和红色资源向"农业旅游结合型"转换。在遵循实现生态与环境可持续、传统村落风貌与民俗文化的修复、人与自然协调等原则的基础上，为完善旅游服务体系，优化旅游线路体验，促进乡村发展，提高当地居民生活水平，天生桥镇进行了老村改造提升、功能置换、搬迁安置等工作。全镇共分为7个区域的乡村建设项目。其中，天生桥镇区（天生桥村和西下关村）更新建设包括6个行政村的搬迁整合和改造提升，即在对6个村进行更新建设改造提升的同时，将沿台、罗家庄、塔沟、红草河的部分村民搬迁并入西下关村与天生桥村，并设置两个安置点，分别是位于天生桥村与西下关村两村之间的村内安置点和位于天生桥村东侧的新村安置点。其余的北栗元铺村、南栗元铺村、不老树村、龙王庙村、大教厂村、朱家营村6个行政村主要进行各村内的搬迁整合或改造提升建设。

天生桥镇在乡村建设中，在公共设施配置方面做了相应调整，对村内原有村委会、镇政府、学校、红白理事会等机构的建筑进行改造与修复，新建医院、养老院、中学、活动中心等配套公共服务设施。

针对天生桥镇的社会经济条件、人口结构、老龄化现状，为改善民生、安置留守老人、提高老年人生活质量、构建和谐社会，天生桥镇在乡村更新建设中推行"搬迁式集中养老"，即对"五保"老人和有意愿入住养老院的老人进行集中安置，把养老建筑建设的支持政策与易地搬迁的政策相结合，探索在乡村老龄化、空心化背景下的乡村建设方向。天生桥镇共规划建设6个养老建筑，分别是天生桥镇养老院、栗元铺养老院、不老树村幸福院、龙王庙村幸福院、大教厂村幸福院、朱家营村幸福院。本书所研究的案例——天生桥镇养老院为天生桥村等6个村搬迁老年人口提供集中养老空间，承担着就地养老、提高老年人生活品质的任务，从而实现改善民生、稳定社会、激发乡村活力、实现乡村振兴的目标。

（二）养老院方案设计

1. 前期规划

（1）建筑选址。天生桥镇养老院规划建设于新村安置点公共配套区，位于所涉及的 6 个村的中心位置，毗邻天生桥村。在新村安置点中，天生桥养老院北面为规划的新村住宅，周边有卫生院、活动中心、中学等公共服务设施，可满足老人就医、能自理老人的外出活动等需求。其自然条件优越，位于山谷之中，南向面水，视野开阔，景色优美。养老院位于新村中部，临近交通主干道，交通便捷，便于老人出行和紧急情况时救护车、消防车等的通行。

（2）规模层级。天生桥镇养老院为天生桥村、西下关村、沿台、罗家庄、塔沟、红草河 6 个村庄共同搬迁整合建设的，为老年人提供居住、活动、医疗等功能空间的养老建筑。天生桥镇养老院为二级乡村养老建筑，接受所涉及的 6 个村的介护老人、介助老人和能自理老人。天生桥镇内各养老建筑主要为"五保"老人、鳏寡孤独老人免费提供住所，60周岁以上且儿女在外地的老人也可选择入住养老院。据统计，天生桥村等 6 个村一期拆迁户共有 30 位"五保"人员和鳏寡孤独人员，并有个别失智老人，155 位儿女在外地的老年人中，仅有少部分身体健康状况较差的老人愿意入住养老院。经过老年人数量统计，对后期搬迁的老年人数量预估，对规划建设用地条件、社会经济条件等影响因素的分析，天生桥养老院最多可提供 76 个床位，建筑层数为三层。

（3）功能配置。根据养老院规模层级，依据实际情况，天生桥养老院全面配置居住、活动、医疗、餐饮、辅助空间，能够满足老年人日常居住、就餐、就医、健身锻炼、娱乐活动、交往交流需求。老年人居室均安排在东南或西南向，每个居住区域都设置护理站，给老年人提供舒适的居住环境，一层部分设置失智老人居住区，并与其他老年人居住区分开；医疗、活动、餐饮等公共区域设置在一、二层，方便老年人使用；辅助用房位于建筑北侧，不与老年人日常居住活动流线交叉。

2. 功能空间

（1）空间组织。建筑采用空间主从型的组织方式，通过对当地老年人习惯的院落空间的借鉴与优化，使各功能空间分区既明确又相互联系，保证了老年人居室的良好朝向，创造了宜人的空间环境。建筑在平面形式上借鉴晋察冀地区三合院的空间组织方式，并针对本地区冬季寒冷、风大，老年人喜欢来回踱步等特点，对院落形式进行部分封闭式回廊的改进。方案采用两个院落交错连接，将入口设置在交点并进行放大的方案，形成空间流动的顺序性和节奏性并具有较强的空间导向性，方便连接各个功能空间。

（2）内部空间。其一，居住空间。针对当地老年人的特征与需求，并充分考虑经济条件、土地条件和老年人之间的个体差异，天生桥镇养老院设计方案中居住单元共有 5 个套型，可分为 3 个类型。

A 套型为一室型居住单元，主要为失智老年人设计，位于一层失智老年人区。根据失智老年人自理能力差、容易产生混乱等特点，居住单元中包含卧室、卫生间和阳台等空间。单元面积较小但卧室空间相对较大，同时满足护工护理和老年人乘坐轮椅的空间需求。在失智老年人区内设置公共浴室并在单元内卫生间留有沐浴空间，可在后期根据实际介护的需要进行调整。

B 套型为一室一厅型居住单元，可容纳 2 位老人，主要针对夫妻共同入住养老院和其他接受二人居住的老年人，起居室为老年人提供与家属或其他人交流的舒适空间，也为生活行为需要依赖他人和辅助设施帮助的介护老人提供室内的锻炼空间。起居室将就餐、活动空间与睡眠空间进行动静区分，可减少合住老人间的相互影响。

C1、C2、C3 套型为两室一厅型的居住单元，并且因卧室面积的不同分别可入住 2 位、4 位和 5 位老人，其中 C1 套型中老年人卧室为一人一间，C3 套型中有三人一间的卧室，可为对热闹喜爱程度不同的老人提供适宜的居住空间。两室一厅型的居住单元中含有起居室、卧室、卫生间、阳台空间，随着居住单元内居住人数的增减，起居室、阳台、卫生间也随之在面积上和洁具数量上进行一定程度的增减。

在单元组合上，方案采用外廊式的组合方式，保证每一个居住单元都有充足的日照、良好的通风、开阔的视野，并且通过走廊的转折和收放，打破空间单调感，更易于识别，使老人在养老院中的生活更为便捷、愉悦。

其二，活动空间。针对当地老年人使用频率高和喜爱程度高的活动设置了棋牌室、影音室和阅览室；根据老年人早晨锻炼、傍晚跳舞的习惯设置了健身房和舞蹈室，使老年人在因天气不适合室外锻炼时，可在室内进行活动；根据天生桥镇内老年人中有多位工匠的特点，设置了手工艺活动室，供他们将曾经的工作作为日常娱乐活动进行下去，并可根据情况在老年人之间相互交流，甚至教学，实现老有所乐、老有所学的积极养老氛围。

除了室内活动室之外，天生桥镇养老院方案还运用了多种方法营造室内活动空间，促进老年人之间的交往与活动。例如，适当加宽走廊，满足老人喜欢在走廊，特别是居室门前停留的习惯，保证便捷性与安全性；放大走廊尽头或转折处的空间形成空间节点，吸引老年人前往与停留；通高空间的设计促进老年人进行偶遇式聊天等乡村最为常见的活动。

在设计活动空间时，应注重空间的舒适性，形成吸引人的场所。在天生桥镇养老院方案中，活动空间置于朝向较好、交通便捷的位置并进行动静区分，使其环境宜人、空间敞亮，并在吸引老年人前往的同时，不影响其他老年人的休息。

（3）外部空间。根据老年人各类活动的场地大小、开放程度需求的不同，设计方案利用建筑空间、围墙、地面材质界定、灰空间等营造吸引老年人进行多种活动的场所。例如，通过建筑的组合、空间的划分、植物的设置，围合成老年人熟悉的院落空间并且环境更为宜居。在入口处留有大片空地，在用于疏散和聚集人群的同时，为大型群体活动提供场所。通过建筑体量的逐层削减，屋顶平台为居住在二、三层的老年人提供更多的外部活动空间，以适应山地建设面积少而老年人更倾向于亲近土地的需要。特别是行动不便的老年人在护理人员或者家属的陪同下在屋面进行一些静态活动，避免与主要在地面活动的自理老人相互干扰。风雨走廊、顶层部分架空形成灰空间给老年人以庇护，有效阻挡冬季寒风与夏季烈日。在外部活动空间中，针对老年人的行为特性，注重作息空间的设计，空间形态多采用内向型空间，满足交流、观看的需求。在场地中设计小片菜园，一方面顺应天生桥镇的经济条件，让老年人在一定程度上实现自给自足；另一方面可促进老年人锻炼身体、互相交往并使其产生成就感和社会贡献感。

3.建筑形式

（1）建筑形态。建筑形态注重与周边自然环境、原有村镇相和谐。建筑依势而建，以形体简洁、空间舒适、尺度宜人为主导。采用层高变化的院落式布局，在建筑高度、形态和肌理上能够使养老院与传统村落、自然环境更好地协调。通过院落的灵活划分，使建筑与村落景观相互映衬。

根据当地的经济条件、自然条件、人文条件等，建筑采用经济实用的框架结构、砖墙、墙面涂料。经过对传统民居的提炼与借鉴，适当采用灰砖、木材等地产材料，与乡镇风貌保持一致。天生桥镇作为传统村落中为数不多的老一辈革命家曾经居住过的村落，以其特殊的自然、人文、历史意义被列入传统村落保护名录。天生桥镇养老院的设计在建筑高度、形态、布局方式等方面进行控制，运用传统的建筑文化符号，延续当地沉稳浑厚的基调，在传统村落更新中，与"红色"基地融合，使之与历史建筑和谐。

（2）建筑材料、色彩与技术。天生桥镇养老院采用灰砖、黄泥、石料等地产材料，取材方便，节省建设资金，并且与村镇风貌统一，符合老年人审美与习惯。建筑主要色彩为黄色与灰色，沉稳、淡雅并与乡村整体色调一致。设计中借鉴和改良了当地传统的建造技术，特别是屋顶结构、墙体抹面技术等，一方面使环境更为舒适，另一方面传承建造文化，延续乡村风貌。

第二节　村镇互助式幸福院建筑养老设计

一、村镇互助式幸福院发展状况

（一）村镇互助式幸福院的概念及特点

1.村镇互助式幸福院的概念

村镇互助式幸福院是指在民政部门的政策、财政方面的支持下，由村委会组织出资、慈善爱心人士帮助，多方参与建立的农村养老幸福院。

村镇互助式幸福院以老人间的互助和热心群众的帮助为核心，通过幸福院平台为农村留守老人提供养老服务。村镇互助式幸福院既有家庭养老的特征，又有社会养老机构的特征，介于二者之间，是与农村地区养老现状紧密结合的一种新型养老模式。图 3-2 为村镇互助式幸福院的构成示意图。

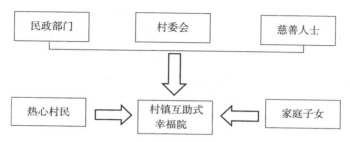

图 3-2　村镇互助式幸福院的构成示意图

2.村镇互助式幸福院的特点

（1）生活管理方式具有自主性。在管理上，村镇互助式幸福院的老人自发推荐管理者。在生活上，他们采用自给自足、互助养老的方式，村镇互助式幸福院自己有种植园，老年人自发组织种植活动。

（2）老人生活具有互助性。在村镇互助式幸福院居住的老人各有所长，优势互补，发挥各自的优势，在衣食住行、日常生活上互帮互助，在熟悉的生活环境中相互照顾与关怀。例如，有的老人缝补衣服技术水平高，有的老人会剪头发，有的老人做饭味道比较好等，他们共同协作，营造一个完美的集体大家庭。

（3）群聚性。村镇互助式幸福院将老年人聚集在一起，既可以促进老人之间进行心灵上的沟通，又能够满足老人精神上的互助，还能使老人在孤独寂寞时相互安慰。此外，老人还会经常性地聚集在一起进行聊天、跳舞等休闲娱乐活动。

（4）自由性。村里自理型老年人可以自愿申请，自己带衣服和日常生活用品入住。这些老人的生活起居、洗衣、做饭等允许自己独立完成。他们日常往返于自己家和幸福院之间，既能回到自己家看护自己的田产，又能在幸福院内享受养老服务。

（二）村镇互助式幸福院养老建筑的特殊性

1. 前期选址的特殊性

由于村镇互助式幸福院是一种养老新模式，处于初步探索阶段，受资金以及人口规模的影响，前期选址具有特殊性和被动性。小规模的幸福院一般利用空置学校、办公楼等旧建筑改建，以及与村委会所在建筑合建。新建的幸福院一般在公共建筑或者公共设施附近选址，以充分利用周边设施资源。

优势：前期规划设计节约资金，建设周期短。

不足：居住环境不太好，基础设施陈旧，景观环境不适宜老年人生活。

2. 服务人群的特殊性

村镇互助式幸福院的服务人群具有以下特点：

（1）以互助养老为主。一方面是周边村镇 60～70 岁的独居或者留守、身体健康的老人，这些老人自理性较强，但缺乏丰富的精神生活和情感寄托。他们入住村镇互助式幸福院主要是为了满足精神需求，同时参与幸福院的日常管理。这些老人是幸福院互助养老的主要力量；另一方面是居住环境较差、生活水平比较低、衣食住行困难的老人。例如，农村孤寡老人、生活困难的老人、"五保"独居老人等，他们是互助幸福院主要的受助对象。

（2）人际交往范围小。由于乡村生活环境的影响，乡村老人人际关系主要依靠地缘关系、血缘关系、乡土意识来维系。因此，这些老人的人际交往范围较小，一般是本村的，他们之间通过共同从事农业劳动，互相借用生活物品、生产工具等方式沟通。

（3）文化水平较低。农村老年人由于当时农村条件有限，大部分受教育程度较低，大多数都没念过书，或者只是小学毕业，这些教育文化背景决定了村镇互助式幸福院里的老年人的晚年精神文化生活具有乡土性。

3. 规模的特殊性

村镇互助式幸福院规模不同于城市养老院，农村人口分布比较分散，因此其规模一般不会太大，再加上农村经济条件较差，互助式幸福院一般是一到三层，功能和建筑形态布局要符合农村老年人的生活习惯。另外，村镇互助式幸福院和农村其他养老机构也有区别，其特点是自给自足，自由性强，对田园农作物种植区规划设置要求比较强烈。

4. 所处环境的特殊性

农村具有优美的自然环境，空气质量好，没有工业污染，没有噪声影响，生活比较宁静。但是农村基础设施比较落后，文化活动场所单一，医疗卫生基础服务设施落后。

二、村镇集体互助养老设施规划与建筑设计

（一）前期场地选址设计

1. 服务人群分布情况

"空巢老人"人口规模情况是村镇互助式幸福院选址的重要因素之一。一方面农村老年人思想保守，喜欢和村里邻居等熟人闲聊、沟通、社交等；另一方面老人们心理上不愿远离他们所熟悉的生活环境，具有恋家情绪，心理上对家园有依赖。村镇互助式幸福院选址应考虑在"空巢老人"的人口数量大的区域设置，同时要充分考虑幸福院与老人家庭之间的距离，以便于老人往返于家庭与幸福院之间，以及方便幸福院的管理运行。

2. 场地自然条件

自然环境是选址的关键因素，空气质量对老年人的居住生活影响非常大。新鲜的空气、充足的日照、良好的自然环境不但有利于老年人的身体健康，而且有利于老年人的心理健康。因此，幸福院在选址上应考虑选择自然环境优越的区域。

3. 场地周边交通概况

养老建筑交通设施应考虑老人出行以及紧急情况下救护车与消防应急车辆行驶便利的问题，互助式幸福院选址应在交通便捷、方便可达的区域布置。① 但出口应避开对外公路、快速路及交通量大的交叉路口等地段。同时道路交通路线体系要简洁、完善，充分考虑老人出行便利，以

---

① 高鹏飞，孙荣苤．农村集体养老建筑设计研究 [J]．建筑知识：学术刊，2014（12）：36，43.

及老人与亲属、朋友之间沟通、探望的便利。

一般情况下，村镇互助式幸福院选址应临近次要道路，宜临近村内公共建筑，或与村医务室、村民服务中心、村娱乐广场等合建，并临近村民居住区，以便于村民及社会志愿者对幸福院进行帮助。

4. 场地周边基础设施

老年人生活中对公共服务设施资源需求比较大，特别是对医疗资源的需求最大。为了应对老年人紧急突发性疾病，养老建筑应尽可能临近村镇综合医院或卫生室布置，毕竟农村养老建筑内的基础医疗设施和医疗人员的水平有限。因此，幸福院的选址应当临近村镇综合医院或卫生室，使老年人生命健康得到医疗保障。

乡村老年人对集体活动场所需求也很大，一方面幸福院接近商业购物广场、超市等其他公共设施布置，便于老年人前往购买日常用品；另一方面乡村有很多集体性活动，如戏剧表演等，这些活动一般在村镇公共文化活动中心举办。考虑到老年人参与文化活动的便利性，互助式幸福院宜临近村民文化活动中心、舞台、戏台等场所布置，以便于老年人参与文化活动，与村民互相交流沟通。

5. 场地规模确定

场地规模的大小要根据农村地理环境、经济发展状况、生活习惯，老年人口数量、文化特征等多种因素确定。由于各地区的经济发展情况各不相同，拟建地点要根据周围的实际情况，通过调研数据分析，确定养老人数、床位数、辅助服务功能、配套设施的规模大小等。规模大小可以从以下几个方面考虑：首先，从农村老年人口数量以及未来十年老年人口增长数量方面考虑，然后根据老年住宅规范要求计算面积大小，确定相应的房间数量和建筑总面积；其次，根据农村的经济水平情况，通过调研分析经济条件和老年人需求，确定服务功能设施和相应的建设规模；最后，确定互助服务管理方面的配套设施，一定规模的老年人设施需要相应规模的管理及社会服务，有的管理人员离家比较远，需在幸福院居住，因此，在确定养老建筑设施规模时，这类人员的居住、办公场所应确定为互助式幸福院的配套设施。

6. 功能配置

互助式幸福院建筑功能配置要根据其规模和老年人的基本需求情况

确定，不同规模功能配置也各不相同。村镇养老建筑规模较大的，应按照我国养老建筑设计规范全面配置其各个功能区，如有居住区、基础服务区、景观休闲区和文化娱乐活动区等功能区。中等规模的幸福院应确保建筑功能全面，并以村庄附近其他公共建筑和基础服务为辅助，规模比较小的幸福院，应满足基本功能要求，可与村镇其他公共建筑，如村委会、村卫生室等组团合建。

（二）村镇互助式幸福院景观规划设计

1.种植区景观规划设计

村镇互助式幸福院的特点是自给自足、互助养老，农业种植区收获的农作物既能满足村镇互助式幸福院的日常所需，也塑造了农业景观。农业种植景观是村镇互助式幸福院最基本的景观类型，也是老年人最为熟悉的景观环境。老年人在体验田园农耕生活的同时，也塑造了具有观赏价值的田园景观环境，给幸福院整体环境奠定了基础。

种植区合理规划也十分重要，不同种植类型要分区设置，离居住区比较近的区域宜设置菜园、果园等农作物种植，给老年人营造农家乐的环境氛围。

（1）农作物种植区规划。乡村老年人在乡村有几十年的生活习惯，守护了几十年的土地，他们一辈子都在从事农业劳动，对土地有种亲切感，因此，幸福院特设置种植区。在种植区耕作的老年人既可以体验到农业生产劳动的价值感，又能通过农业生产劳动强身健体。因此，互助式幸福院应增加一些农业种植活动，让老年人通过种植、管理、收获的过程进行沟通交流，从而感受到实现自我价值的幸福感。同时，种植区的农业景观为幸福院营造了良好的景观环境。

（2）果园种植区。果园种植区在幸福院景观营造方面发挥着重要的作用，种植的果树不仅能在春天开出五颜六色的花朵，为幸福院增添色彩，还能吸引更多的鸟儿前来栖息、筑巢，清晨鸟儿清脆的叫声给幸福院老年人的生活增添了活力，提升了老年人的生活情调。果园种植区要设置景观步行道，方便老年人夏季在树下进行乘凉、下棋、闲谈等休闲娱乐活动。秋天是收获的季节，老年人兴高采烈地提着篮子采摘水果，从中可以体会收获的喜悦感，同时挂满果实的果树为幸福院营造了别具一格的景观环境。

2. 养殖区景观规划设计

考虑到农村家庭都有饲养家畜的习惯，幸福院宜设置家畜饲养区。在不同地域饲养家畜的种类也不一样，有的地方喜欢养大型家畜，如猪、羊、牛等，有的地方喜欢饲养小型家畜，如鸡、鸭、鹅或者兔子等。因此，幸福院在规划时要根据不同地域设置不同类型的养殖区。饲养家畜为幸福院的老年人增加了生活乐趣，充实了老年人的生活，增加了他们与动物接触的机会，为老人的居住生活增添了活力和乡土气息，为幸福院营造了独特的景观环境。

饲养家畜在给老年人带来快乐的同时，也要考虑饲养区的规划布局，由于动物饲养区会产生一定的气味，不能靠近居住区布置，宜布置在居住区的下风向，避免产生的气味对居住区老年人的生活造成影响。

3. 景观小品规划设计

（1）景观植物设计。农村幸福院的景观植物应当结合养老养生文化进行设计，同时要考虑老年人的心理和生理方面对景观植物的需求。植物种植要根据当地气候条件选择适当的乡土树种，展现乡土文化气息。景观布局应参考我国古典园林的设计手法，做到移步异景，塑造具有多样性、丰富性的景观空间。考虑到季节性变化，绿化植物要设置常绿树，以满足冬季幸福院景观绿化环境的要求。例如，种植四季常青的灌木和草本类花作点缀，能够为幸福院营造四季有花常绿的景观环境，营造四季不同的景观。

（2）景观步道设计。单纯的景观绿化和树林空间布置容易单调，因此景观环境设计往往利用步道作为纽带，把各个景观区域连接起来。步道在景观布局中有两种作用：一种是满足老年人散步、聊天或者欣赏美景的需求；另一种是营造景观环境及满足各个交通空间连接的需求。景观步道把各个功能分区连接起来，起到了桥梁作用。

步道不仅是交通联系空间，也是塑造景观氛围的一部分。为了使景观步道和生态景观环境协调统一，步道应选择自然生态材料，如木栈道、青石板、鹅卵石等铺装的小路。在尺度上既不能太宽也不能太窄，要具有温暖感和亲和感，同时注意适老化设计，宽度应控制在 1.2～2.5 m，保证轮椅无障碍通行。在空间设计上要采用多种组合方式，直线步道与曲线步道相结合，不同的材料、宽度相结合，与周边景观相融合，塑造趣味性和多样性的景观环境。步道周边的景观要做到移步异景，使老年人走在不同的位置能欣赏到不同的景观。另外，应考虑无障碍设计，不应设置台阶，尽量用坡道，减少高差，增加扶手设计。老年人由于身体机能退化，步行容易劳累，景观步道应在适当的距离设置休闲座椅或者凉亭，这一方面能满足老年人临时休息的需求，另一方面能为营造整体景观环境增光添彩。

（3）休闲花架空间。天井或庭院中间可布置花架并设置休闲座椅，花架下可种植一些葡萄、爬山虎、珊瑚藤等植物塑造院内景观。老年人可在花架下进行品茶、聊天、乘凉、展示说唱才艺等休闲娱乐活动，为老年人提供一个休闲娱乐的活动空间，同时塑造幸福院的景观环境，使幸福院景观环境呈现多样性。

（4）休闲广场规划设计。村镇互助式幸福院休闲广场的主要功能是为老年人散步、聊天、下棋等提供活动场所，满足老年人日常交往、锻炼、娱乐的需求。休闲广场按照使用规模和对象可以分为两大类：一类是供社会集体或者幸福院老年人活动的广场。这种大规模广场属于公共性活动广场，一般设置在门口或者功能区中心地带。这类广场在基础设施上要满足老年人的各种文化体育活动，如乒乓球台、老年跑步器材等适合老年人的健身设施，同时广场可设置大舞台以吸引附近村民前往活动，激发幸福院的活力，从而增加老年人与村民的交往沟通机会，给老年人以心灵上的安慰。考虑到老年人活动及其身体生理需求，休闲广场附近要设置公共卫生间，以满足参加活动的老年人的需求。另一类是单纯为幸福院老年人小群体活动设计的广场，这类广场一般是老年人饭后休闲，以及少数性格相投的老年人进行休闲活动的场所，如下棋、聊天、玩牌等相对安静的小范围活动。这类广场应尽量设置休闲座椅以及功能区景观节点，塑造良好的休闲环境，尤其要注意广场各个功能区的尺度、围合感以及景观小品的趣味感。

（三）村镇互助式幸福院建筑设计要点

1. 建筑设计尊重地域特色

乡村地域特色就是乡村居民在当地自然环境中经年累月的生活所积累下来的民风民俗文化。老年人对长期生活的环境会产生乡土情感，所以，乡村养老建筑设计应突出乡村本地区的特色。因此，村镇互助式幸福院建筑设计首先要根据当地的自然环境、乡村文化特色等，尊重当地民风民俗，因地制宜建设；其次要借鉴传统的乡村民居建筑形态，从传统民居建筑中吸取传统建筑的元素和符号，塑造具有地域特色的新时代幸福院建筑。景观设计宜与原来的乡土景观有机结合，吸取乡村景观中独特的乡土韵味，如农业景观、田园景观等，营造具有乡村特色的景观。

2. 居室空间设计

村镇互助式幸福院各个功能空间都不是彼此孤立，而是互相联系的，有的功能区之间联系非常密切，直接连接，如厨房和餐厅；有的功能区是一般联系，可以适当分开设置，避免相互干扰。这些联系从幸福院建筑功能分区关系图中可以看出（图3-3）。在村镇互助式幸福院建筑中，老年人居室空间是整个建筑的核心区，文体娱乐区、医疗区、餐饮区、管理区等功能空间都围绕这个核心部分布局。居室空间设计应在这种功能关系的基础上合理布置各个功能空间，合理布局居室空间，为幸福院老年人营造良好的居住环境。

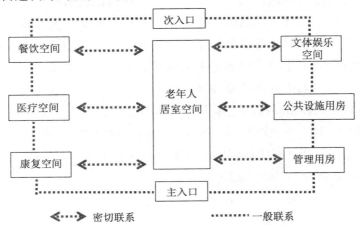

图3-3　幸福院建筑功能分区关系图

（1）起居空间设计。起居空间是老年人休息起居日常生活最为重要的个人生活空间，也是老年人日常活动最频繁、停留时间最长的场所，其设计对老年人安静、健康的生活至关重要。因此，起居室要科学合理地设计，既要考虑室内开间进深尺度、家居布置、景观环境对老年人的影响，又要充分考虑室外光照和通风对室内环境质量的影响。良好的居室环境为老年人健康生活带来积极的作用。

（2）卧室空间设计。

其一，卧室空间设计。一方面农村老年人原来生活在宽敞、明亮、开阔的院落式空间，对室内生活空间尺寸需求比较大。幸福院的卧室空间设计要充分考虑农村老年人活动尺寸，为老年人创造舒适的生活空间；另一方面卧室空间设计还应考虑老年人使用轮椅的情况。所以，尽可能地扩大室内空间尺寸，才能够保证老年人在室内正常、无阻碍地使用轮椅活动和进行日常生活。

其二，卧室套型。根据不同年龄阶段老年人的需求，互助式幸福院的卧室套型设置应该多种多样，如单人间卧室、双人间卧室、三人间卧室、以家庭为单位的套间等多种类型。对于生活独立性较强的老年人，他们喜欢居住在相对安静且私密独立的生活空间，宜设计成单人间；一部分老年人是夫妻两人共同入住幸福院，这就需要设计成双人间，以便于生活上的相互帮助，并且双人间还可以满足邻居或者村里相互熟悉的老年人希望共同居住的需求；多人套间一方面可以满足喜欢聊天的老年人居住，同时他们还可以在生活上相互帮助，另一方面也能满足需要照顾的半自理型老年人居住，他们需要互助照顾，家属也可以临时居住；套型空间尺寸应根据套型类型确定，设计舒服合适的空间尺寸，满足农村老年人的居住环境需求，才能为幸福院的老年人提供良好的居住空间。

其三，阳台设计。阳台是属于幸福院居室空间的一部分，是室内空间的延续。阳台不仅能满足老年人晾晒衣物、被子，以及存放东西的功能需求，还可以满足老年人在其空间内养鱼、种花养草、读书看报、喝茶聊天、享受阳光、欣赏室外风景等休闲娱乐需求，从而增加老年人日常生活的乐趣，是老年人在室内休闲活动的最佳区域。阳台空间要满足这些功能，首先就要在面积上和尺寸上进行合理化设计，阳台面积不能太小，进深不能低于 1.5 m，要满足使用轮椅的老年人在空间内来无障碍通行的需求。

其四，卫生间。居室内卫生间在坐便和洗浴空间的设计上，要坚持安全和便利的设计理念。由于卫生间积水时地面较湿滑，老年人极易摔倒，或者发生因身体不适晕倒或溺水等状况，因此卫生间设计需要考虑地面铺装材料的防滑性，以及卫生间排水设施设计的合理性。在通往卫生间的交通流线上不能有障碍物，在入口处不能存在较大高差。卫生间的门净宽要保证轮椅正常通行，门要采用外开门。设备设施要考虑室内的亮度、保暖和通风换气，在安全上考虑无障碍设计，如坐便器、水龙头、洗手池等，还需在卫生间设置紧急呼叫装置，以保障老年人在发生意外时其他互助人员能及时发现并给予救援，以增加老年人生活的安全性。

3. 餐厅空间设计

餐厅是老年人用餐的地方，在位置的选择上应该考虑到老年人的居住距离，应设置在老年人便于到达的地方，布局不在一栋的建筑要通过连廊将其和餐厅连接在一起，以尽量满足老年人的可达需求和就餐便利性的需求。在面积上，餐厅在满足幸福院老年人用餐的同时，还要考虑流动性互助老年人，以及老年人家属、朋友探视时可能会在此用餐，需要设置用餐的局部空间。餐厅除了供老年人就餐之外，还可作为多功能厅为老年人提供交往场所，老年人可以在此喝茶、举行联谊会、看电影、聊天等。因此，餐厅内桌椅等设施要灵活布局，为就餐和交往活动提供良好的空间。

考虑到一些半自理的老年人使用轮椅或拐杖通行，餐厅设计应适当增加桌椅之间的距离，以便于使用轮椅的老年人可通行用餐。同时，餐厅附近应设置卫生间和洗手池等服务设施，以满足老年人就餐卫生的需求。由于餐厅是人员密集的场所，加上饭菜气味比较重，因此餐厅设计在空间上应注意采光和通风，以便给老年人创造舒适的用餐环境。

4. 文体娱乐空间设置

（1）图书阅览室空间设计。图书阅览室是供老年人读书看报、学习科学文化知识的学习空间。一方面供部分农村退休教师、书法爱好者、文艺知识分子等喜欢文学的老年人使用，因为他们在以往的工作和生活中养成了读书看报、练习书法等业余习惯。另一方面部分老年人住进幸福院后会有一些空闲的时间，通过阅读可以陶冶情操、提高科学文化修养。这不仅丰富、充实了老年人的生活，也让老年人的内心得到满足，还能满足老年人文化学习及交往的需求。图书阅览室应选在临近交通要道的地方，居室到阅览室的距离不能太远，并且要有安静的环境。由于农村老年人文化程度相对较低，阅览室不必设计得太大，图书阅览室应临近茶室、休闲室、管理办公室等相对安静的空间。图书阅览室应考虑充足的光照、合理的自然通风，又要考虑适宜的绿化以营造清新舒适的阅读环境。考虑到老年人随着年龄增长导致的视力下降，以及身体机能退缩等问题，阅览室应设置台灯、放大镜、眼镜等器具和舒适的桌椅，以方便老年人阅览学习。在色彩的设计上要柔和简洁、明朗简单，结合适宜的材质进行搭配，营造一个充满书香气息的空间氛围。考虑到老年人的生理需求，图书阅览室附近应设置饮水设施和卫生间。

（2）传统手工艺活动室。我国农村很多地方有自己独特的传统手工艺术需要传承与发扬，如河南鹤壁浚县泥咕咕艺术、灯笼、剪纸等传统手工艺术。在幸福院设计手工艺活动室，一方面有利于老年人研究手工艺术，以充实自己的空余时间；另一方面有利于传承传统文化，如一些学校学生或志愿者去幸福院慰问、看望老年人，老年人可以向他们展示自己独特的手工艺术，这不仅有利于传统文化的传承发扬，而且有利于年轻人与老年人之间的交流沟通。

（四）村镇互助式幸福院配套基础设施设计

1. 消防安全设施设计

村镇互助式幸福院设置消防安全设施至关重要，这关乎老年人的生命安全。一方面老年人是特殊群体，防火意识差。另一方面老年人遇火灾逃生自救能力差。下面重点介绍有关养老建筑消防设施的设置。

幸福院要在卧室设置防火门，且防火门耐火等级要达到养老建筑的耐火等级。建筑室内装饰材料要涂刷建筑防火涂料，且耐火极限要符合防火规范要求。老年人极易接触的空间应尽量避免采用易燃性木质材料装饰，应避免采用燃烧时产生大量浓烟和有毒气体的装饰材料，如地板、塑胶等，要采用不燃材料，同时室内应放置灭火器。

设置消防基础设施是防止火灾的有效措施，室内电线要做好消防设计，质量要符合防火要求。室内电线应尽量采用封闭式埋入墙内，并穿耐燃性金属管，最为主要的是设置漏电火灾报警系统，预防电气火灾的发生。建筑内应设置自动喷淋灭火系统，且各个喷淋设施之间距离符合消防要求。考虑到老年人对报警系统操作不熟，建筑内应安装声光报警系统，通过烟感、温感、手动、声光、消防广播等警报装置，第一时间发现火灾，启动自动灭火系统，及时疏散。

2. 取暖设施设置

首先，在建筑材料的选择上，村镇互助式幸福院在剪力墙和梁柱宜采用新型复合保温免拆模板材料，外墙应采用保温加气块作为建筑墙体材料。这种新型建筑节能材料不仅保温效果好，而且防火安全性能好，性价比高。其次，在设置供暖设施上，根据农村的条件，大规模的集中采暖不太现实，幸福院可采取局部集中供暖，集中设置供暖设施。根据老年人生理的需求，幸福院应采用地暖设施，以利于老年人脚部血液循环。

3. 排水设施设计

现在在村镇互助式幸福院注重建筑功能布局和外部立面设计，忽视了基础设备设施设置，很多幸福院排水设施不够完善，缺乏专业的排水设计，每当下雨时因排水不畅，导致积水现象很严重，对老年人室外活动构成潜在威胁。因此，幸福院排水设计要科学合理，在建筑设计中设置有组织排水，尽量使用落水管直接排到建筑附近绿化花坛或者排到下水道中。幸福院内部道路应根据一定坡度和距离设置道路排水系统，做到道路排水系统顺畅。

4. 无障碍适老化设施

无障碍设计是养老设施建筑的核心，是老年人健康安全生活的基础。无障碍养老设施具体内容在《老年人建筑设计规范》中有详细的规定。下面从宏观角度说明幸福院出入口、公共走廊、卫生间等几方面的无障碍设计：

（1）出入门口尽可能不设置有高差的台阶，如果设置，应在门口两边设置坡道，其坡道坡度比不得大于 1 ：12，且坡道两侧设置扶手设施。坡道的宽度要满足轮椅通行运转便利，不应小于 1.2 m。在坡道上侧设置满足轮椅回旋的休息平台，不应小于 1.5 m × 1.5 m。

（2）走廊在养老设施中起着纽带的作用，能把各个功能空间连接起来，在无障碍设计上应确保其安全性、便利性、可达性。走廊宽度要做到科学合理，一般为 1.5 m 左右，至少要确保一个人和一个轮椅同时通过，且要在走廊两侧设置安全扶手。

（3）卫生间无障碍是无障碍设施最为重要的部分，因为它是老年人使用频率比较高的服务设施，在无障碍设计上要确保满足农村老年人的基本需求以及安全使用。首先，卫生间和室内出入口处要避免高差，满足非自理老年人使用轮椅便捷通行。其次，卫生间设施坐便器两侧要设置安全抓杆且安全抓杆应符合尺寸要求，同时小便器周围要设置扶手，洗手池边也要安装扶手，以保障老年人使用安全。最后，卫生间地面铺装要采用防滑耐水性材料，且排水顺畅，避免积水给老年人带来危险。

第三节　面向城市人群的乡村养老建筑设计

一、面向城市人群的乡村养老建筑调研分析

（一）调研实例的选择

1. 选地原因与目的

根据本书的研究内容及乡村养老建筑的划分类别，结合实际养老设施的建设情况，笔者选择浙江省长兴县顾渚村与山东省龙口市南山国际疗养中心进行调研。两地的养老设施都是面向城市人群的乡村休闲养老设施，浙江省长兴县顾渚村的养老设施是村民个体投资经营，将村中原有的旅游服务建筑改造成养老建筑，并形成村域范围的养老建筑组团；山东省龙口市南山国际疗养中心是辟地新建的养老建筑，项目由企业投资经营，并作为其开发的养生谷产业的组成部分。两地周边城市的经济发展水平较高，当地老年人具有一定的经济实力，能够入住养老设施内享受优质的老年生活，两地养老设施的入住率较高，

问卷调查与走访调研的方式能够较为全面地了解老年人在养老设施

内的居住生活状况，真实反映养老建筑的各项服务功能的完善程度。由于地域特征、气候条件、建设资金来源、建造方式、项目定位等方面的影响，两地养老建筑设计呈现出明显不同的建筑特征。

下面笔者将通过对两地乡村养老建筑的调研与分析，探究在养老产业多元化发展背景下乡村养老建筑的现状特点，并总结现阶段开发乡村养老产业的优势条件，结合两地区域的总体规划，分析两地养老产业的不同发展方向，研究共性的优势特征，针对两地发展的局限性提出解决策略，为面向城市人群的乡村养老建筑设计提供经验参考。

2. 两地养老建筑的发展概况

浙江省长兴县顾渚村原本是以发展乡村旅游业为主的乡村，在养老产业大潮的推动下，当地村民利用乡村自然资源兴办养老服务机构，将原有的乡村旅游产业与养老产业结合发展，凭借其优美的自然环境和深厚的茶文化底蕴，吸引了大批周边城市老年人到此休闲养老。顾渚村的养老建筑改造开创了我国早期的乡村休闲养老产业，成为旅游度假型乡村养老产业发展的典范。经过多年不断地建设发展，如今顾渚村村域面积达 18.8 km²，农户 961 户，总人口接近 3000 人，现有营业养老设施接近 460 家，提供养老床位多达 1.7 万张，成为名副其实的养老村，其中上海市大量的老年人常住于此，因此，顾渚村也被称为"上海市的后花园"。村中养老建筑基本是由原有"农家乐"旅游居住建筑改造而来，根据经营者自身的喜好采取不同的建筑风格，村中养老建筑通过庭院的合理设计或利用临近的竹林、池塘等自然资源打造各具特色的户外景观。顾渚村养老设施主要面向喜爱农家生活并，对自然环境有较高需求的城市老年人群。

龙口南山国际休闲疗养中心是南山集团投资建设的"佛光养生谷"项目的一部分，选址于南山风景区东侧，空气清新，环境清幽，其建筑面积达 3.76 hm²，可容纳 400 多人。龙口南山国际休闲疗养中心是新建养老设施，养老建筑采用现代的建筑设计手法，具有完善的医疗健康机构、专属的休闲疗养设施，可高标准地保障老年人养老生活的品质。与疗养中心配套建设的包括南山风景区、高尔夫球场、齐鲁医院南山分院、中心商业区、养生会所、老年大学等设施，其创造了"空气养生、山林养生、日光养生、海洋养生、气候养生、文化养生、运动养生、饮食养生、医疗养生"等养生体系。疗养中心通过完善的居住环境和优越的生活条件，主要为中高收入的城市老年人群提供长期入住或定期疗养等综合性养老服务。

（二）浙江省长兴县顾渚村调研

1. 顾渚村养老建筑现状

根据本书的研究需求，笔者依照调研计划分别从基地选址、规划布局、配套设施、建筑设计、活动空间营造5个方面对顾渚村养老建筑现状进行调研。

（1）基地选址。顾渚村位于国家4A级水口茶文化旅游景区内，村落所处地理环境东临太湖，三面环山，地域气候温和湿润。村落周边分布着众多风景名胜区，如大唐贡茶院、陆羽山庄、霸王潭、寿圣寺等，自然景观和人文景观资源丰富。

顾渚村是中国茶文化的发源地之一，当地盛产紫笋茶，具有深厚的茶文化底蕴。相传陆羽曾在此地居住多年，其间完成了《茶经》的编著，历史上许多文人墨客到此拜谒陆羽，并留下诗篇赞颂，为后人留下宝贵的茶文化遗产。如今，顾渚村继承了悠久的茶文化传统，大街小巷中茶馆林立，大唐贡茶院景区定期举办茶文化活动，吸引了大量喜爱茶文化的老年人群。

顾渚村的地理位置优越，交通条件良好，乡村周边拥有数条高速公路通往临近的湖州市、南京市、上海市等大中型城市，是江苏省、浙江省旅游线路的必经之地，具有较高的旅游人气。

（2）规划布局。顾渚村最初以乡村旅游作为主导产业，为满足游客的饮食、住宿需求，大多数原有的乡村建筑已被拆除，取而代之的是各种风格迥异的"农家乐"建筑，但由于"农家乐"建筑体量较大，破坏了原有的乡村建筑布局规律，致使村落形成无规律的分散式布局。随着休闲养老产业的发展，村中老年人数量的激增，导致村中养老设施数量急剧扩张，使得顾渚村规划混乱的现象进一步加剧，影响村中老年人群的养老生活。

（3）配套设施。顾渚村的基础设施建设得益于乡村旅游开发的影响，现在已具有完善的供水设施、排水设施、垃圾处理设施，但相比城市养老建筑周边环境的配套设施情况，顾渚村现有的配套设施仍无法全面满足老年人的使用需求。顾渚村除农贸市场与诊所等基础设施以外，缺少大型的购物超市、大型的老年活动娱乐场地、中小型的医院，以及老年大学等公共设施建筑，所以，在此居住的老年人无法享受到高质量的医疗保障和高品质的老年娱乐学习生活。

（4）建筑设计。顾渚村中的养老建筑基本是由"农家乐"旅游民宿改造而来，由于缺乏专业性的指导，养老建筑造型风格迥异，彼此之间差异明显，破坏了顾渚村原有的乡村风貌。养老建筑内部按照普通旅馆的标准进行常规布置，仅能为普通游客提供基本的日常起居生活，无法满足老年人的使用需求。

（5）活动空间营造。顾渚村养老建筑根据基地条件的不同，营造出不同特色的活动空间，周边丰富的自然人文景观可为老年人提供丰富的旅游活动，如园艺种植、鱼塘垂钓、果蔬采摘等活动空间，可使老年人体验到丰富的乡村休闲活动。同时顾渚村定期举办各类乡村民俗文化活动，可使老年人全面了解乡村风俗文化。

2. 顾渚村养老建筑居住体验

为全面了解顾渚村养老建筑的居住体验，笔者采取问卷调查、走访调研等方式调研顾渚村养老建筑内老年人的居住感受。

（1）基本信息。顾渚村养老人群基本信息的调研结果显示，顾渚村60%以上的人为55岁以上的退休老人（图3-4），人口主要来源于上海，市及江苏、浙江两省（图3-5）。相近的年龄段及相同的区域来源易消除老年人之间的陌生感，使乡村休闲养老人群在村中形成稳定的养老交友圈。笔者通过进一步地走访得知，来顾渚村休闲养老的大部分老年人不仅居住时间相对集中，而且普遍选择固定的养老建筑，养老设施经营者与这些老年人易形成稳定的人际关系，养老居住氛围十分融洽。

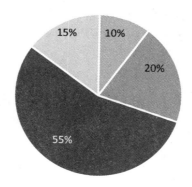

图 3-4　顾渚村人口年龄分布

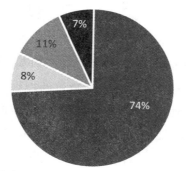

图 3-5　顾渚村人口来源分布

顾渚村设有"农家乐"协会，统一规范管理养老机构的日常运营服务与产品定价，保障老年人在村中生活的各项权益及养老服务的质量。笔者在调查走访过程中发现，许多老年人将城市中的住宅租赁出去，使用租金支付乡村养老生活的费用。

（2）居住体验。在居住体验部分的问卷调查中，分别有 55%，10%，30% 的老年人认为顾渚村的自然景观、茶文化及乡村生活是当地养老设施的主要特色（图 3-6），90% 的老年人认为自然景观是当地建设养老设施的主要优势。80% 的老年人认为养老设施的庭院景观设计巧妙，并留下了深刻的印象。通过走访养老设施的经营者，笔者了解到大部分的养老设施将庭院作为其宣传的重点，并投入了大量的资金建造，根据经营者不同的喜好形成不同的庭院风格特点，如布置大量的室外盆景、利用假山营造江南传统庭院等。

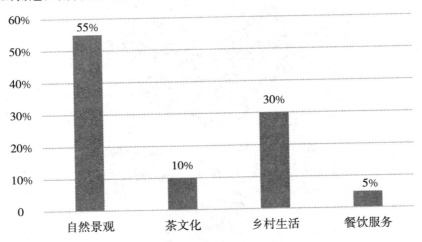

图3-6　顾渚村养老设施特色的调查统计

虽然大部分老年人对顾渚村养老建筑的规划布局较为满意，但仍有40%的老年人认为当地养老建筑的规划布局给他们的养老生活造成不便（图3-7），经过进一步地访问以及实际入住体验调查，反映的问题主要集中在以下几个方面：

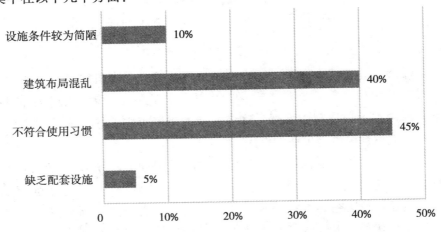

图3-7　顾渚村养老建筑不足的调查统计

其一，乡村中心区域的养老建筑规划布局较为密集，假日旅游人群与探访人群的车流极易造成中心区域交通堵塞。

其二，乡村外围区域的养老建筑与公建配套设施距离较远，公共设施的服务半径覆盖不到外围的养老建筑区域，影响老年人群的日常生活。

其三，个体经营户的建筑素养较低，缺乏专业的建筑指导，村中新建了大量不符合乡村建筑特点的养老建筑，不同的建筑风格类型影响了乡村的整体风土面貌，难以使老年人产生乡村认同感。

45%的老年人认为养老建筑及其配套设施不符合老年人的使用习惯，反映的问题主要集中在以下几个方面：

其一，乡村主要道路虽然采用硬质铺装的形式，路面较为平坦，但是整体缺乏配套的路灯照明设施，无法保障老年人夜间的出行安全。

其二，乡村周边景区休闲道路缺乏硬质铺装，阴雨天气道路泥泞不堪，道路两旁缺少护栏，不能为老年人的日常出行提供足够的保障。

其三，乡村养老建筑庭院内的停车位仅能满足日常的停车需求，在周末或节假日等旅游高峰时期，停车位数量无法满足实际的车位需求，道路两旁的停靠车辆极易造成交通拥堵，影响老年人的出行。

10%的老年人指出养老建筑设施条件较为简陋，5%的老年人认为顾渚村缺乏配套设施，无法接受在此长期居住。根据调研居住体验，顾渚村养老建筑的居住条件相较于城市地区的养老建筑仍然存在一定的差距，配套公共设施也有待完善。

（3）养老意向。养老意向的调查结果显示，顾渚村大部分老年人采取居家养老与乡村养老相结合的养老模式，同时，90%的老年人期望的养老消费为1000～3000元/月。70%的受访者愿意选择在此进行短期的养老生活，其中60%的老年人认为低廉的养老居住费用是选择乡村养老模式的主要原因。在选择乡村养老模式的主要顾虑方面，缺乏医疗保障与设施条件较差是受访者有较多顾虑的两个方面（图3-8）。

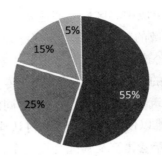

■ 缺乏医疗保障　■ 设施条件较差　■ 距离城市较远　■ 缺乏养老照顾服务

图 3-8　选择乡村养老模式的主要顾虑

（三）山东省龙口市南山国际休闲疗养中心调研

1.疗养中心养老建筑现状

为完善调研内容，达到调研目的，笔者根据制订的调研计划对南山国际疗养中心养老建筑现状进行调研。

（1）基地选址。疗养中心位于南山旅游景区东侧，南山古称卢山，相传晋代卢童子在此学道升仙，南山由此得名。疗养中心以南山历史文化为背景，推出了"福寿南山"养生文化，塑造了"福如东海，寿比南山"的文化底蕴，同时在当地策划开展南山国际长寿文化节、中老年文化艺术交流大会、国际老人文化节等主题活动，使"福寿"的文化理念深入人心。

疗养中心基地周边自然环境优越，南北两侧分别毗邻南山主题公园与南山佛光山景花园，综合绿化率超过85%，空气清新，湿度适当，四季分明，冬暖夏凉，年均气温在 10 ℃左右，是延年益寿的绝佳养生场所。

（2）规划布局。南山国际休闲疗养中心作为新建的高品质疗养中心，在规划布局方面（图 3-9），其养老建筑采取散点式的布局形式，沿地势依次布置，建筑之间距离适当，保证充分的光照与景观要求；在功能分区方面，其养老建筑功能设计合理，会所、游泳馆、餐厅等公共建筑布置于园区的中心位置，周围环绕布置居住建筑，通过空中连廊使公共建筑连通，不仅可避免老年人在寒暑季节暴露在室外，而且可保证公共建筑服务范围的合理性以及便利性。

图 3-9　疗养中心规划布局

（3）配套设施。疗养中心是南山集团投资建设的"佛光养生谷"项目的一部分，不仅疗养中心的配套服务与保障设施相对齐全，而且周边有老年大学、齐鲁医院南山分院等各项完善的文化休闲、医疗配套设施。疗养中心全面整合了养老设施与其他配套公共建筑，符合"医、养、疗"相结合的养老设施定位。

（4）建筑设计。作为新建的乡村养老建筑，疗养中心内建筑形式采用现代化的设计理念，居住形式为配置外廊的单元集中式。项目投资企业提供雄厚的资金支持，使疗养中心的基础设施建设十分完善，道路路面均采用硬质铺装，坡道与台阶均进行防滑处理，路边休闲的凉亭与座椅设置合理，休闲广场与活动场地等休闲娱乐设施一应俱全，坡道、电梯等无障碍设施符合设计标准，室内走廊设有符合老年人需求的扶手栏杆，各房间卧室及卫生间内同样设有各类的适老化设施，能够保障老年人养老生活的安全性与便利性。

（5）活动空间营造。疗养中心配备完善的娱乐设施，可供老年人根据自身的喜好选择活动场所。室内设有养老会所与游泳馆等大型活动场地，能满足老年人基本的娱乐活动需求，疗养中心配套建设的南山主题公园可供老年人登山游览，同时设施配建的老年大学可为老年人提供学习与社交的场所。

2. 疗养中心养老建筑居住体验

（1）基本信息。养老人群基本信息的调查结果显示，疗养中心 40～55

岁的人群所占比例最高，其次为 55 ～ 65 岁的人群，笔者通过进一步访问发现，许多中年人群是在家人的陪同下，到此进行短期度假活动的，而 65 岁以上的老年人则以享受高品质的医疗服务为目的到此居住养老。受访者大都来自烟台市和青岛市，月收入主要集中在 4000 ～ 8000 元。

（2）居住体验。在居住体验部分的调查中，疗养中心基地周边的自然环境、休闲娱乐设施及医疗护理服务是吸引老年人到此养老的主要因素，大部分受访者认为养老中心在自然环境、交通条件、配套服务设施方面都能达到高品质的标准。在规划布局方面，55% 的受访者认为疗养中心的建筑布局较为合理；在建筑设计方面，30% 的受访者认为建筑设计风格富有现代感，55% 的受访者认为建筑造型比较简洁，另有 5% 的受访者认为缺乏乡村地区的建筑特点；在室外景观环境营造方面，超过半数的受访者认为室外景观环境优美。

（3）养老意向。养老意向调查结果显示，当地养老建筑的设施完善，80% 的受访者愿意到此进行短期的居住，大部分老年人期望的养老月消费为 1000 ～ 2000 元，超过半数的受访者认为疗养中心的养老费用过于高昂，并对养老费用提出改进意见。经进一步调研，疗养中心的收费价格按照季节变化采取不同的标准，春夏旅游旺季养老费用相对较高，秋冬旅游淡季则养老费用较低，居住收费价格约为平均每人 1500 元 / 月，餐饮费用约为每人 1500 元 / 月，合计总体消费约为每人 3000 元 / 月，由于费用水平相对较高，普通收入的老年人难以承担，他们在居住时长方面普遍选择 1 ～ 3 天的短期居住，因此，房间存在空置的情况，同时较短的居住时长使人员流动加快，老年人之间相互交流不够密切，使其难以形成较为稳定的养老关系圈，造成较为淡漠的居住氛围。

（四）调研对比与分析

1. 调研对比

（1）养老建筑对比。调研结果表明，浙江省长兴县顾渚村与山东省龙口市南山国际疗养中心在养老建筑方面具有许多共性特点。两地乡村养老产业的开发建设是在原有乡村旅游自然景观及旅游设施的基础上进行的，从而降低了项目前期的资金投入，其居住设施与配套公共建筑不仅能满足养老建筑的需求，还兼顾旅游度假的综合居住服务功能，解决淡季旅游人数较少的问题，改善养老机构入住率较低的情况，提高养老设施的利用率，保证养老设施收益的稳定性。

在规划布局、基础设施、配套公建、居住氛围与养老费用方面，浙江省长兴县顾渚村与山东省龙口市南山国际疗养中心的养老建筑呈现出明显的差别（表3-1）。顾渚村养老建筑是由个人投资建设，由既有乡村旅游建筑改造而来；南山疗养中心养老建筑则是由企业投资建设，作为整体产业项目的一部分辟地新建而成。顾渚村养老设施营造的是乡村农家生活环境，主要面向中低收入的城市老年人群；南山疗养中心养老设施营造的是现代化的养老生活环境，主要面向中高收入的城市老年人群。

表3-1　顾渚村与南山疗养中心养老建筑设计要素对比

设计要素	顾渚村	南山疗养中心
地理位置	沪苏浙皖黄金旅游线的中心腹地	山东省旅游线路的枢纽核心
自然环境	水口茶文化旅游景区内，三面环山，东临太湖	南山旅游景区东侧，承袭南山山水余脉
人文底蕴	茶文化	福寿文化
规划布局	乡村传统自发营建，缺乏合理的规划布局	科学的整体化布局，功能分区设计合理
基础设施	仅满足基本的给排水及卫生要求，室内外缺乏适老化设计细节	基础设施完善，室内外适老化设计全面
配套公建	缺乏中小型医院、小型购物超市、中小型停车场	配套公共建筑齐全，具备"医、养、疗"一体化设施

（2）居住体验对比。为更好地了解浙江省长兴县顾渚村与山东省龙口市南山国际疗养中心的实际养老居住体验，笔者采取问卷调查与走访调研的方式，分别对居住在两地养老设施内的老年人进行调查。调查问卷根据调研内容分为老年人的基本信息、养老建筑的生活体验、养老意向3个部分，通过整理调查问卷的各项内容，分析两地养老建筑不同的居住体验。

在人群年龄构成方面，两地养老人群性别比例较为平衡。55岁以上老年人数量所占比例超过50%，数据表明，两地养老设施的功能定位都以养老服务为主。同时40岁以下人群所占比例接近40%，在节假日休息时间，许多中年人以家庭为单位到此地度假休闲，数据表明，两地养老建筑可兼顾旅游度假的综合居住服务功能。在人群来源方面，两地老年人大部分来源于相邻的城市，区域人群文化差异较小，沟通较为方便，人际关系较为融洽。在居住时长方面，顾渚村养老人群的居住时长普遍较长，居住时间约在 10 天以上，而南山疗养中心养老人群的居住时间则集中在 1～5 天。

在乡村特色方面，顾渚村优越的自然环境、深厚的茶文化、颇具特色的餐饮服务给老年人留下了深刻的印象；南山疗养中心优美的自然环境与完善的医疗护理服务精准地满足了老年人的养老需求。在养老建筑设计方面，顾渚村养老建筑的室外庭院受到了多数老年人的喜爱，但在顾渚村整体的规划布局与室内空间设施的便利程度方面，则有部分老年人对其提出相应的改善建议；南山疗养中心的养老建筑在各方面都受到老年人的大力好评，一致认为在此可享受到安心舒适的老年生活。

在养老意愿方面，大部分老年人仍然希望采取居家养老的模式，每月期望的养老费用大多为 1000～2000 元。顾渚村乡村养老模式给许多第一次到此居住生活的老年人留下了深刻的印象，有待完善的医疗保障设施和较差的居住设施条件是妨碍老年人长期在顾渚村养老的主要原因；而南山疗养中心高昂的养老、居住费用是妨碍老年人选择这里的主要原因。

2. 调研分析

通过调研浙江省长兴县顾渚村与山东省龙口市南山国际疗养中心的养老设施，笔者对乡村养老建筑本身的发展状况进行了分析，同时对养老建筑与乡村建设发展的对应关系进行了研究。开发乡村养老产业与建设乡村养老建筑，不仅能有效利用乡村的自然环境优势，而且能有效地促进乡村的建设发展，乡村养老产业的发展与乡村建设的开发形成相辅相成的互助关系。

（1）乡村地区建设养老建筑的优势条件。

其一，基础投资较少。乡村地区相较于城市地区拥有大量待开发的土地资源，在乡村养老建筑的建设过程中，不仅养老设施的基地选择范围相对较宽，而且乡村地区的土地价格相对低廉。乡村养老设施利用已开发的旅游度假村进行适老化改造，可进一步节省建筑投资费用。同时，政府大力扶持乡村经济发展，并颁布优惠政策以鼓励发展乡村养老产业，因此，开发建设乡村养老设施更具发展潜力。

其二，土地资源丰富。乡村地区土地资源丰富，可为养老设施建设用地提供足够的土地资源，保障养老设施整体建设的完善性。在整体规划布局方面，充裕的用地空间可保证建筑各项功能单元的科学合理性；在空间环境的营造方面，丰富的土地资源可保证各类空间环境的宽敞舒适性，合理规划乡村土地资源能够提升养老设施的居住环境品质。

其三，人力资源充足。乡村地区具备足够的人力资源保障，能为养老设施的建设以及运营提供充足的人力资源储备。乡村地区较为低廉的人力价格可降低养老设施的建设成本与运营费用，增加养老设施的收入利润，提升乡村养老产业的综合经济效益。

其四，自然环境优美。乡村地区自然环境优美，环境植被覆盖率较高，空气质量好，可满足城市老年人高质量的养老生活。部分旅游度假乡村将原有的自然景观与旅游设施作为养老设施的景观资源，可减少前期建设景观环境的投入资金。乡村景观环境各具特色，结合科学合理的规划与管理，可在养老环境和设施服务上实现"一村一品"的景观效果，以满足不同人群的养老需求。

其五，乡村活动丰富。乡村地区具有特色的民俗活动及节日庆典可使居住在城市多年的老年人产生新鲜感，丰富多彩的农家生活能够增添养老生活的充实感。乡村养老产业可结合当地的民俗开展具有乡村地区特色的娱乐活动，以丰富老年人的养老生活。

（2）养老建筑与乡村建设的共同发展方向。养老产业经过多年的发展建设，已成为许多乡村地区的重要产业支柱，因此，乡村养老产业的发展方向在一定程度上反映了乡村地区的建设方向。

其一，乡村的活态化保护。随着我国城市化程度的加深，城市规模逐渐扩大，越来越多的城郊乡村转变为城市，原有的乡村建筑转变为城市住宅。同时，随着我国新农村建设政策的实施，大量的传统乡村建筑被遗弃或推倒重建，造成"千村一面"的现状，因此，传统乡村风貌的保护成为行业内共同研究的主要问题。开发养老产业可为保护传统乡村风貌提供相应的解决策略，以乡村旅游产业为基础，在政府的统一规划下建设发展乡村养老产业，将乡村养老产业与乡村旅游产业相结合，利用两种产业资源的优势，相互补充，相互促进，并对现有乡村建筑景观进行活态化保护，以保留传统的乡村地域化特点。在养老设施的建设过程中，政府部门应对村庄进行整合规划，完善基础设施与医疗配套设施的建设，还原乡村风土风貌，避免由于缺乏科学统一的规划管理造成环境资源的透支，解决乡村区域商业氛围浓重的问题。与此同时，设计人员应对个体经营者加以技术指导，协助改善建筑居住条件，在建筑设施细节方面更加注意适老化改造，以吸引更多的老年人到乡村养老。

其二，城郊地区的经济推动。企业投资的乡村养老产业大多数是整体区域产业配套设施的组成部分，以此为核心推动整体产业的建设发展。企业投资的养老设施基地大部分选择在城郊乡村，在城镇化的建设过程中，按照城市的整体规划，将其变为城市扩张的一部分，开发此类养老产业可拉动整个区域经济增长，从而推动整体区域的建设发展。企业投资的乡村养老项目的基础设施与配套公共建筑十分完善，商业化气息较为浓厚，但是过高的价格及相对较窄的服务人群范围制约着养老产业的发展，因此在政府的支持与引导下，企业应加大宣传力度，推广自身氧疗、专业陪护等优势项目，推出更多的优惠政策，以吸引更多的老年人到此休闲养老。

二、面向城市人群的乡村养老建筑设计策略

（一）面向城市人群的乡村养老建筑设计原则

面向城市人群的乡村养老建筑设计原则是在分析老年人生理与心理需求的基础上，针对乡村地区的地域环境特点，对养老建筑设计原则进行乡村地区的地域化阐述，指导乡村养老建筑设计，旨在营造出一个适合城市老年人生活、居住、休闲的乡村养老建筑空间环境，以满足城市老年人差异化的养老需求。[①]

1. 保证养老建筑的功能需求

面向城市人群的乡村养老建筑的主要服务对象是老年人群，因此，

---

① 魏则超.面向城市人群的乡村养老建筑设计研究[J].工程建设与设计，2019（6）：17-18.

在设计过程中首先要保证养老建筑的各项基本功能完善。建筑选址应充分考虑当地的自然环境、交通条件、基础设施和配套设施条件，以保证选址的合理性。在规划布局方面，合理布置居住、餐饮、医疗、娱乐等各类功能设施，使不同类别的功能设施之间互相不受干扰，同时又具有一定的联系性，方便老年人日常使用；在建筑形式方面，需要考虑气候环境对建筑的影响，根据当地的气候条件与地形地貌，选择不同的建筑形式，建筑应依据老年人的生理与心理需求配置合理的建筑功能空间；在建筑风格方面，关注建筑环境对老年人心理感受产生的影响，建筑色彩应尽量选取淡雅的颜色，建筑装饰可采用简约的装饰风格；在适老化细节设计方面，室内外高差应进行无障碍处理，保障老年人的通行安全，室内外环境应提供良好的照明，方便老年人夜间使用。建筑应具有良好的热工性能与合理的通风设计，保证室内的温度与湿度适宜。细节设计应全面考虑老年人的日常使用特点，保障老年人养老生活的健康安全。

2. 呈现乡村地区的建筑特点

乡村地区以自然环境、文化底蕴，村落布局、建筑风格为载体，呈现出不同乡村的地域性特点。面向城市人群的乡村养老建筑应尊重乡村的地域性特点，将建筑风格与景观设计融入乡村的整体风貌中，呈现出新时代的乡村养老建筑特点。

建筑风格应避免过于现代化与流行化，建筑设计可结合乡村地区特有的建筑风格与构造方式，形成具有乡村地域特色的建筑形式与建筑装饰。建造过程中可采用当地传统的建筑方式及建筑材料，在完善建筑内部功能专业化的同时，更大限度地保留外部乡村地域性的建筑特点。

景观设计应尊重乡村原有的地形地貌，保留乡村的自然景观与农业景观，改造和利用乡村原有的自然山水景观和植物体系，将传统村落景观与景观设计理论相结合，在不破坏乡村自然景观的基础上尽可能地提升养老建筑的景观效果。

3. 符合城市老年人的生活习惯

我国城乡发展差距较大，城市地区的居住生活水平比乡村地区高，城市老年人群在养老建筑的基础设施与配套公共建筑等方面有较高的要求。

针对乡村地区较为薄弱的基础设施现状，乡村养老建筑应加强基础设施的建设，更好地为城市老年人群提供养老服务，同时完善配套公共建筑，特别是在医疗保障服务方面，根据服务人群的数量配备相应的医疗公共建筑，并积极开展与城市大型医院的医疗合作，为养老人群提供全面的医疗保障服务。此外，乡村养老建筑应具有多样性和选择性，使城市老年人可以自主选择养老生活方式。

（二）乡村养老建筑的基地选址与规划布局

1. 乡村养老建筑的基地选址

乡村养老建筑的基地选址对养老建筑的建设与运营起着决定性作用，良好的基地位置不仅能节省大量的建设成本，而且能为老年人提供舒适便利的养老生活。乡村养老建筑的选址应着重考虑自然环境、交通条件、配套设施与其他因素方面的内容。

（1）自然环境。乡村地区优美的自然环境是养老建筑选址的主要考虑因素，良好的自然环境不仅能够增加老年人户外活动的频率，而且能够促进老年人的身心健康。养老建筑可利用乡村自然景观，减少人工景观建设投入，节省建设成本。自然环境因素应着重从如下几个方面考虑：

第一，应尽量选择自然环境良好且无工业污染的乡村地区，毗邻自然风景区的地区更佳。

第二，应尽量选择气候适宜且昼夜温差较小的乡村地区，可减少冬、夏两季空调设备的使用。

第三，有条件的乡村地区可选择背山临水的场所，不仅符合传统的选址要点，而且山体能够有效地阻挡冬季寒风，河畔区域视野开阔，有利于营造良好的景观效果。

第四，应尽量减少对自然生态环境的负面影响，注重建筑与自然环境的和谐。

（2）交通条件。便利的交通条件是联系养老建筑与周边风景区、临近医院和其他配套设施的重要纽带，也是城市老年人选择养老设施的主要考虑因素之一。交通条件方面应注意以下几点：

第一，尽可能选择道路交通条件便利的乡村地区，减少对道路交通方面的资金投入，避免提高养老建筑的建设成本。

第二，不宜临近主要交通干线，减少噪声与环境污染对养老建筑的影响，提高养老建筑的静谧性与养老人群活动的安全性。

第三，合理规划周边交通路线，在保证车行道路便捷通畅的基础上，以步行道或自行车道作为其主要的道路形式。

（3）配套设施。配套设施匮乏是乡村养老建筑建设运营的主要障碍之一，由于城市老年人群对配套设施的完善性具有较高的要求，因此，配套设施方面应着重考虑以下几点：

第一，应保证水、电、气、暖、网络等基础设施的完备。

第二，合理利用周边乡镇的配套设施，减少不必要的工程建设。

第三，结合乡镇的总体规划，建设可共同使用的配套公共建筑，与政府共同承担建设资金。

（4）其他因素。土地价格、养老设施定位、当地政策、日照通风、周围建筑环境等同样是乡村养老建筑选址时应该着重考虑的因素。

良好的乡村养老建筑位置应具备环境优美、气候适宜、交通便捷、配套设施完善等条件。城市近郊的乡村地区或已建成的乡村旅游度假区基于自身的发展优势，不仅地理环境优越，具有独特的乡村自然景观，而且公共服务设施相对齐全，能够较好地满足基地选址的各方面要求，其可作为乡村养老建筑基地选址主要考虑的地点之一。

2.乡村养老建筑的规划布局

乡村养老建筑应根据不同的建造方式采取不同的规划布局形式，由农舍、民宿改造的乡村养老建筑在规划布局上应遵循村落的规划布局特点，避免破坏整体的乡村风貌。新建的乡村养老建筑在规划布局上，应结合气候条件与地形地貌两方面因素，以达到合理的规划布局效果。

（1）气候条件。气候炎热地区的乡村养老建筑应考虑避暑遮阳的需求，保证基础的光照要求，合理设置遮阳措施，利用建筑阴影、树影为户外休息区与散步区提供遮阳避暑的功能。建筑可采取错排布局，保证良好的光照与通风，部分地区可将养老建筑部分空间结构架空，为老年人的夏日活动提供凉爽的空间环境。

气候寒冷地区的乡村养老建筑应考虑防风保暖的需求，建筑应避免西北朝向，以躲避冬季的不利风向。养老建筑组团布局应考虑风向的疏

导方向，避免风力聚集于一点形成风口，降低气流对建筑本体以及区域微环境的影响。养老建筑间距应保证合理的尺寸与良好的日照效果，可利用建筑围合成庭院和设置防风墙、防风林带等保护措施，为老年人创造良好的冬季室外活动空间，保障老年人冬季室外活动的舒适性。

（2）地形地貌。根据不同的地形地貌条件，乡村休闲养老建筑可以采用分散式、集中式与散点结合式 3 种布局形式。

第一，分散式布局。分散式布局多针对山地丘陵地形，依照地形走势，错落布置养老建筑的各项功能单元。建筑单体多采用平面形式多变的低层建筑，营造出变化丰富的空间环境，尽量使各个建筑与周边自然环境相互融合，形成舒适的建筑环境，在保证各个居住单元相对独立的同时，为老年人群提供更多亲近自然的机会。乡村住宅或旅游设施改造的乡村养老建筑与炎热地区的乡村养老建筑适宜采取分散式布局的方式（图 3-10）。

图 3-10 分散式布局

第二，集中式布局。集中式布局是将养老建筑的全部功能单元布置在一个大的建筑空间内。集中式布局可节省建筑的用地面积，为老年人提供更多的室外活动空间，配套设施也较为齐全。由于各项功能单元处于同一单体建筑内，彼此之间相互影响，因此，对居住空间的隔音降噪以及建筑空间的流线布置具有较高的要求。集中式布局的建筑通常为大体量的多层建筑，建筑风格缺乏乡村的地域化建筑特点，部分向往乡村养老生活的老年人难以认同。集中式布局的方式普遍适用于气候寒冷或靠近市郊、用地条件紧张的乡村养老设施（图3-11）。

图 3-11 集中式布局

第三，散点结合式布局。散点结合式布局是结合集中式布局与分散式布局的优点，将休闲、服务等功能单元集中在一栋或几栋辅助功能建筑内，居住建筑分散布置在其周围，并保持与辅助功能建筑的密切联系。散点结合式布局具有清晰的功能分区，各功能空间不会互相影响，不仅保证居住空间的独立性，而且能有效节省配套设施的用地面积。散点结合式布局可借助居住建筑与公共建筑之间的相互联系创造出丰富的建筑空间环境，建筑之间的连廊、花架、林荫步道等环境空间可营造出大量的交流场所，为老年人提供更多的交流机会。散点结合式布局呈现现代化的乡村养老建筑风格，广泛适用于新建的高品质乡村养老建筑（图3-12）。

图 3-12　散点结合式布局

（三）乡村养老建筑设计

1. 既有乡村建筑改造设计

将既有乡村建筑改造为乡村养老建筑，不仅可节省养老设施的建设成本，而且有利于乡村的"活态化"保护。

（1）遵循乡村的原有布局规律与建筑风格。既有乡村建筑改造的建筑风格应与周边乡村建筑相协调，避免采取过多符号化的设计元素影响乡村建筑固有的特点，使乡村养老建筑与乡村整体风貌相互融合。

（2）赋予既有建筑新的使用功能。乡村养老建筑应满足老年人的居住、休闲及活动等多元化的使用需求，因此，既有乡村建筑在改造过程中，应根据不同的使用功能对空间布局进行整合或重置，并赋予乡村建筑新的使用功能。

（3）强化新时代的建筑特点。乡村建筑应结合传统与现代的建筑形式，强化建筑自身的设计感，在尊重传统的基础上，将建筑构件与现代化的元素、符号、功能等形式相结合，形成新的建筑设计元素，同时，避免过于现代化的设计风格脱离原有的乡村建筑特点。乡村建筑设计可在建筑细节处增加软性装饰，以营造劳动场景的氛围与乡村的生活场景。

（4）符合城市老年人群的使用需求。面向城市人群的乡村养老建筑主要服务于城市老年人群，城市地区良好的居住生活条件使城市老年人群在建筑的舒适程度方面具有较高的要求。因此，面向城市人群的乡村养老建筑的各项标准应按照城市养老设施的标准制定，以满足城市老年人群的使用需求。

以河南郝堂村一号院的建筑改造为例[①]，郝堂村一号院在建筑改造过程中，首先对建筑功能空间进行重新划分，增加适老化的使用功能空间，如增加室内卫生间，将室外楼梯移至室内；其次将正房原有的平屋顶改为坡屋顶，这不仅解决了建筑原有屋顶的渗水问题，而且提高了室内的保温效果；最后将原有的瓷砖立面改为当地传统的免烧砖，并使用青瓦拼接的花格对立面进行装饰，结合中式的木窗格形成层次丰富的立面效果。在院落的景观设计方面，将原有的砖石围墙更换为30 cm高的砖砌矮篱，同时，利用废弃农具、竹子与芭蕉等植物布置院落小景，增加庭院景观的趣味性。

2.新建乡村养老建筑设计

（1）平面形式。新建乡村养老建筑根据不同的项目定位、地形影响，以及总平面规划布局采用不同的平面形式，可以分为独立型与组合型。

独立型建筑平面形式适用于养老设施的配套功能建筑，如老年人活动中心、老年人会所等，以满足人数较多的老年人群的使用功能，如河南省郝堂村的乡建中心，该建筑作为村中的老年人活动中心，在功能方面满足交流空间、会议活动、日常办公和临时居住的使用需求。该建筑整体分为两层，一层作为会议办公空间，二层作为临时居住空间，其中乡建中心特别为老年人设置了大型露台用于交流及休闲。

组合型建筑平面形式适用于养老设施的独立生活建筑，以满足老年人基本的休闲居住功能需求。建筑户型普遍为满足养老功能的小户型居住单元。建筑面积范围较有弹性，居住单元可进行多种有机组合形成多层次的交往空间，有利于促进老年人的相互交流，同时集中式的居住空间组合有利于养老机构的统一管理与服务照顾，保障老年人的养老生活品质。

（2）空间组合。新建乡村养老建筑在确定建筑平面形式的基础上，根据不同的功能布局需求将各类功能空间进行组合，形成小空间与小空

---

① 孙君.郝堂村一号院改造，信阳，河南，中国[J].世界建筑，2015（2）：94-99.

间、大空间与小空间、错层空间等多种组合形式。小空间与小空间组合是将层高面积相同或功能相近的空间进行组合，适用于养老建筑居住空间的重复排列或居住空间与服务功能空间的相互组合。大空间与小空间组合是将面积层高不同的空间组合形成大型空间的组合形式，适用于公共活动空间与辅助功能空间的相互组合，如舞台与化妆间的组合、餐厅与厨房的组合等。错层空间组合是指由于地形的变化或功能空间的设计使各功能空间产生高差时，采取错层的处理方式将空间进行组合，适用于地形高差较大的山地乡村养老建筑。

（3）建筑风格。乡村养老建筑的建筑风格不仅应符合当地自然地理环境、气候条件和文化传统，而且要呈现出相应的时代特征。在建筑造型方面，建筑设计应与乡村自然环境、周边建筑相融合，避免破坏乡村的整体村貌；在建筑色彩方面，色彩设计应考虑不同乡村地域文化的差异，根据不同功能的空间需求选用不同的色彩，普遍采用简单的建筑色彩使老年人产生安定祥和的精神情绪，同时利用柔和的光线呈现温暖的色彩感受；在建筑材料方面，建筑可选取乡村传统建筑材料，将乡村传统建筑材料的优势与现代新兴建造技术相结合，使乡村养老建筑体现地域性的特点。例如，在乡村老年活动中心的设计实践中，设计师将传统坡屋顶抽象化，结合活动中心的使用功能，采取大型的连续坡屋顶形式，使建筑有效地融入乡村肌理。再如，河南郝堂村乡建培训中心在建造过程中就地取材，利用当地的旧砖、旧瓦、旧石料、旧木料进行合理的组合，不仅使建筑风格与整体乡村风貌相互融合，而且体现出豫南民居的传统建筑特点，使其成为新建乡村建筑设计的典范。

3. 室外空间环境设计

面向城市人群的乡村养老建筑以乡村地区的自然环境资源优势为基础，系统分析外部空间环境的各种构成要素，巧妙地设计庭院景观环境，塑造易于交流的环境场所，同时保障老年人丰富的日常活动需求。

（1）庭院空间。庭院空间是建筑内部空间的外部延续，它使建筑内部空间与建筑外部空间相互联系，并产生空间过渡的作用。庭院空间是老年人日常休闲的主要空间场所，具有半私密性的空间属性。因此，庭院空间应合理地规划道路体系、绿化小品和庭院景观，创造适宜的室外庭院空间的基础条件，有效利用乡村地区的自然景观优势，通过设计将乡村养老建筑周围的植被或水系等自然景观资源引入庭院内，以创造变化丰富的庭院景观效果。

（2）交往空间。乡村养老建筑需拥有富有活力的交往空间，以满足老年人的社交需求，交往空间在设计中应注意以下几点：

第一，空间序列的排布。不同的功能空间具有不同的空间属性，乡村养老建筑的各部分功能空间应按照一定的序列依次排布，通常采用私密性空间逐渐递进为开放性空间的序列布置方式。递进式空间序列的排布有益于空间环境的平稳过渡，同时，空间序列的相互交叠能促进老年人之间的互相交流，吸引老年人到开放性的公共场所进行集体活动。

第二，边界效应的利用。边界效应是指环境或空间场所的各种信息在其边界聚集，使边界环境富于变化，激发人们的探索欲望，吸引人群驻足。乡村养老建筑外部空间环境的设计应利用空间的边界效应，在保证不影响正常的交通功能的基础上，将建筑门廊、活动广场边缘、庭院边缘等边界空间设计为交流空间，为老年人的相互交流提供更多的空间场所。

第三，多层次的空间设计。乡村养老建筑应根据不同的活动形式设置不同的活动空间，利用空间形态的多样性化划分出不同层次的空间环境，并保证不同层次空间的相互联系。乡村养老建筑可利用视觉与听觉的传递，将私密空间中的老年人吸引至公共空间，引起他们参与集体活动的兴趣。同时，不同层次的空间需求具有一定的空间独立性，利用可拆卸的挡板或隔音墙等材料可保证空间环境不受外界干扰。

（3）活动空间。乡村养老建筑应根据老年人对体育锻炼、散步休闲、静坐休息、园艺种植等活动的需求有针对性地营造活动空间，丰富老年人的养老生活。

第一，体育锻炼。乡村养老建筑应设计充足的体育锻炼空间，为老年人提供简单的器械锻炼及大型的体育活动场所。体育锻炼的器材设施应考虑到老年人易产生疲劳的生理特点，保证活动期间的安全性。大型活动场地的边界可布置休息座椅和花架等为老年人提供休憩观赏的设施。此外，老年人健身活动场地的部分区域可设计为小型的儿童活动场地，以满足前来探望老年人的儿童活动需求。

第二，散步休闲。乡村地区基础设施条件相对较差，在步行交通的设计方面应该着重考虑老年人无障碍的步行需求，步行路线应避免设置台阶或沟渠等，妥善处理路面的积水与湿滑问题。步行交通路线可结合现有的建筑景观或与周边自然环境统一规划，在自然景观中可布置环形道路，并设置指示牌，使老年人在欣赏自然景观的同时满足散步休闲的活动需求。

第三，静坐休憩。乡村养老建筑应提供相应的休憩空间，为部分无法参与锻炼的老年人提供静坐休憩的环境场所。休憩空间不仅可以结合交流空间与空间作为具有辅助功能的建筑空间，而且可以作为独立的建筑空间。休憩空间作为辅助空间时，可以通过景观设施分隔空间，避免外界环境干扰休憩空间的主要功能，并利用景观植物为休憩空间提供舒适的气候环境。休憩空间作为独立空间时，通常可以利用平台、水面、坡面、植被等现有的自然条件，强化休憩空间的场所感。休憩空间中的服务设施应保证多样化的使用功能，布置常规性的座椅，同时可将建筑物基座、花坛边缘、矮墙设置为临时性的座椅，满足老年人临时的闲坐需求。

第四，园艺种植。乡村地区丰富的农业生产活动是老年人选择乡村养老模式的重要原因之一。基于乡村地区的土地使用条件，养老建筑在设计时应预留出足够的农业生产活动空间。在规划设计方面，可根据种植类型进行分区设计，通过合理的农作物种植搭配营造出富有层次的农业景观效果。也可根据地块划分，预留一定数量且大小不同的地块，使老年人可根据自身的需求及喜好进行个性化的种植，这样不仅增加了老年人与自然接触的机会，而且可以调动老年人参与环境景观设计的积极性，创造出具有个性特点的外部景观环境。

4.室内空间环境设计

乡村养老建筑的室内空间是老年人主要的居住生活场所，室内空间环境设计可从居住空间设计、室内环境营造、适老化设计细节、室内环境装饰4个方面入手，营造符合老年人需求的室内空间环境。

（1）居住空间设计。老年人日常使用的主要居住空间包括卧室、起居室、厨房餐厅与卫生间，乡村养老建筑应注重结合各空间的使用功能，营造合理的居住空间组合。

①卧室。卧室是老年人休息的主要场所，具有私密性的空间属性。

卧室的设计对于保障老年人的休息质量至关重要，设计时应注意以下几点：

第一，卧室应设置适宜的空间尺寸，在各类卧室家具摆放合理的基础上，可在靠窗处预留休闲空间，满足老年人午睡或小憩的需求。

第二，卧室应具备完善的通风条件，门窗设施应开启方便，以便最大限度地利用乡村地区清新的空气资源。

第三，老年人受生活习惯的影响，对家具的摆放与朝向可能有不同的要求，卧室中各类家具的摆放要具有一定的灵活性，以满足老年人不同生活习惯的使用需求。

第四，卧室应保证南侧朝向，以提高室内空间的采光质量，同时卧室应保持合适的室内温度，以营造舒适的休息环境。

②起居室。起居室是老年人日常待客与聊天活动的核心场所，具有半私密性的空间属性。起居室应保证环境温馨亲切，使老年人身心放松，其设计应注意以下几点：

第一，起居室应根据日常的使用人数与各类家具的摆放需求合理调整空间尺寸，避免因面积过大侵占其他空间的使用面积，从而影响其他空间的使用功能；或因面积过小使家具摆放不合理，影响老年人的日常通行。

第二，起居室应具有良好的景观位置和景观朝向，同时应避免较强的日光直射。

第三，起居室作为养老居住空间的核心场所，应合理地组织规划与其他空间的交通路线。

③厨房、餐厅。养老建筑配套服务设施普遍拥有公共餐厅，提供日常的餐饮服务，因此，老年人对日常厨房的使用需求不高，空间布置可将厨房与餐厅相互结合，不仅节省空间，而且缩短了老年人的就餐距离。厨房、餐厅空间的设计应注意合理的室内交通路线及完善的安全措施保障。

第一，合理设计使用空间，避免空间过小或过大，进而影响老人室内进行和日常使用的便捷性。

第二，避免厨房与相邻房间的地面设置高差，厨房可利用条形水箅子作为排水措施。

第三，厨房、餐厅应设置必要的安全报警装置，防止老年人因疏忽造成煤气泄漏或发生火灾等危险情况。

第四，可将餐厅与起居室相互组合，使老年人可以同时进行用餐、交流、看电视等活动，提高空间的复合使用率，减少建筑空间的浪费。

第五，餐厅应具有一定的扩展性，预留多人用餐的空间，当老年人的子女或朋友前来聚会时，可满足多人的用餐需求。

④卫生间。卫生间是老年人日常生活中使用较为频繁的空间场所之一，卫生间通常包含洗漱、如厕、沐浴3种主要功能。卫生间空间有限，设备密集且经常处于湿滑状态，老年人由于身体机能的退化，活动不够灵活，极易发生摔倒等危险事故，因此，卫生间的空间设计应着重注意以下几个方面：

第一，乡村养老建筑的卫生间应相对扩大空间面积，提高卫生间的空间容量，以容纳更多的卫生器具，避免因空间紧凑造成使用不便的情况。

第二，卫生间应划分干湿区域，避免老年人因地面湿滑发生摔倒等危险情况，如果条件允许，可在干湿区分界处划分更衣区，从而有效形成空间过渡，减少地面积水的情况。

第三，卫生间应重视安全防护设计，淋浴区地面需进行防滑处理，卫生器具周围应设有扶手等辅助设施，在容易发生事故的位置应设有一键报警装置，便于老年人紧急呼救。卫生间采用推拉门或朝外开启的平开门，门扇应采用可双向开启的类型，当老年人发生危险情况时，便于医疗人员及时救助。

（2）室内环境营造。适宜的室内空间环境能够提升老年人的养老生活质量，乡村养老建筑应从采光、通风、保温隔热及噪声控制等方面，通过合理的设计营造，适宜的乡村养老建筑室内空间环境。

①采光设计。自然光不仅能够提供适宜的光照强度，而且可以营造出温馨的室内环境气氛。乡村养老建筑白天应主要采用自然采光的方式，夜间利用人工照明获取活动必要的光照条件。

在不消耗额外能源的基础上，自然光线柔和且色温偏暖，是最为简单有益的采光方式。由于乡村地区的建筑层数较少且密度较低，区域范围可较大程度地利用自然光资源，因此，选用自然采光作为建筑白天的主要采光方式以创造良好的室内光照效果。乡村养老建筑的采光设计应根据不同地区的气候条件，采用对应的采光方式。在气候条件较为寒冷的乡村地区，乡村养老建筑应有效利用自然光产生的热能效应，如设置阳光房或阳光花园等光照条件良好的建筑空间，降低老年人对空调与取暖设施的依赖程度。在气候条件较为炎热的乡村地区，乡村养老建筑应避免因过度使用自然采光而产生的暴晒或高温等负面效果，建筑应适当选用防晒玻璃或遮阳纱幕等遮阳措施，建筑造型应结合太阳光线的角度进行合理设计，注重建筑阴影的设计效果，在降低室内环境温度的同时丰富视觉景象。

人工照明主要用于室内空间的夜间照明或对光照要求较高的空间辅助照明。照明灯具种类丰富多样，应依据不同空间的功能需求选取不同的照明灯具，通过合理的搭配使空间产生丰富变化的光照效果。乡村养老建筑的人工照明设计应注重照明灯具的实用性，尽可能地采用照度适宜且与自然光色相近的灯具，避免使用装饰性较强的射灯或大型灯具。在灯具布置方面，应根据不同空间的功能定位，使用不同照度的灯具设备，临近空间应保持相近的照度水平，为老年人提供舒适的建筑室内照明环境。走廊与卫生间对照明水平要求较高，这些空间应设置两套照明设备，在发生故障时可使用备用照明设备保证老年人的活动安全。照明设备的开关应安装在适宜的位置。

②通风设计。乡村地区的建筑密度较低，可减少大型建筑物的影响，区域易形成稳定的通风环境，乡村养老建筑应利用区域环境优势，通过合理规划通风路径，促进室内空气流通，调节室内环境的温度与湿度。

乡村养老建筑采用设置挑檐、导风墙或拔风井等设计手段，促进建筑室内的自然通风。建筑室内的空间组织、门窗位置及开启形式设计应顺应主导风向，使空间布局不对穿堂风形成阻挡，避免设计单侧通风的空间布局。

卫生间与厨房应设置独立的换气系统，避免污浊空气影响其他空间或直接排向室外主要的活动场所，建筑内部应布置新风系统以保证无风环境下的通风需求。

气候寒冷地区的乡村养老建筑应避免过度的空气流通对建筑保温产

生不利影响，在冬季主导风向处可设立挡风墙或防风林，同时避免建筑局部的小开口形成风洞，加速空气流动。

气候炎热地区的乡村养老建筑可采用通风屋顶的设计方式，利用屋顶形成的空气间层创造热压环境，加速室内环境的空气流通，以降低屋顶的热量，同时避免阳光对顶层空间的辐射影响。既有乡村建筑可将原有屋面改造为通风屋面，利用技术材料的优势达到良好的通风效果。

③保温隔热设计。随着老年人身体机能的衰退，其对环境温度变化的适应能力也逐渐降低。乡村养老建筑应保证室内空间环境温度稳定适宜，并减少空调设备的使用。室内外环境交界处应布置过渡空间，避免老年人因温度的突然变化引发各类疾病。在建筑设计中合理控制建筑体形系数，避免因建筑的表面积过大造成热量损失。乡村养老建筑应控制窗墙面积比，提升室内窗户的气密性，选用保温隔热性能良好的围护结构材料，提高建筑热工性能。气候炎热地区的乡村养老建筑应采用浅色的外立面材料或粉刷热反射型涂料，平屋顶建筑宜采用绿化屋面或蓄水屋面等隔热措施，有效降低夏季气温对室内温度环境的影响。气候寒冷地区的乡村养老建筑应在外围结构设置保温层或采用夹心保温体系，金属窗框采用断桥铝或铝包木等保温材料，保证冬季的室内温度适宜。

④噪声控制。居住空间的声环境对老年人的生理与心理健康具有较大影响。建筑内各功能空间应根据声环境的不同要求进行区域划分。乡村养老建筑应集中布置噪声源空间，如设备机房和水泵房等噪声较大的功能空间。当建筑空间较为紧张时，可采用弹性面层、浮筑楼板、隔声吊顶及阻尼板等建筑材料加强楼板隔声性能，减少相邻空间的噪声干扰以及外界噪声对室内的影响。

（3）适老化设计细节。乡村养老建筑作为服务于城市老年人群的高品质养老生活场所，各项适老化设施应具备完善的设计细节，养老建筑同时兼顾旅游度假的居住服务功能，因此，乡村养老建筑的适老化设计应满足普适性的居住使用要求，方便大众人群的日常功能使用。

①建筑出入口。建筑出入口是室内外空间的重要过渡区域，具有建筑空间的指向性功能。养老建筑的出入口应突出造型色彩设计，增加建筑出入口的可识别性，同时出入口应设置适宜尺寸的坡道、休息平台及雨棚等配套设施，方便老年人的日常使用。

②室外台阶及坡道。台阶和坡道是解决室内外空间高差的主要措施，乡村养老建筑的台阶与坡道通常采用相互组合或同时设置的方式，以便满足不同需求的老年人。室外台阶应针对老年人的使用特点，在合理设计台阶尺寸与踏步数的基础上进行适老化的细节设计。当台阶侧面处于临空状态时，台阶可设置侧挡台，避免老年人发生危险。台阶踏步顶面和侧立面可使用不同的颜色进行区分或采用防滑条作为高差提示的标志。

坡道的长度、坡度及宽度应符合老年人使用的标准，尽可能采用简便的形式满足老年人的使用需求。在坡道设计方面，坡道边缘两侧应设有相应高度的挡台，并保证挡台设置的连续性，防止拐杖或手推车滑出坡道的情况。同时，坡道应设置雨棚遮挡，避免雨雪天气影响坡道的正常使用。在材料选择方面，坡道应选取渗水性较好的材料饰面，避免老人滑倒或摔伤等危险情况的产生。

③公共走廊。公共走廊的设计应简短通畅，保证老年人使用的通达性和安全性。走廊应保证一定的有效净宽，居住单元入口处必要时可进行内凹处理。走廊两侧应设有扶手，并进行防撞处理，同时侧壁设置护墙板以增加走廊空间的安全性。走廊地面应采用防滑耐磨且不宜松动的材料，如富有弹性的塑胶材料等，有效保证老年人日常的步行安全。

④楼梯及扶手。根据老年人的生理特点，养老建筑的楼梯宽度应适当加宽，踏步高度应适当降低，楼梯间尽量设有采光的窗户，满足楼梯间的采光及通风需求，通过调整楼梯间的设计细节以方便老年人的日常通行。楼梯间内的扶手应保证设置的连续性，并在起止端处相应延伸一段距离，扶手杆体应选用舒适防滑的实木或合成树脂等材料，扶手骨材可选用刚度较高且重量较轻的中空型钢材或铝材。

（4）室内环境装饰。良好的装饰可营造出温馨的生活氛围，在室内空间装饰设计方面应注重安全、便利、经济、美观的设计要素，满足老年人对室内空间装饰的特殊需求，同时，确保装饰风格、家具设备具有一定的普适性，使养老建筑兼具旅游度假的功能。

①材料。乡村养老建筑室内装饰材料应尽可能选取朴实自然的地方性建筑材料，最大程度地体现乡村的地域性特点，根据不同的空间功能需求营造不同的空间内部感受。建筑材料应避免选择化学成分较多、放

适老·健康：多元养老模式下的养老建筑设计

射含量较高或自重较大且易碎的材料，减少建筑材料对空间环境产生的不良影响。室内天花板应采用自重较小、样式简洁、反光柔和以及具有一定吸声功效的材质，如乳胶漆或石膏板等。厨房与卫生间等潮湿空间应采用防水性、防潮性与耐污性较强的材质。墙面材质应选择舒适宜人且手感温润的材料，如透气性较好的植物纤维壁等。地面材质应选用弹性耐磨的软木地板或弹性卷材等。

②色彩。乡村养老建筑室内色彩应根据空间性质及使用者的色彩需求进行合理搭配，如表3-2所示。乡村养老建筑以暖色系、亮色系与暖灰色系为主要的室内装饰色彩，其中室内屋顶通常选用光线反射率较高的白色，增加灯光与自然光的漫反射效果，提高空间环境的明亮度。室内墙面适宜选用浅色系的装饰色彩凸显家具设备的轮廓，便于老年人的日常使用。

表3-2　不同空间的宜选色系

空间类型	宜选色系	心理效应
起居室	高雅、明快或沉着、稳重的色系	放松心情，舒缓身心
卧室	淡雅的米黄色系或清新的黄绿色	调节情绪、温馨自然
餐厅、厨房	浅色、柔和明亮的暖色系	干净整洁、促进食欲
卫生间	粉红色、乳白色、浅黄色等色系	整洁明亮、亲切舒适

③造型。乡村养老建筑室内装饰造型应以简洁安全为设计的基本原则，避免复杂的造型对老年人的日常使用造成不便。室内装饰可利用家具进行巧妙处理以充当室内扶手使用，既能保证家具的适老化设计，也能提高家具的美观程度。另外，通过增加地域特色的室内装饰物品与植物盆栽等，可使养老建筑的地域性特点更加突出。

132

第四章　田园综合体养老建筑设计

第一节　养老结合田园综合体理论及发展实践

一、田园综合体基础理论

（一）田园综合体的概念

田园综合体是在城乡一体化发展的大前提下，顺应乡村产权制度改革和供给侧结构性改革的一种综合性产业发展的模式。它将现代化农业、自然生态型旅游产业、地产及社区相结合，统筹发展乡村产业，是运用创新性思维多跨度利用乡村资源的新举措。田园综合体是在新型城乡发展策略下衍生出来的，它赋予新田园主义以现实意义。其适用于经济较为发达地区的城郊以及自然资源丰富的美丽乡村，能够在较大程度上推动城乡经济发展，提升当地休闲旅游业的品质。[①]

2017年2月，中央一号文件《中共中央 国务院关于深入推进农业供给侧结构性改革 加快培育农业农村发展新动能的若干意见》强调支

[①]　袁帅，郭彦.田园综合体模式下的养老建筑设计研究[J].城市建筑空间，2022（1）：99-101.

持有条件的乡村建设田园综合体。田园生产、生活、景观是田园综合体的核心要素，是将多种产业、多种功能有机结合的实体空间。田园综合体的核心价值在于在促进城乡一体化发展的同时，满足现代人对于田园生活的向往和需求。田园综合体是一种多产业综合开发的经济发展模式，包含以农业生产为主的第一产业，以绿色农产品加工、农业技术开发为主的第二产业和以休闲文化旅游为主的第三产业。田园综合体将乡村田园生活赋予了城市文化的精神内涵，依托于农业生产，根植于乡村自然风貌。田园综合体以多产业综合运营模式，把城市现代先进的生活方式带进乡村，把乡村质朴优良的自然环境带给城市人民，将城市丰富的业态植入乡村地区，将乡村的绿色农产品呈现给城市，有效促进城乡一体化发展。本章所研究的范围不涉及产业开发和农产品加工，仅以第三产业为依托，在此基础上探索此类养老建筑的设计。

（二）田园综合体的价值

建设田园综合体是解决目前我国农村发展困境的有效途径，是综合利用乡村各种资源，构建乡村旅游产业，三产联合带动地方经济，最终成为城乡交流和沟通的平台。

田园综合体的价值可以总结为以下几方面：突破城乡分界线，建成沟通城乡发展的桥梁，是乡村古朴文化和城市现代文化交流的平台。在田园综合体中，当地村民是最大的受益者，田园综合体不仅能产生经济效益，还能产生生态效益。田园综合体能推进三大产业协调发展，不同产业之间的互助关系得到综合提升。此外，田园综合体还能促进传统农业的转型，提升农业价值，给予农业产品更多的附加值，使农业成为更有竞争力的支柱产业。

（三）田园综合体的类型

田园综合体根据主导业的不同主要有 4 种典型类型，即以产业为主导的田园综合体、以乡村旅游为主导的田园综合体、以城市服务为主导的田园综合体和以田园生活为主导的田园综合体。

1. 以产业为主导的田园综合体

以产业为主导的田园综合体是以具有地域特色或地理标志的农产品为基础，需要有成熟强大的产业体系。它以第一产业为基础，发展第二、第三产业，如无锡田园东方综合体。

2. 以乡村旅游为主导的田园综合体

以乡村旅游为主导的田园综合体的代表案例是陕西省咸阳市袁家村，该村先行发展乡村生态旅游业，再开发第一、第二产业。例如，袁家村油菜、袁家村面粉等，都以此为品牌，实现产业化发展，进一步带领村民发展，并且不断壮大。

3. 以城市服务为主导的田园综合体

以城市服务为主导的田园综合体是为城市居民量身定制、为城市居民服务的，是高端精细又有乡村格调的产品，深受城市居民的欢迎。例如，重庆台农园田园综合体。

4. 以田园生活为主导的田园综合体（或称养老型的田园综合体）

以田园生活为主导的田园综合体的代表案例是山东朱家林田园综合体，"60后""70后"是这类田园综合体的主要消费群体，许多人过着这样的两栖生活：在喧嚣的城市工作，同时，在环境优良的乡村地区也有栖身之地，半工半农，目前这样的需求似乎越来越明显。由此可见，建设有乡村特色的旅居产品拥有广阔的市场，但是这类产品目前还满足不了人们日益增长的需求。

二、田园综合体实践

（一）宿迁汇源桃花溪田田园综合体

1. 总体概念规划设计

江苏宿迁桃花溪田田园综合体在规划时呈现如下的空间结构：一轴，是指空间主轴线沿东西向主要干道展开；一环，是指整个园区的步行系统连接起来组成桃花景观环线；四点，是指农业研发中心、桃花源服务中心、桃花源小镇以及水晶宫这4个核心节点；多片区，是指在这个田园综合体内根据业态功能需求分布的9个休闲农业体验片区和9个农业种植片区。桃花溪田整体规划最具特色的是以原宅基地为基础，保留原有离散的村落，改造升级为新的民宿社区供原住居民和新居民生活居住。其中养老社区、桃源民宿、桃林别苑等独具特色的田园住宅使居住者在生活方式、居住体验，以及出行方式上回归田园，鸡黍桑麻，青山绿水，抛开世俗之物，培养高尚情操。

2. 绿色健康生态平台

桃花溪田在规划之初是通过整治基底环境和整合资源，以"宿迁会客厅"的身份打造绿色生态的发展平台。整体基地要素可以分解为田、水、路、宅等子要素，通过检测土壤地质条件，选择划分适宜耕种的区域和农作物品种。梳理水系脉络，净化水源。整治耕作道路系统，并重新规划慢行交通系统，构建绿色生态的交通网络体系。整合翻新基地现有建筑，结合建设用地规划，通过置换与重建等方式进行开发建设。桃花溪田在整个运营过程中尊重原生态风貌，提高了区域生态建设承载能力。

3. "远树近田"的原生态景象

桃花溪田的农作物种植搭配，呈现出"远树近田"的原生态景象，使视线景观层次得以丰富。园区规划充分尊重原生态特色，保留田园景观要素，阡陌交错、鸡黍桑麻、炊烟袅袅，呈现一派田园风光。为保留原汁原味的淳朴风情，避免过度地商业开发，桃花溪田田园综合体秉承以农业生产为主要经济支撑，以合作模式确保各产业共同发展。

4. "一宅一田"的居住模式

充分尊重自然生态环境和传统的农耕文化是新田园主义思想的现实写照。田园居住模式来源于原住居民对田园自然的依恋和新居民对田园生活的渴望，"人人自耕宅前田"是不同于喧嚣繁忙大都市的田园生活的真实写照。"一宅一田"是在调研村庄现有生活居住模式的基础上提炼的新田园生活居住模式，并由此产生了基本住宅户型单元的设计。新居民回归田园生活的第一步是丰富生活体验，创造富有田园味道的生活行为场所。

5. "十户成院"的邻里社交

邻里社交是田园生活重要的组成部分，也是田园生活的精彩之处。传统的村落总会有一个供居民交流集会的场所，如村中谷场、戏台，这些核心的公共空间组成了田园生活中人与人交流的平台。因此，桃花溪田田园综合体在规划之初尤其注重社交场所的设计，将分散的居住单元重新组合，整理成共享型庭院空间，形成"十户成院"的田园社区，重现亲密的邻里社交关系。这些庭院促进了新老居民的情感交流与文化融合，是传播田园生态文明的主要载体。

6."落花水径"的慢行交通系统

江苏宿迁田园综合体项目以"桃花溪田"为主题，传达着唯美浪漫的视觉感受，呈现出落花与水系带来的美好景象，烘托出传统而又多彩的文化气氛。慢行步道与林荫结合，改变了城市人惯用的出行方式，使他们以轻松愉悦的节奏享受田园生活。落花水径与慢行步道处处体现着"采菊东篱下"的闲恬雅致，给忙碌的都市人创造出难得的轻松生活。

（二）无锡田园东方田园综合体

1. 区位交通及资源

无锡田园东方田园综合体是众多田园综合体中的典型代表，位于无锡市阳山镇的拾房村，毗邻太湖，距无锡市区仅 20 km，有着绝佳的地理位置。基地交通便捷，周边有沪宁高速、沪宜高速等众多高速路及城市快速路穿行，连接着周边诸如上海市、苏州市、常州市、嘉兴市等长三角城市。这里以便捷的交通吸引着周边发达地区先进的技术设备和雄厚的资金。阳山镇拥有丰富的自然资源和历史悠久的人文资源：境内的阳山是一座上亿年的死火山，土质优良，孕育着两万亩的水蜜桃种植园区和多处优质温泉，并呈现出独特的自然景观。始于清朝的安阳书院已有百余年历史，源于宋朝的朝阳禅寺已经历经千年岁月，这一切宝贵的人文资源是奠定阳山文化的基石。

2. 规划特色

无锡田园东方田园综合体的规划理念是以天地万物为师，尊崇自然，使生命与生活回归本来的模样。综合体集现代化农业生产、文旅休闲和田园生活为一体，成为现代化城镇建设的标杆项目。其中核心产业包括现代农业项目、田园养老社区项目、生态旅居项目、田园休闲度假项目、康养主题项目等，与之配套的还有农业、园林、旅游合作社，确保各项产业正常运行。

3. 生活模式

无锡田园东方田园综合体项目的使用者包括当地原住村民和周边城市居民。原住村民可以发挥自己的农事技能，参与水蜜桃种植，也可以通过综合体项目的统一培训，参与农副产品和工艺品加工生产，或者为文旅产业提供服务。周边城市居民，特别是有田园养老需求的老年人可以借此回归田园生活，享受久违的质朴纯真，同时，为原住村民传播城市先进的思想和文化。两类人群带动两种文化，使田园综合体成为极富乡土特色和城市文明的综合社区。

4. 生态模式

无锡田园东方田园综合体坚持生态化农业生产，无论是水蜜桃种植还是桃木梳等工艺品加工都体现着生态思想。园区建设时首先考察原有水系、有价值的古建筑及原生植被，并采取保护措施，在原生环境承载力范围内采用环保型建筑材料进行新建，实现可持续发展。

田园东方主要有 3 个功能板块，即现代农业、文旅休闲和田园社区。三千多亩的水蜜桃种植示范区、苗木培育基地和社区配套农业组成现代农业板块；水蜜桃衍生品开发、观光采摘、休闲民宿及咖啡餐饮组成文旅休闲板块；"新拾房"桃溪田园居住社区组成田园社区板块。

5. 田园社区

以桃溪田园居住区为例，社区建筑容积率和密度都很低，大部分是低层住宅和别墅，与田园景观紧密结合，形成了独具特色的田园住宅社区，供短期休闲或长期疗养。一期工程已竣工并投入使用，位于整个园区的东南部，包括水蜜桃种植示范区、田园文化创意园、桃溪田园社区3 个板块。田园文化创意园保留了部分拾房村原有的民宅、古井、古树，很多原生的农田、池塘，以及有特色的生活设施都得以保护，在充分尊重原有风貌的基础上，植入书院、咖啡简餐、民宿、集市等现代元素。园内处处可见拾房村的身影，却又不乏现代的生活设施，新旧建筑共同形成田园茶室、面包树餐厅、拾房书院、花间堂民宿、田园生活馆等 10 个特色空间。

田园东方田园综合体以乡村土地为基底，以农业生产为基础，将桃园生产作为产业链的一环，为人们打造了适宜养老和休闲娱乐的场所。

园区的规划建设和运营以尊重自然为前提，将农业生产和文旅休闲有机结合，将田园自然环境和现代化生活完美融合，使传统建筑与高品质的服务相互补充，带给人们丰富的田园生活体验。

第二节　田园养老产业与田园综合体的结合

一、田园综合体的养老元素分析

（一）以田园生活为基础

（1）以静养心：田园综合体通过综合利用诸多元素，塑造恬静雅致的环境，打造田园牧歌式的生活氛围，唤起老年人对岁月的追忆和对生活的感悟，使其更好地融入田园环境。田园综合体在规划设计过程中通过乡土元素的引入，能更好地诠释"以静养心"的思想。

（2）以动养身：田园综合体通过规划农业生产和景观要素，融入农耕体验，构建精细化、景观化的休闲农业，使来此养老的老年人不仅能享受田园生活环境带来的心灵治愈，还能亲身参与农耕活动，深入体验田园生活。田园综合体通过农耕的体验，能更好地表达"以动养身"的概念。

（3）以和养德：自给自足的状态和与世无争的心态是田园文化的精髓。田园综合体使老年人回归自然、寄情山水，这正迎合老年人的心理需求，田园综合体在规划设计时围绕这个思路来设置景观和建筑，传达"以和养德"的精神。

（二）以健康养老为主题

社会经济的迅速发展带来的负面影响是环境压力、交通压力和生活压力的增大，田园的生态环境就成为多数老年人的追求。田园乡村生态健康、空气清新、恬静雅致，这些都是健康养老的优质元素。

田园综合体在选择建设基地时，多倾向于田园乡村、湖泊等自然环境优良、远离城市喧嚣的地方。国家倡导建设乡村旅游精品路线，发展富有田园特色的养老基地，丰富田园乡村旅游业态。到田园综合体中养老并不等同于回到农村生活，这与换一个地方生活是两种完全不同的状态，田园养老是深入田园生活，感受田园生活带来的轻松和愉悦，在享受田园综合体提供的生活环境和健康食品的同时，得到心灵的放松。老年人通过田园劳作，能够享受生活的乐趣。他们在田园综合体中养老，不仅能够体验农家特色，更是一种长期的生活状态，田园劳作也不是单纯为了劳作而劳作，更是一种精神的熏陶，能让人享受劳动过程中的情趣。

（三）以生态观光为特色

田园综合体规划建设的一个重要任务是重新梳理田园乡村的农田、水域、树木、道路等，使其成为一个有机的整体，通过保护自然山水和乡土人文重塑田园生态环境，为老年人提供"原汁原味"的田园景观环境。此外，田园综合体应深入挖掘地域特色，创造有地域特征的自然景观和人文环境，通过植被景观、水系景观、建筑风貌为老年人提供散步休闲、娱乐活动、静坐思考的空间环境，使他们在自然、轻松惬意的环境中感受生活的美好，真正实现老有所乐。

二、养老产业与田园综合体的结合

（一）田园综合体与田园养老的异同点

田园综合体、田园养老均依托于生态田园，不同的是田园综合体更注重科技创新带来的生态田园的社会价值创造，而田园养老更注重老年人的农事体验，是一种精神活动。在产业方面，田园综合体与田园养老均融入休闲旅游产业，不同的是田园综合体对休闲旅游产业的需求远大于田园养老，其根本原因是针对的人群不同；在规划选址方面，田园养老比田园综合体要求更严格，既要有优美的自然环境，又要有安静舒适的居住环境；在建筑形象方面，田园养老更倾向于低层、低密度建筑群。

（二）田园综合体与田园养老的结合点

田园综合体是一种乡村综合发展模式，其最初定义为一种乡村振兴战略，注重乡村经济发展，田园养老仅为其中的一部分。田园养老重点在于养老，但不同于居家养老、机构养老、家庭养老等，田园养老并非给予老年人简单的医疗保障，以满足其最基本的生存需求，而是需要满足老年人的文化休闲需求。

田园养老需要舒适的居住环境、完善的休闲场所、健全的医疗服务、系统的基础设施。田园综合体兼具以上条件，但建设之初按照满足老年人使用需求的标准设计，聚焦适老化细节，打造全龄化田园养老基地。田园养老是田园综合体的一部分，田园综合体是田园养老的基石，两者相辅相成、相得益彰，共同激发乡村活力，吸引城市养老人群，实现城乡协同发展。

（三）养老产业与田园综合体结合优势

1. 形成多元化的利益共同体

将养老产业引入田园综合体，不仅能使老年人拥有舒适恬静的生活环境，还能为老人和子女提供一个全新的交流平台，使他们通过旅游度假、观光农业、农事体验等亲密互动，感受家庭的关爱。优质的生态环境也为周边市民提供了休闲度假的场所，这些人的到来也为老年人带来新鲜感，消除了内心的孤独感和封闭感，他们通过与不同人群的交流，重拾生活的乐趣。多种产业的融合也会带来更多的资金回报，使开发者获取相应的收益，以备更好地开发建设，形成多元化的利益共同体。

2. 实现城乡资源共享

田园综合体是一种田园与城市元素结合、政府引导、企业实践、原住居民和市民共享、多方共建的开发模式。它通过统筹城乡发展、加快产业变革、推进新农村建设，重塑美丽田园社区。在田园综合体的指引下，养老产业可以发展为多功能复合、多资源结合的项目。

资源共享是现阶段社会发展提出的要求，这样不仅能更好地满足人民日益增长的物质需求，还能达到节约资源的目的，真正实现物尽其用。

将田园养老与田园综合体结合正是城乡资源共享的体现，既为田园社区带来先进的设施和服务，又为老年人营造优美的自然环境。例如，天津市云杉镇养老俱乐部，依托天津宝坻区现代农业创业园和周边的基础配套设施，建设云杉农场，发展现代化农业大棚，并成功植入休闲观光农业，改变了原来单一的开发模式，发展为集住宿、餐饮、娱乐、休闲为一体的综合养老社区。

3. 走出季节性旅游业的经济困境

田园综合体是集观光旅游、循环农业、农事体验为一体的综合项目，农业生产和观光旅游是其乡村资金运转的支柱和主要的经济来源。近年来，越来越多的城市居民开始关注这类休闲旅游，希望在繁忙的工作之余能够到田园环境中修身养性，但是这类项目大多远离城市，受季节性影响较大，经常出现旅游人口暴增或骤降的现象，影响农产品收益，从而导致项目收益率的波动。然而，将田园综合体与养老产业结合恰好可以解决这样的困境，老年人是相对固定的消费群体，不受季节影响，即使在旅游淡季也能为田园综合体带来经济收入，满足农户和产业需求。

第三节　以田园综合体为依托的养老建筑设计

一、规划布局

田园养老建筑应根据建造方式的不同，采取与其相对应的建筑布局形式。由民居、农舍等改造而形成的田园养老建筑在其规划、建筑布局上应遵循原村落本身的布局特点，不能破坏原有的田园风貌完整性，而新建的田园养老建筑在建筑布局上应结合当地的自然气候条件与地势地貌等多方面的因素顺势而为，以达到合理的规划布局形式。

（一）根据自然气候条件选择合适的区位

气候炎热的地区，如何遮阳避暑应是田园养老建筑首先考虑的，在保证基本的光照要求前提下，应采取合理利用建筑及树木植被的阴影等避暑措施，采取为户外人流较集中的区域提供遮阳的功能。建筑布局可采取错落排布的形式，使光照与通风效果均得到保证，部分南方地区可将养老建筑的局部空间架空，为其户外活动提供凉爽的环境。

纬度较高的寒冷地区，田园养老建筑应首先考虑如何更好地实现防风保暖的功能。风向与日照是两个较为重要的因素，首先，其建筑的规划布局形式应考虑对风的疏导，避免形成风口，降低风力对建筑主体本身以及局部微环境的影响；其次，建筑的间距也尤为重要，间距应在满足规范的前提下保证合理的尺寸与日照时间，可利用围合的建筑形态形成庭院，加上设置防风墙、绿化隔离带等保护措施，为老年人营造较为适宜的冬季室外活动空间。

（二）根据地形地貌选择合适的布局

田园综合体中的养老建筑在规划时要注重对自然环境的保护，因地制宜，顺应地形。田园养老建筑的规模不宜过大，以田园环境为基底，以道路为骨架，或自由布置在道路两旁，或有组织地沿道路排列，建筑高低错落有致，空间虚实得当，与田园环境自然融合。居住类建筑联排布置时，数量不宜过多，几栋建筑组成一个单元，每个单元都有自己的公共活动中心和管理室，公共服务建筑集中布置，可达性强，服务设施齐全，服务人群多、范围广。

二、建筑设计

为体现田园主题，田园综合体在建筑形象上遵循"求同存异"的要求，既尊重原有建筑风貌，又讲究时代特点，就地取材，积极利用本土材料，以节约建设成本，发展当地民间特色，激发建筑活力。田园综合体虽是时代进步的产物，但其建筑风格应避免过多使用现代符号而破坏其固有特点。田园综合体要保证老年人的居住、休闲等活动，故在对原有建筑改造的同时应赋予其新的使用功能，在融入时代元素符号的前提下应找到与田园形象的结合点，不能背离传统建筑特色。田园综合体模式下的养老建筑可最大限度地吸引周边城市的养老人群。

建筑设计整体应具有丰富的田园属性，喜欢农事的老年人可利用宅间空地进行作物种植，喜欢鸟类的老年人可将宅间空地开发为鸟类栖息地，喜欢宠物的老年人也可利用宅间空地建造宠物房以专门收养城市被遗弃的宠物。宅间绿化可种植各类果树，设置老年人可短暂停留休憩的室外活动空间并配以亭台步道。针对老年人喜欢晒太阳的特点，室外可设置阳光休闲场所并在室内设置阳光房，这也能为行动不便的老年人提供在室内晒太阳的便利。

本部分内容主要围绕公共服务空间的设计展开分析。

（一）合理划分空间层次

公共服务空间分成三类，即小簇群级公共服务空间、中簇群级公共服务空间与大簇群级公共服务空间（表4-1）。

表4-1 不同层次公共服务空间对比

功能层次	空间类型	特征描述
小簇群级公共服务空间	小型的起居空间、公共活动空间，小团体交流场所	为了营造家的生活氛围提供交流场所
中簇群级公共服务空间	公共的生活服务空间，增加洗衣房、垃圾收集间等服务空间	方便小规模距离内的生活需求，如设置楼梯间休息空间
大簇群级公共服务空间	综合性的服务中心	服务于整个养老基地的综合服务空间，包括生活服务功能、适老化活动功能、娱乐健身功能、医疗保健功能等

不同类型公共服务空间有不同的空间配置（表4-2）。为了保证运营的效率与品质，其中很多功能都可在运营方的协调下，邀请专业的团队提供服务，在提供场地便利的情况下提升服务质量，如医疗保健功能、商业服务功能、部分娱乐康体功能都可由第三方进行管理运营。

表4-2　公共空间配置

服务类型	空间配置	特征描述
生活服务功能	接待咨询功能	接待大厅、接待室等为入住老年人办理交接手续的空间
	餐饮功能	公共食堂、咖啡厅、茶室等空间
适老化活动功能	普适性老年人活动空间	棋牌室、阅览室、书画室、老年大学等基本文娱活动空间
	大型集会空间	多功能厅、小剧场、电影院等空间
娱乐康体功能	适老化运动空间	适合老年人运动的体育项目场所，如乒乓球室、羽毛球室、健身房等
	亲水运动空间	室内外游泳池、温泉馆等
	保健空间	中医理疗、SPA等
医疗保健功能	医疗护理空间	提供健康咨询服务、日常护理康复的场所
商业服务功能	外租商业服务空间	超市、菜场、小型特色商店

（二）完善医疗康复环境

1. 安全舒适的物理环境

前往医疗用房的老年人多数身体比较虚弱，因此需要安全舒适的医疗环境，避免因环境不适导致其病情的加重。首先是合适的温湿度，在低温或湿热条件下，各类传染病发病率显著增加，哮喘、支气管炎等敏感性疾病也更容易发作。其次是室内通风，室内经常通风换气保持空气流通，提高室内空气质量，减少病菌的传播。最后是舒适的光环境，避免眩光的产生。

2. 多种多样的疗养空间

许多老年人选择田园综合体养老的主要目的是疗养身体，而疗养不同于治病，没有严苛的要求和标准，疗养形式种类繁多。依据老年人身体状况和各地的风俗习惯，设置如温泉、针灸、药浴、按摩等特色疗养空间。因此这类疗养用房，应根据不同的疗养形式，结合当地的传统特色，采取相应的适老化设计策略。

3. 绿色、自然的医疗环境

田园综合体之所以能吸引大量老年人来此居住疗养，是因为其绿色、自然的田园环境。因此，医疗用房首先应充分利用周边的田园环境，改变传统医疗空间冰冷、严肃的氛围。在布置医疗用房时应靠近森林、花园、水系等自然要素，方便老年人外出散步赏景，放松身心。其次，医疗用房应注重景观朝向，将景观和新鲜空气引入室内。最后，医疗用房应加强室内和庭院绿色景观的联系，为老年人营造亲近自然的医疗环境。

（三）增加田园体验空间

田园综合体与普通的旅游景区不同，它不仅承载着老年人的养老生活，更是原住居民生产生活的地方，也正因此才更具魅力。田园综合体以其独特的田园风光吸引着众多老年人。老年人可以通过参与田园劳作，感受田园生活的内涵。

田园体验空间为养老者提供多姿多彩的农业生产活动，这也是田园养老生活最独特的部分。田园体验空间可以采用按需划分地块大小、认领小菜园等形式，引导老年人积极参与。在规划设计时，应充分考虑不同农产品的成熟季节和特性，合理划分种植空间，打造富有层次变化的立体农业景观。此外，还可以预留部分空地，增加老年人与自然接触的机会，根据喜好进行个性化农业园艺种植，激发老年人参与大田园景观设计的积极性，构建极具风格的外部景观环境。在设计过程中，增加田园体验空间，不仅能丰富老年人的养老生活，通过简单的田园劳作享受自给自足的生活状态，更能帮助老年人恢复自信，重塑价值感。老年人在养老的同时，发挥余热，通过田园劳动成果感受自身的存在价值，真正地实现"老有所为"。

三、室内空间设计

为满足适老化设计要求，室内空间应增加警示性安全标识，增设安全扶手，并对老年人活动路线进行去棱角化处理。针对老年人的身体状况进行潜伏性设计，在设计之初预留可改造的空间，如部分老年人随身体状况的改变需借助轮椅完成日常生活，可适当加宽过道以适应轮椅所需通行宽度，扩大停留空间以方便轮椅变向转弯，提高老年人的居住安全系数。

（一）卧室

卧室的设计除设置单人卧室外，可增设双人卧室，便于老年人协同互助及日常生活。为保证屋内正常通风又不至于风流过急使老年人感冒着凉，可设置小窗以保证室内的微风气候。每位老年人的生活习惯不同，故室内家具摆放自由多变，宜采用活动推移型家具以方便老年人更换摆放位置。

（二）起居室

起居室的设计除保证光照充足外，也应关注景观朝向，同时合理组织室内交通路线。

（三）厨房

厨房的设计既可采用一户一厨房，又可采用集中厨房，口味要求不高的老年人可集中用餐，口味要求高的老年人可自行配餐。分设的厨房与起居室设置结合，既提高空间使用率又避免空间浪费。

（四）卫生间

卫生间的设计应更多关注空间使用的安全性，特别注重防滑处理和设置淋浴间坐便器上的扶手。此外，卫生间及其他功能空间应进行干湿洁污分区，以防使用空间滋生细菌。

四、室外环境设计

室外环境设计重点在于老年人的交往空间，有效的交往空间可增加老年人相互结识的机会，消除老年人的消极情绪，提高其社会参与度，疏解其内心压抑感，发掘老年人的发展潜能，丰富其生活体验。交往空间包括但不局限于庭院空间、门厅空间、走廊空间、公共空间等，每处空间只要营造出氛围便可以视为交往空间，但上述交往空间多存在局限性，安全性不高、趣味性不足、观赏性不佳。要满足老年人室外交往的需求，就必须进行合理地设计以解决上述问题。

适老·健康：多元养老模式下的养老建筑设计

（一）合理的空间序列，增加趣味性

各交往空间都有其特定的空间属性，带给老年人的精神享受也不同。合理组织交往空间，使其循序渐进逐一展现，从私密到开放，为老年人提供不同趣味需求的交往空间，促进老年人之间的相互交流，逐渐吸引老年人走出居室，参与交往空间的集体活动。

（二）简明的可识别性，提升安全感

交往空间的定义不局限于园区广场，可发生"情感交互"的场所均可被认为是交往空间，如道路、绿地等。交往空间的可识别性构建元素可分为区域边界、节点标识及道路路径。交往空间的可识别性是上述要素相互作用的结果，只有构成各园区交往空间的要素相互区别才能增加空间归属感。

（三）多层次的空间，提升观赏感

丰富的空间层次是提升场景画面感的润滑剂，合理的布景、远景近景相互叠加，以及适当的景观小品配备均可提升场景观赏感。此外，设计师还可利用园林中"步移景异"的手法提升老年人漫步的欲望，引导他们适当地运动以保持其身心健康。

第四节　田园综合体养老建筑设计的实证分析

一、项目建设概述

（一）项目概括

德腾生态养老综合体的项目位于四川省绵阳市的主城区和核心区域——涪城区，地处涪江西岸。所在地杨家镇王家桥村，紧邻杨关大道，项目区内现有 3 m 宽的村道，交通通达性较好。规划建设中的二环路位于项目北侧，项目区域属于绵阳城市二环生活居住圈层辐射范围，区域优势突出。项目占地面积约为 390 000 m²，其中一期生态观光园规划范围约为 210 000 m²，二期养老别墅规划用地约为 180 000 m²。基地自然资源丰富，环境优美，为生态农业养生园的建设和发展创造了有利条件（图 4-1）。

图 4-1　德腾生态养老综合体项目鸟瞰图

（二）项目建设条件

1. 政策支持

2017 年，中央一号文件首次提出"田园综合体"的概念，文件明确指出，"丰富乡村旅游业态和产品，打造各类主题乡村旅游目的地和精品线路，发展富有乡村特色的民宿和养生养老基地。"习近平同志在党的十九大报告中提出乡村振兴战略，即"要坚持农业农村优先发展，按照产业兴旺、生态宜居、乡风文明、治理有效、生活富裕的总要求，建立健全城乡融合发展体制机制和政策体系，加快推进农业农村现代化"。这是新时代新农村发展的新定位、新目标，为建设乡村田园综合体指明了方向。

2. 市场需求

四川省作为我国的一个人口大省，正面临严重的人口老龄化问题，随着养老需求的快速增长，现有的养老机构供不应求。绵阳市的养老院也是如此，并且绵阳市的养老院普遍存在养老水平不高的问题，为满足老年人日益增长的物质需求和精神需求，建设一个配套健全、设施完善的养老项目势在必行。另外，中国传统的养老模式与新式思想的矛盾日益尖锐，探索新的养老产业模式——乡村田园康养综合体，能为缓解，甚至解决这一矛盾提供思路。

3. 自然条件

规划区整体地势较为平坦，少数低矮的浅丘散布于各处，大多由农田构成，有利于打造休闲观光农业；基地水资源丰富，基地北部有溪流，区内有堰塘，为营造湿地景观创造了良好条件；基地拥有充裕的植物资源，具有旖旎的田园风光，山环水绕，环境清幽，具备良好的景观资源条件，是发展田园养老的好地方，更是打造以生态观光为特色的集农事体验、湿地公园、休闲度假、健康养生为一体的生态农业养生园区的好地方。

二、建筑规划设计

（一）总体规划设计

德腾生态养老综合体遵循建设目标、康养理念及建设用地条件，考虑场地的生态环境条件、自然山水与地形、田园分布特征，形成了以带状加组团的排列方式，具体来讲即"两带三心六片区"的布局结构。

两带——北部由湿地公园区、绿色生态区、科技创业区组成休闲观光农业带，以及南部由颐养居住区、配套服务区、合院养老公寓区组成养生养老带，居住功能组团和配套服务的组团通过这两带有机联合。

三心——食香居接待中心、大学生创业中心、休闲养老中心，各种功能组团围绕这3个核心大型绿地开放空间设置，同时3个核心周边的功能组团并不独立存在，而是互相融合与渗透。

六片区——湿地公园区、绿色生态区、科技创业区、颐养居住区、配套服务区、合院养老公寓区。

（二）具体设计措施

1. 以田园生活为基础

（1）以静养心：德腾生态养老综合体在规划设计的过程中着力打造一种田园牧歌式的乡村田园环境氛围，利用水车、晒场、篱笆、竹径等诸多元素，打造出宁静祥和的田园环境景观，勾起老年人对逝去岁月的追忆，使老年人对园区环境萌生亲切感，以便更好、更快地适应和融入环境。乡土元素的加入有助于"以静养心"的空间的营造。

（2）以动养身：项目当中加入当代养生的重要形式之一的农耕体验，在原有的平坦地形之上创设景观以及安排各种农业生产要素，构建规模化、精细化、景观化的休闲农业产业，让来到德腾生态养老综合体的老年人既能感受自然山水之乐，观赏田园风光，也能参与瓜果采摘，亲手制作农家产品。通过"以动养身"的概念的引人，打造出别具一格的田园意象。

（3）以和养生："与世无争、自给自足"是田园文化的精髓。项目经过充分研究老年人心理，把握老年人的实际需求，强调老年人对于回归自然，寄情山水的渴望。围绕田园生活这个主题设置景观、构造建筑、安排服务设施。满足人们亲近自然的愿望与追求，体现"以和养生"的精神。

2. 以生态观光为特色

园区内保留天然形成的水系，设计面积广阔的湿地生态观光园区。驳岸采用生态驳岸的处理手法，塑造聚散变化、蜿蜒流畅的自然水体形态，使人与水的关系变化多样；结合水体，布置水景观赏平台、栈道，营造具有景观连续性的水上空间，种植芦苇、芦竹、鸢尾等水生植物，为老年人提供休闲活动、湿地观景和散步游走空间；布设各种游乐设施，如供休闲垂钓的平台、供晨练的小型广场、供泛舟游湖的小型码头等，构建轻松惬意、自然生态的亲水游憩空间。

3. 以健康养老为主题

项目共规划 4 个主题养老园，倡导在绿水的环绕中放松身心，在满目的绿树中安养精神，在山峦的怀抱中享受悠闲舒适的生活，让居者呼吸新鲜氧气、亲近自然。

（1）天伦园："会桃李之芳园，叙天伦之乐事。"服务人群：50～80

岁中长期居住老年客户。产业特征：高端养老住宅产品及养老配套设施。规划特色：休闲小镇风貌。

（2）情怯园："近乡情更怯，不敢问来人。"服务人群：50～70岁中长期居住的老年客户。产业特征：专业型养老社区。规划特色：独特台地建筑景观。

（3）承欢园："故亲生之膝下，以养父母日严。"服务人群：50～70岁中短期居住的老年客户。产业特征：一般护理型养老社区。规划特色：特色公寓院落建筑。

（4）春晖园："谁言寸草心，报得三春晖。"服务人群：50～70岁短期居住的老年客户及亲属接待。产业特征：一般护理型养老感知体验。规划特色：高端门户形象。

以上4个主题养老园在多年的市场调研及老年人生活、心理和习惯研究基础上，进行科学合理地规划，以独栋养老公寓、合院养老公寓、联排养老公寓、多层养老公寓作为主题园的建筑类型。

德腾生态养老休闲综合体项目顺应了"田园养老"以及绵阳市大力发展新兴旅游业态、发展城郊休闲旅游这两大趋势。在规划设计中，因地制宜地将园区规划为以休闲观光为主题的生态观光园区和以健康养老为主题的养老综合体区，针对目前我国老年人的现实需求，以"想老之所想，急老之所急"为根本出发点，将田园综合体与安老养老完美结合，为乡村田园康养综合体规划设计的新模式提供了借鉴与参考。

第五章　医养导向下养老建筑设计

第一节　医养导向下养老建筑设计概述

一、医养导向下养老建筑认识

（一）医养导向下养老建筑类型特征

医养导向模式下的养老建筑指以养老设施为主要依托对象的医养结合型设施。根据杨艳梅的研究，这些种类繁多的养老设施按照运行方式可分为三类：整合照料型、联合运行型、支撑辐射型①。

整合照料型是指由单一的养老建筑为老年人提供医疗养老服务，其类型主要分为两种：一种是增设医疗功能的养老建筑，可为入住老年人提供医疗诊治和康复护理的服务。第二种是引进养老服务的医疗机构，在有条件的医院内增设养护单元病房，为老年人提供医疗、养老、护理的综合服务。

联合运行型是指养老建筑与周边的医疗机构合作运营，建立双向的

---

① 杨艳梅.医养结合型养老设施建筑设计策略研究：以成都地区为例[D].成都：西南交通大学，2015.

转诊机制，共同组成养老与医疗的联合板块。例如，养老机构与综合医院建立合作关系，为入住养老建筑的老年人提供定期会诊、预约挂号与远程急诊等专业的医疗指导，并提供转诊绿色通道。

支撑辐射型通常是社区卫生服务中心或医疗机构为社区内的老年人提供基本的医疗服务，即在"居家养老"的基础上，提供较为专业的生活照料服务与医疗辅助。

医养导向下养老建筑分类如表5-1所示。

表5-1　医养导向下养老建筑分类

医养模式	养老模式	医疗服务	设施类型
整合照料型	机构养老	设施本身	养老院、养护院
联合运行型	机构养老	其他医疗设施	养老院、养护院
支撑辐射型	社区养老	其他医疗设施	老年日间照料中心

总之，与传统养老建筑相比，医养导向下养老建筑的服务对象更具兼容性，服务内容更加广泛，能够高效地整合利用公共医疗资源。医养导向下养老建筑与传统养老建筑院的对比如表5-2所示。

表5-2　医养导向下养老建筑与传统养老建筑对比

项　目	医养导向下养老建筑	传统养老建筑
服务对象	自理型老年人、半失能老年人、失能失智老年人、临终关怀型老年人	自理型老年人为主
服务内容	日常照料护理、医疗诊治、康复理疗	以日常生活照料为主
空间形态	建筑自身配备医疗功能和康复功能，与医疗机构紧密联系，建立合作关系	设置独立，通常与医疗机构联系不紧密

据国家统计局数据显示，截止到2019年底，我国60岁及以上人口数为2.54亿人，占总人口数的18.1%，65岁及以上人口数为1.76亿人，占总人口数的12.6%。其中失能、半失能老年人4 000余万，对专业的医疗护理、康复、居家护理服务等呈现庞大而刚性的需求。由于高龄、失

能、失智老年人逐渐增加，需要医养服务的老年群体也逐渐加大。而医养结合模式下的养老建筑区别于传统的养老设施，其不仅为老年人提供了基本生活需求的养老服务，更重要的是提供了诊治康复护理的医疗服务，如健康咨询与定期检查、疾病诊治与护理服务、大病康复及临终关怀等。相较于面向健康老年人的养老设施，这类面向需要医疗护理老年人的养老建筑具有更加旺盛的社会需求，它不仅能够解决"老有所养、老有所依"的社会问题，而且能够引导优质医疗资源向养老领域倾斜，解决了养老机构缺乏医疗支持的社会问题，缓解了医疗机构中的"一床难求"和养老设施中的"高空置率"的问题，从而成为未来养老建筑的主要发展方向。据民政部的统计数据显示，虽然我国养老机构的数量逐年增加，但是在各级、各类养老机构中，有医疗支持的还不足 20%，就目前的发展态势来看还远远不够。

（二）医养导向下养老建筑中"医养"功能整合

养老建筑中的"医养"功能如何整合在一起为老年人提供专业的、综合性的、持续性的医养服务，是医养导向下养老建筑功能配置的核心问题。若要整合"医养"功能，需要将老年人群对于"医疗"和"养老"的功能需求，以及养老建筑中"医疗"和"养护"功能之间的关系进行分析总结。因为"医"和"养"是设施最主要也是最重要的两大功能，它的运行模式、服务人群都与功能配置密切联系。建立完整的医养结合养老服务体系，将医疗与养老这两大功能板块有机融合，无疑是养老设施中功能配置的关键所在。

由上述可知，不同医养模式下的养老建筑的中"医养"功能整合的方式也各不相同，在设计时应合理规划，思考服务流程，从而探究"医养"功能的整合形式。

1. 整合照料型养老建筑"医养"功能的整合

整合照料型养老设施中老年人主要的日常生活是在养护单元内的生活起居，必要时去医疗单元进行疾病诊治和康复锻炼。而护理站则是设施中"医"与"养"的连接枢纽。

养护单元内的老年人由护理站进行日常的观察与监控，是整个服务体系中"医疗"功能与"养老"功能的黏合剂。一旦老年人在养护单元内发生紧急情况，护理站能够第一时间监察到，并送往养老设施内的医疗单元进行诊断、治疗、处置。如果病情超出了养老设施的医疗水平，护理站会及时送往其他专业的医疗机构中。此外，护理站还根据医生的用药叮嘱来负责老年人的药物配备并建立健康档案，因此，护理站被视为连接养老生活板块和医疗康复板块的关键所在（图 5-1）。

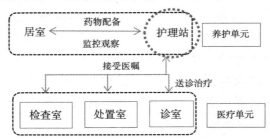

图 5-1　整合照料型养老建筑的"医养"功能整合图

2. 联合运行型养老建筑"医养"功能的整合

联合运行型养老建筑主要是指养老设施自己担负"养护"功能，而"医疗"主要借助其他医疗机构。养老设施医疗资源较少，只靠医务室来处置基本的诊疗服务。因此，"医养"功能的整合除了靠护理站的照护监控外，还需要借助医务室转诊到其他合作医疗机构的分疗送诊。护理站的护理与医务室的及时送诊才能确保联合运行型养老建筑中"医"与"养"的功能整合（图 5-2）。

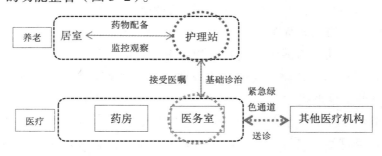

图 5-2　联合运行型养老建筑的"医养"功能整合图

3. 支撑辐射型养老建筑"医养"功能的整合

支撑辐射型养老建筑是以社区养老为依托，为社区的老年人提供专业的照料与医辅服务。因此，"医疗诊治"不是建筑功能配置的重点，养老机构一般与其他医疗机构建立合作关系，在所处的社区中形成辐射网络，而达到诊疗功能。另外，在此类型建筑中，老年居室的配置可有可无。其重点在为老年人提供可供他们休闲娱乐的公共活动室和康复理疗室，满足他们娱乐、餐饮及体能训练的需求。因此建筑的"医疗"功能由护理站负责，进行设施内老年人的药物监管和康复指导，并在其有医疗需求和发生突发情况的时候，及时送至合作的医疗机构进行后续治疗。而"养老"除靠设施内提供娱乐服务外，还应以居家养老模式为主（图5-3）。

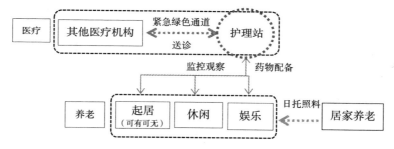

图5-3　支撑辐射型养老建筑的"医养"功能整合图

二、医养导向下养老建筑设计要素

医养导向下的养老建筑是适应老年人群体特殊的生理、心理需求和医疗需求而产生的特殊建筑。它并非普通的老年人住宅和医疗机构，而是这两者的结合。它既是老年人的日常居住生活的家园，又有普通老年人住宅和传统养老建筑无法提供的医疗诊治与康复护理的功能。就建筑设计而言，若要探究此类建筑的设计策略，首先应思考并归纳医养导向模式下养老建筑的设计要素。

本书经过思考分析，将医养导向下养老建筑的设计要素归纳概括为前期规划、建筑策划、单元设计、适老化设计、环境设计这几个方面。其内容均涉及养老建筑的总体规划布局和单体建筑设计，下面就来分析医养导向下养老建筑设计要素的特征，从而对其设计策略提供参考（图5-4）。

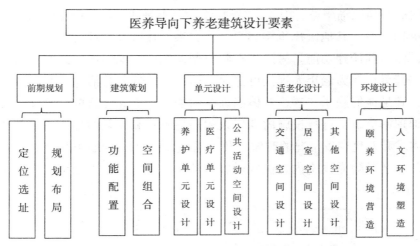

图5-4　医养导向下养老建筑设计要素

（一）前期规划

医养导向下养老建筑前期规划的设计要素可以分为定位选址与规划布局两项。

对于养老建筑的前期规划而言，选址就近便利、布局区域分明、服务系统自成体系是其需要考虑的首要因素。医养型养老建筑由于其服务人群更多地面向介护型和介助型老人，其前期的选址模式与规划布局需要考虑失能老人和失智老人对于"医疗康复"的高度需求和迫切需要。因此，养老建筑在选址时应选在有专业医疗机构支撑辐射的半径范围内，在基地布局上应规划出医疗单元与周边道路的连接，从而与周边综合医院建立合作关系，开辟绿色转诊通道。此外，前期规划应根据老年人行动不便的体能特征和孤独感强、需要亲人的长期看护与短期陪护的心理需求，选择交通便利的区域，从而满足其身心需求与医疗保障。

（二）建筑策划

医养导向下养老建筑的建筑策划是针对不同的医养型养老建筑进行相应的功能配置和空间组合。其中，"功能配置"需要思考"医养结合"模式下养老建筑中应配备的医养功能用房和配备所遵循的原则。养老建筑的基本功能主要分为生活居住、医疗保健、休闲娱乐和辅助服务四大类，来满足老年人群的起居照护、医疗康复和娱乐活动的需求。而其功能用房也可以概括为老年人用房（包括入住服务、医疗保健、生活、康复、社会工作、娱乐活动）、行政办公用房和后勤管理用房。而医养模式下的养老建筑就要在"卫生保健"和"康复用房"方面多下功夫，配置常见老年病的诊疗科室、康复训练室、临终关怀室和抢救室等，从而构建专业高效的医疗服务体系。

"空间组合"首先应概述医养空间的类型划分和层级关系，其次在养老设施的外部空间组合和内部空间设计上思考医养型养老建筑的室内空间组合的策略。总而言之，设施的空间组合应以老年人群的行为模式与身心需求为导向，建立合理的外部空间流线组织，优化内部空间模式，增强空间的认知度和环境品质，从而构建符合老年人身心特征的医养空间。

（三）单元设计

医养导向下养老建筑的核心单元设计包括"养护单元""医疗单元""公共活动空间"3个层面。

"养护单元"是老年人群日常起居的生活用房，在设计中要考虑如何打造高效率和高情感的照护模式。例如，合理规划老年人群的生活流线和医护人员的工作动线，结合实际情况，完善养护单元的平面布局。

"医疗单元"是整个养老设施医疗服务体系的保障，也是医养中"医"的诠释，因此，其在设计要素中占有举足轻重的地位。对于医疗单元而言，无论是卫生保健还是康复训练，其功能空间应配置完善的医疗设施，并优化医疗单元的空间品质。其布局设计也应从老年人与医护人员角度出发，多方位思考其便捷性与舒适度。

"公共活动空间"在养老设施中也是不可或缺的核心单元，其保障着老年人群日常的交流互动、休闲娱乐，因此，公共活动空间可以分为交往空间与娱乐空间。交往空间应根据空间的开放性与私密性划分为接待空间、餐厅空间和交通空间，从而满足老年人群的交往需求。娱乐空间应根据动静大小合理划分，分区布置，如棋牌室与网络室临近，阅览室与书画室临近，必要时可以组合在一个空间中。

（四）适老化设计

医养导向下养老建筑的适老化设计是指以人性化和人本情怀为指导思想，从老年人群的人体工学特征和身心需求角度出发，将养老建筑中的各类细节，按照老年人人体工学的特征及无障碍的设计原则做出适老化的处理，从而满足老年人群使用过程中的安全需求与便捷需求。建筑设计中的适老化设计体现着对老年人群的关怀与体贴和对其人格的肯定与尊重。适老化的设计体现在多个层次中，本部分主要针对养老建筑中居室空间、交通空间及其他细节的适老化设计做出诠释。

（五）环境设计

环境设计是医养导向下养老建筑设计要素中的一个关键点，优美的自然环境、绿色的景观庭院、生动的建筑小品均有利于提高老年人的生理机能和促进其身心健康。颐养环境的打造增添了养老设施的"疗愈性"，提升了老年人群室外活动的空间品质。此外，与传统养老建筑不同的是，医养型养老建筑的服务对象包括介助及介护型老年人，因此，设计人员在营造自然优美的颐养环境的同时，还要注重建筑室内人文环境的塑造，并应结合失能、失智老年人的特殊需求，避免环境障碍和不安全因素，从而辅助失能老年人和失智老年人，提高其独立生活的能力，找到情感归属。

第二节　基于医养导向的养老建筑设计

一、前期规划

（一）定位选址

定位选址直接影响老年群体的入住决定，由于医养模式下养老建筑的类型不同，其选址的侧重点也各不相同。其中，支撑辐射型养老建筑的选址大多为入驻社区，在规划中采用社区配建养老设施的形式，为老年人提供日间照料和短期的陪护，同时有强大的医疗机构来支撑。联合运行型养老建筑在选址时应临近城市中心区，并临近大型医院设置，依托现有医疗资源，利用附近配套设施，从而保障养老设施内的医疗诊治和康复护理的服务。整合照料型养老建筑在选址上更偏向临近城市的风景区，在规划时需要同时考虑配备餐饮空间、娱乐空间、医疗康复中心及室外休闲场所，满足老年人在一套完整的养老服务体系中实现"老有所养""老有所医"和"老有所乐"。

1. 定位选址的影响因素

自然环境、交通组织与周边资源是医养模式下养老建筑在定位选址中需要考察的因素。其中，自然环境要满足养老设施有充足的日照及采光，景观视野良好，场地环境较安静。交通组织要确保场地周围的交通便捷易达，可满足医疗急救、消防、运输的要求。周边资源要确保场地临近医疗机构，可以使养老机构与其建立合作关系，当老年人突发疾病及患疑难杂症时可方便就诊。此外，养老建筑在定位选址上应避开城市污染源、噪声源、易燃易爆物的工业生产区，以及对外公路、快速交通的交叉路口等。场地地形应保持平整、干燥，水文地质条件良好。

2. 定位选址应遵循的原则

（1）安全性原则。安全性原则是定位选址需要遵循的首要原则，因为安全是老年人的首要要求，养老建筑在选址上除了避免对老年人造成威胁的周边因素外，还应考虑到老年人反应慢、易受干扰、行动不便等特征。所以，选址应远离城市的主干道，防止老年人因机动车辆的噪声而烦躁、焦虑、失眠等。若无法避免时，其场地内应在与车流量大的道路相邻的一侧建立隔离缓冲区，并进行合理的规划布局，避免老年人进入该区域活动。此外，基地应选择地势较为平坦、整洁的区域，从而保证自理型老年人及使用轮椅的老年人在基地内的活动安全。

（2）便捷性原则。选址除了要遵循安全性原则外，还应遵循便捷性原则。便捷性是指交通便利、出行方便，除了能够提供完善的交通系统外，还要有相应的生活配套区域和综合医疗机构，如基地周边应有公园绿地和公共广场等活动场所，促进老年人之间的活动交流。也应有专业的医疗护理设施，方便老年人在紧急状况下及时就医。此外，便捷的交通还有利于老年人的亲朋好友前来看望，从而满足老年人的情感需求。

（3）环境良好。优良的自然环境是选址时需要满足的必要条件。老年人由于生理机能的下降，日常活动的范围减小，对养护空间周边自然环境的依赖性较强。因此，养老设施在选址时应根据地理位置，充分利用局部小气候因素，从夏季避暑和冬季日照这两个方面进行考虑。此外，基地内应有大量的绿色植物，以优化室外景观，创造出适合老年人养老的颐养环境。

（二）规划布局

1. 布局形式

医养导向下养老建筑在基地内可以采取集中式布局、分散式布局、混合式布局的形式。集中式布局多在场地内基地面积较小，用地受限的情况下采纳；分散式布局是指建筑的组合较为松散；混合式的布局是将各个功能用房分区划分、部分集中布置。表5-3为医养型养老设施总平面布局的各类形式。

表5-3　医养型养老设施总平面布局的各类形式

布局形式	示意图	特　征
集中式		将老年人生活用房、医疗保健用房、行政办公附属用房集中布置。适用于失能老人类型单一、规模较小、基地面积有限的养老设施。其优势是便于管理、节省用地、老年人户外活动场所集中
分散式		将老年人生活用房、医疗保健用房、行政办公附属用房分散分区布置。适用于失能老人类型较多、规模较大、基地面积充裕的养老设施。其优势是建筑之间可以穿插绿化庭院，打造优美的颐养环境
混合式		将老年人生活用房、医疗保健用房、行政办公附属用房按功能分区划分、部分集中布置，使得设施之间功能划分明确、各类流线互不交叉

无论采用哪种布局方式，都应将养护、医疗、行政及公共娱乐功能有机联合，构成一个相对独立又互相联系的有机整体。其原则是保证整个养老设施的医疗与养老资源能够自成体系，独立管理和经营，并尽可能地建立室外康复训练和活动的空间。

2. 规划布局策略

（1）序化交通，合理组织流线。首先要明确用地范围与周边道路的关系，合理规划人行主入口、次入口和车行入口，完善各类流线的组织，使其互不干扰。其次需优化步行道路与公共交通之间的衔接处，并利用周围的医疗资源合理规划设施内急救诊疗和康复护理功能的运作连接。此外，还应在基地内设置室外活动场地、衣物晾晒场地与停车场。各个功能的流线模式、服务人群、使用频率均影响着养老建筑在总平面上的布局方式与空间流线的组织形式（图5-5）。

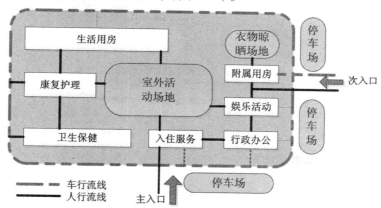

图5-5 医养模式下养老建筑基地流线组织关系示意图

（2）引入景观，突出颐养环境。自然景观能够使老年人在室外活动时达到心情舒畅、身心愉悦的效果，从而利于其康复疗养。在规划布局中，景观环境对于建筑划分功能空间、组织交通流线有着指导性作用，如养护单元需要最佳的朝向与充足的日照，而娱乐室、餐厅、活动室则需要有良好的通风采光，必要时引入景观视野。因此，设施的规划布局需要为老年人创造满足物质与精神需求的良好的颐养环境。

（3）功能分区，强化"诊治"功能。合理的功能分区对于基地内流线组织至关重要，其关乎养老建筑总平面的布局，也影响着基地内的图底关系。因此，功能分区需要考虑各个功能之间的相互联系，以及其与外部空间的联系。养老建筑应根据各个功能用房之间的相互联系并进行分区组合，合理规划出具备"医、康、养、护"等功能的老年人用房和行政办公用房及附属用房的区域位置。对老年人而言，接触最多的是生活照料区域，即居住单元。因此，应将公共活动、康复训练、医疗检查等功能安排在居室附近，以便于老年人使用。此外，医养型养老建筑中，"诊疗"和"救治"是其功能的亮点。因此，其规划布局应充分考虑转诊部分与医疗机构的道路系统，预留出养老建筑与周围专业医疗机构的绿色通道，处理好与城市道路的交接关系，并保障老年人诊疗救治的高效便捷性（图5-6）。

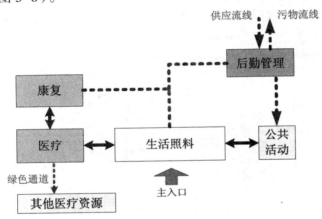

图5-6　医养模式下养老建筑基本布局功能关系图

二、建筑策划

（一）功能配置

1. 功能配置应遵循的原则

医养模式下养老建筑在功能上应能够满足老年人的生活照料、医疗康复和公共活动的需要。其功能用房分为老年人用房、行政办公用房、附属用房3个部分，其中老年人用房又包括生活、卫生保健、康复护理、娱乐活动、入住服务和社会工作这6项。由于医养结合的实施途径各不相同，老年人用房的功能配置或偏向养老，或偏向公共活动，并且医疗设施配备的完善程度也不相同。

（1）整体功能配置。医养模式下养老建筑的整体功能配置如图5-7所示。

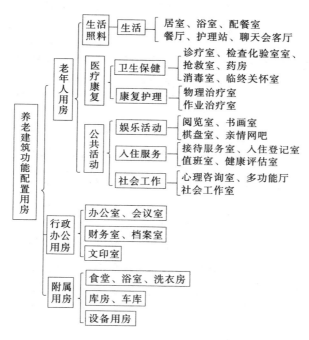

图5-7　医养模式下养老建筑的整体功能配置

（2）老年人用房的功能配置原则。

第一，医养型养老建筑医疗康复功能的配置原则如表5-4所示。

表5-4　医养型养老建筑医疗康复功能的配置原则

功能类型		空间类型	配置原则及建议
医疗康复	医疗功能	老年人诊室	按实际需求配内科诊室、外科诊室
		抢救室	临近老年人诊室，有单独出入口，有处理室、治疗室等配套设施
		药房	中医药房、西医药房，结合无障碍设计，避免光照
		配套设施	护士站配套空间、污物间、储藏室、护士值班室

功能类型		空间类型	配置原则及建议
医疗 康复	医疗功能	检查化验室	设置常规检查，如心电图、B超、X线等
		治疗观察区	输液区与注射区，观察区设置躺卧输液床
		临终关怀室	根据老年人的心理和精神的需求，布置温馨的空间
	康复功能	物理治疗室	水疗、光疗、电疗、磁疗、中医按摩等功能房间
		作业治疗室	游戏活动室、手工制作室等

第二，医养型养老建筑生活照料功能的配置原则如表5-5所示。

表5-5 医养型养老建筑生活照料功能的配置原则

功能类型		空间名称	配置原则及建议
生活 照料	养护功能	老年居室	朝向、采光通风良好，床位配置以双人间为主，房间床位数最多不超过4个
		护理站	对老年人进行照护管理和健康监测，同时兼具备餐功能
		公共空间	设置公共浴室及就餐休闲区，满足老年人助浴、用餐及交流等活动
		配套设施	护士站配套空间、污物间、储藏室、护士值班室

第三，医养型养老建筑公共活动功能的配置原则如表5-6所示。

表5-6 医养型养老建筑公共活动功能的配置原则

功能类型		空间类型	配置原则及建议
公共 活动	娱乐活动	棋牌室	老年人活动的动态空间，采取隔音措施，临近室外活动场地
		书画室	老年人活动中的静态空间，布置洗手池
		阅览区	静态活动空间，可与书画室合并设置
	社会工作	多功能厅	满足老年人的交流交往，注意安全疏散
		心理咨询室	为老年人做心理辅导，采光通风良好的室内布置
	入住服务	接待室及门厅	满足老年人的接待、休息和等候，考虑集体活动
		值班室	结合消防控制及智能化管理
		健康评估室	配备相应的办公设施及检查设施

（3）附属用房的功能配置原则。医养型养老建筑辅助服务功能的配置原则如表5-7所示。

表5-7　医养型养老建筑辅助服务功能的配置原则

功能类型	空间类型	配置原则及建议
辅助服务	厨房	与库房相邻，留有餐车存放间，必要时配置电梯
	公共洗衣房	确保洗衣烘干的流程顺畅，洁污分区，临近晾晒场
	设备用房	根据需要配备设备间、控制室和警卫室等

（4）行政管理用房的功能配置原则。医养型养老建筑行政管理服务功能的配置原则如表5-8所示。

表5-8　医养型养老建筑行政管理服务功能的配置原则

功能类型	空间类型	配置原则及建议
行政管理服务	办公室、会议室	办公室集中设置，分区独立，根据需要配置会议室、档案室、财务室等
	职工辅助空间	根据需要配置更衣室、卫生间、休息室等，必要时配备职工餐厅和宿舍

2. 不同医养模式下的功能配置

由于不同医养模式下养老建筑的服务流程大不相同，因此，其在功能配置上也有差异。下面用图例来概述这3种模式下养老建筑的功能关系。

整合照料型养老建筑是集老年人"养护、医疗、康复、娱乐"等功能为一体的养老设施，其医疗体系相对独立，配备较为完善，功能服务强化"医疗、康复"。建筑中的医疗设施可以基本满足老年人日常检查、疾病治疗、康复护理等需求。只有出现急重病、突发性状况，老年人才会被转送到其他医疗机构进行后续治疗观察（图5-8）。

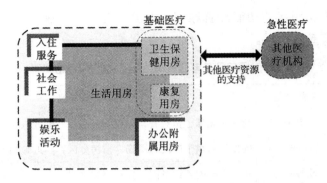

图5-8 整合照料型养老建筑的功能关系

联合运行型养老建筑在设施本身的规划中更侧重于"养老"，关注生活用房和养护单元的建设，但通常不设置具有康复理疗功能的康复用房，配备的医疗服务人员较少，只能满足老年人日常检查、药物配备，其需要借助周边医疗资源，并与其建立合作关系来确保设施中老年人的医疗康复（图5-9）。

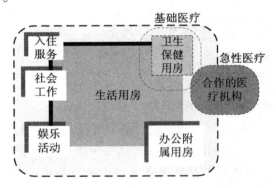

图5-9 联合运行型养老建筑的功能关系

支撑辐射型养老建筑规模较小，居住功能并不是重要功能。此类型养老设施主要为老年人提供日间的起居活动、就餐娱乐、医疗监护以及机能训练等服务，因此，在功能配备上其所关注的是老年人群的公共活动功能与医疗康复功能的整合。因此，其配备的医疗设施相对较少，只提供最基础的健康监测，对设施内活动的老年人群进行医疗看护。老年人出现突发病情时，需将其及时送至其他医疗机构进行急救和诊治（图5-10）。

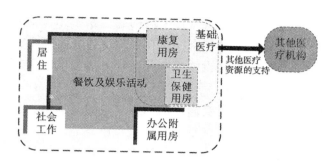

图5-10 支撑辐射型养老建筑的功能关系

养老设施中老年人的功能用房大体分为3个板块，即生活照料、医疗康复、公共活动。对于整合照料型养老建筑而言，其各个板块的功能设施都相对完善，其中生活用房、卫生保健用房和康复用房是建筑中的设计重点，医护、保健等设施配备较全。而对于联合运行型与支撑辐射型的养老建筑而言，医疗康复板块的配备没有整合照料型养老建筑全面，疗愈性相对较弱。此外，其在生活板块的设置上所侧重的也大不相同。例如，联合运行型养老建筑中，生活用房的配置占主导，而支撑辐射型养老设施的功能配置，主要以能够给老年人提供休闲娱乐活动的娱乐用房为主，如棋牌室、书法室、阅览室等。

（二）空间组合

空间组合在整个养老设施前期的设计策略中极为重要，其形式不仅决定了建筑的功能布局，更关乎养老设施中各类人群的使用流线和流线组织。医养型养老建筑的空间组合有两个层面的问题较为重要，首先，应考虑空间的类型划分及层级关系，其次，应分析建筑的空间组合形式。下面就这两点进行详细的探究[①]：

1.空间的类型划分及层级关系

（1）功能空间的类型。由医养模式下养老建筑的功能配置可知，养老建筑中的功能空间主要划分为老年人居住空间、医疗保健空间、公共活动空间和后勤保障空间四大类。

---

① 孙俊桥，杨亚婕.基于"医养结合"的介护级养老建筑设计研究[J].人民论坛，2015（33）：200-201.

老年人居住空间与老年人日常生活的起居紧密相关，是为其提供居住、照料、护理和监护的功能空间。在医养型养老建筑中，尤其对于整合照料型与联合运行型养老设施而言，老年人居住空间是其最基本、最重要的组成部分，也被称为"养护单元"。

医疗保健空间与老年人疾病诊治和康复保健等息息相关，其满足老年人日常疾病的诊治和体能恢复训练等医疗康复需求，对于整合照料型养老建筑而言，其医疗保健空间相对独立，自成体系，被称为设施中的"医疗单元"。

公共活动空间是养老建筑中较公共化的空间，其满足老年人群日常的休闲娱乐需求与交往需求，关乎老年人日常的休憩、娱乐和社交行为等。其次，公共活动空间中穿插着老年人群、医护人员、探访者及后勤人员等各类使用者的活动行为和服务流线，贯穿整个养老设施的服务体系。

后勤保障空间与养老设施内的工作人员的服务行为相关联，为养老设施内的老年人提供日常的物资保障、洗衣清洁和辅助修缮等服务，是养老建筑不可或缺的功能空间，也是医养型养老设施中"医疗"与"养老"这两大功能的支撑和保障。

所以，老年人居住空间、医疗保健空间、公共活动空间和后勤保障空间构成了整个养老设施医养服务的功能体系，它们相互串联，有机融合，从而保证老年人群、医护人员和其他工作人员日常行为的高效性和舒适性（图5-11）。

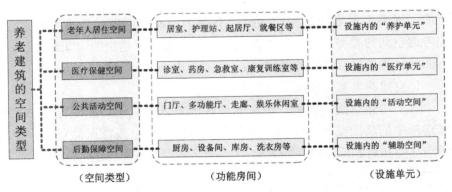

图5-11　医养模式下养老建筑的空间类型

（2）不同空间之间的层级关系。养老建筑中不同的空间类型，其动静程度和私密程度均有不同。其中，老年人居住空间是整个养老设施中私密性最强的空间，其次是医疗空间和养护单元中的公共活动区域，再次是养老设施中的活动空间和室内外过渡空间，最后是私密性最差、开放性最好的室外活动空间（图5-12）。

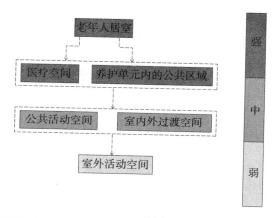

图 5-12 医养模式下养老建筑空间私密性的层级关系

由上述内容可知，根据空间的层级关系，合理地组织各类功能用房有利于医疗资源的有效分配和空间动静的合理分区。例如，优化医疗空间的组合形式可以改善医护人员与老年人居室之间的动线关系，从而提高工作效率。而室内外过渡空间引导老年人进行室外活动及训练、呼吸新鲜空气、接触自然景观，有利于老年人身体的健康。

因此，养老建筑中的空间组合应考虑各个功能空间的层级关系，根据其空间私密性的需求及动静分区的原则，合理地组织功能用房，以保证空间的高效性、便捷性和适用性。

2. 建筑的空间组合

（1）场地中功能空间的组合关系。在医养模式下养老建筑的空间组合设计需要考虑功能用房的组合分区，并对设施基地内的交通流线进行合理的组织与疏导。

第一，生活功能用房是养老建筑中最为重要的功能空间，其与娱乐活动和医疗区域联系紧密，属于养老设施中开放度较小的空间，在空间组合中要考虑其私密性。针对医疗空间，应考虑其与周边医疗机构的合作关系，在室外空间的组织中应确保其与基地外城市道路的联系，从而建立医养型养老设施的绿色转诊通道。而娱乐活动区域与生活、医疗功能均紧密联系，其设施既可对内开放，也可面向周边居住区的老年人开放，因此，在外部空间组合上要考虑其公共性与开放性。

第二，行政办公区域与附属用房区域虽不像娱乐活动空间与医疗空间那样与老年人生活用房紧密联系，但其能为各个功能空间提供物资、管理、运营的强有力保障。在外部交通流线组织中除应确保后勤人员服务流线的便捷畅通外，还应在场地内设置单独的后勤出入口和处理药品、污物的专用通道，以避免与使用人流交叉（图5-13）。

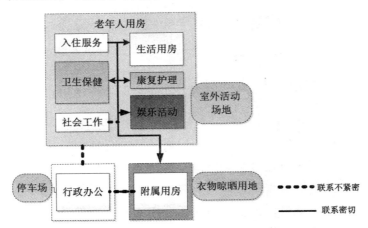

图 5-13　医养模式下养老建筑的外部空间组合关系

（2）建筑单体的空间组合模式。医养模式下养老建筑的内部空间组合形式主要分为两种，一种是医疗空间与公共活动空间设置于养老建筑底部，以老年人的居室空间（养护单元）为标准层在垂直空间上进行叠加，建筑的楼层随着老年人自理程度的提高而增加。这种空间组合形式可以使建筑中的养护单元与医疗单元、公共活动空间相互紧密联系，且通常适用于基地内面积较小、建筑体量较大、设施内的老年人较多，且医疗和护理资源较为紧缺的养老建筑（图5-14）。

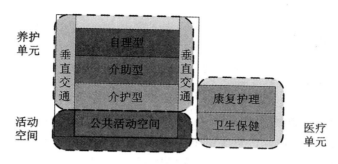

图 5-14　医养模式下养老建筑的集中式空间组合

　　另一种是养老建筑的底层由走廊将入住服务、医疗单元、公共活动空间以及后勤管理等服务用房通过水平交通相互串联，即建筑底层设置娱乐、医疗、入住等服务设施。其建筑层数较低，但密度较高。此类空间组合模式可以使养护单元中的自理型、介护型、介助型单元合理分区、独立设置，与医疗单元、公共活动空间通过垂直交通进行联系。该种空间组合形式通常适合于品质相对较高、医疗资源较为完善、养老服务较为丰富的医养型养老建筑（图 5-15）。

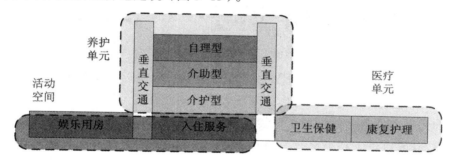

图 5-15　医养模式下养老建筑的分散式空间组合

　　医养模式下养老建筑可以由养护单元、医疗单元、公共活动单元及附属单元组成，其单元内部的空间布局形式也关乎老年人群的医养模式和工作人员的工作动线，因此各个功能单元内部的空间布局形式影响着养老建筑的运营效率和服务体系，布局的设计应考虑多方面因素，结合实际情况，以及该养老设施的规模大小和"医养结合"的实施途径，从而完善各个功能单元之间的空间布局。

三、单元设计

（一）养护单元设计

1. 养护单元的设计要素

医养模式下养老建筑中的养护单元与养老建筑中单纯的居室不同，是由不同护理级别的居住空间、护理空间、活动交往空间及配套服务空间组合而成的，是构成医养模式下养老建筑中标准层平面的基本单元。其基本配套设施有老年人居室（包括亲情居室）、护理站、配餐区、餐厅及聊天室、公共浴室与盥洗区、污洗室、储藏室等（图5-16）。

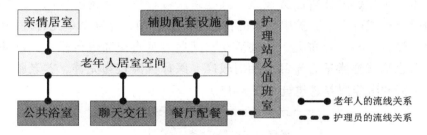

图5-16　医养模式下养老建筑养护单元的空间关系

（1）老年居室的床位配置和面积指标。每个养护单元的床位应设置在50床左右，因为需要考虑到老年人群的失能程度（轻度、中度、重度失能和失智）和年龄层段（低龄、中龄、高龄），养护单元可以分为大单元（50床以下）和小单元（20床以下）。其中重度失能及失智老人的养护单元应独立设置，床位不宜超过10床。此外，卧室的床位数均不应大于4个。

其中，自理型老年人的居室空间内一般不需要配备特殊的医疗服务设施，在床位数量的布置上以单人间、双人间为主。而介助型老年人的居室通常以双人间和四人间为主，以方便医护人员照护。

此外，房间应设置紧急呼救系统，使老年人遇突发情况能得到紧急救援。介护老年人与介助老年人类似，居室设置一般以双人间、四人间为主，房间内应设置隔断，宜采用智能型自动护理床和紧急呼救装置。不同类型老年人的居室布置设计要求如表5-9所示。

表5-9　不同类型老年人护理模式与居室设计要求

老年人类型	居室人数	护理模式	室内布置要求
自理型	单人或双人	传统医护照料为主	在满足各种功能需求的同时留有适当活动空间
介助型	双人或四人	一对一照料与小单元护理为主，室内可设陪护床	在满足适当活动空间的同时留有满足轮椅的通行和回转空间
介护型	双人或四人	一对一护理为主，室内可设陪护床	满足轮椅的通行和回转，床位间距可满足护理陪护要求

　　此外，结合老年人居住用房的面积使用标准，"医养结合"模式下养老建筑居室的使用面积不应小于 6 m²/ 床，且单人间居室使用面积不宜小于 10 m²。双人间卧室使用面积不宜小于 16 m²。卧室内应留有轮椅（直径不应小于 1.5 m）回转的空间，且床边应留有护理、急救操作的空间。其中，介助型老年人的居室内通道不小于 1.2 m。床长边的净距离不小于 0.5 m；介护型老年人的居室内主要通道宽度不小于 1.1 m，床长边的净距离不小于 0.85 m。

　　（2）护理站的设计及类型。护理站应设置在养护单元的核心部位，面向大部分的老年人居室，并与餐厅、配餐区、老年人的交往空间相互联系，其功能在于为单元内老年人的日常生活提供护理照料服务。因此，护理站的位置影响护理人员的工作效率，更关系着老年人群的照护质量。护理人员与老年人直接的信息交流及突发情况的紧急处理是"医养结合"型养老建筑中"养老"与"医疗"相互连接的重要体现。

　　护理人员的工作任务主要是编写日常护理文件、登记老人健康状况、接收医生的嘱咐信息为老年人配制药品，不少护理人员还承担着老年人的配餐及衣物换洗工作。因此，护理站应配备辅助功能的设施，如护理台、工作桌椅、病历资料柜等，并应与配药室、观察室、处置室等医辅用房紧密联系。护理站的面积为 20 ～ 30 m²，服务半径为 30 ～ 40 m，当服务于失能、失智老年人时，服务半径应控制在 30 m 以下。

　　对于养护单元的护理站而言，其类型应设置为开敞型，因为需要考虑到护理人员的视线通畅性及其服务半径的控制范围。开敞式的护理站可以使护理人员的视线到达老年人主要的活动起居空间、用餐空间及交

通空间，视线的畅通在提高护理效率的同时能确保老年人（尤其是介助及介护型老年人）的安全，更增添了老年人与护理人员的交流互动，从而增进感情，营造亲切氛围。

（3）餐厅及公共空间的设置。用餐是老年人每日生活中不可缺少的重要活动，其中自理型老年人可以去养老设施内的公共餐厅就餐，但是介助及介护型老年人由于行动的不便，大多希望在生活用房区域内用餐。因此，医养模式下养老建筑中的餐厅可以结合养护单元分散逐层设置，并与老年人居室的距离不宜过长。此外，餐厅多与养护单元内的聊天会客厅、公共起居厅相邻布置，使老年人群在进餐的同时满足交流的需要。

2. 养护单元的三级护理模式

养护单元内老年人群的照护方式与医院制度化的护理模式相似。由于老年人突发意外情况的频率较高，医护人员的监测视线要满足分散化护理模式的要求，从而提高疾病治疗、紧急情况的救援，以及对老年人身体状况的监视效率。分散化护理模式就是将护士站的功能向各个居室单元分化，在居室的前端利用两个居室拼合的建筑物理空间创造"护理凹室"，形成"护士站（综合性护理空间）→护理凹室→老年人居室"的三级护理模式（图 5-17）。

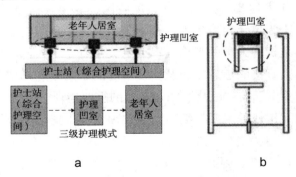

图 5-17　三级护理模式示意图

图 5-17 为三级护理模式，即分散式护理模式与护理凹室的设计。由此可知，三级护理模式可以使每个小单元在卧室的末端形成一个较小的功能板，这样缩短了护理站与卧室之间的行动路线，从而提高了医护人员的工作效率。此外，医护人员在护理凹室中可以配备老年人常用的生活用品、药品、医务人员的测量检查的工具，以及记录老年人日常健康

情况的档案记录，可以分类收纳、垂直放置物品，从而在节省空间的同时为医护人员提供方便。

3. 养护单元的平面布局

医养型养老建筑中养护单元平面布局形式有别于医疗建筑中护理单元空间组合的多样化，而是以"一字形""L形"、"T形""回廊形""E字形"布局为主。2016年，史俊将养护单元的平面布局归纳为廊式布局和组团式布局这两大类，且不同类型平面布局的流线组织各不相同，其布局如下^①：

（1）廊式布局。廊式布局，包括单廊式与双廊式，是我国目前最常见的护理单元平面布局。廊式布局主要适用于自理能力较强的老年人群和失智老年人，此种布局方式能够帮助其更好地定向到目标空间，尽可能地利用尚存的身体机能自主生活。廊式布局常分为"一字形"和"E字形"。

第一，"一字形"布局。"一字形"布局是廊式布局的代表，指老年人居室间采用单廊或双廊形式对其进行串联，辅助服务空间设置在走廊两端，护理站设置在相对居中的位置，并把控好服务半径。这种生活走廊式的连接，一方面可以较好地提升自理型老年人居室的私密性，另一方面当养老院设施与其他设施进行分层或分区并置时，也可以最大限度地将各类公共活动空间进行多方共享，提升空间的使用效率。

第二，"E字形"布局。"E字形"布局是在"一字形"布局的基础上，由3个"一字形"养护单元组合，这也是我国目前养老设施中采用较多的养护单元平面布局。其主要形式为楼栋型，利用公共廊道相互串联，且每一栋建筑为一个独立的养护单元，各个单元之间相互连接，且其通风采光均良好。

（2）组团式布局。组团式布局是"居室→护理空间→单元之间公共空间"的空间过渡。由于介助、介护型老年人自身的健康程度较低，行动能力逐渐衰退，活动范围相对较小，因此，对他们而言，最适合的养护单元平面布局形式就是组团式布局。组团式布局是将医辅空间、服务空

---

① 史俊.基于老年人健康差异下的养老院建筑设计研究[D].苏州：苏州科技大学，2016.

间以及公共空间的功能融入老年人居室的活动范围内，从而形成组团单元。

第一，"L形"、"T形"布局。"L形"、"T形"布局通常是利用单元平面中不同方向延伸出的"一"字两翼或三翼的空间作为2个或3个相对独立的护理组团，护理组团的交接处通常设置可供各个组团所共用的公共空间、护理站及辅助空间。

第二，"回廊形"布局。"回廊形"布局是将老年人居室区域布置于外围空间，将护理站、公共活动空间以及配套的辅助服务空间设置在内部空间，从而实现组团单元之间的医辅服务与公共服务配套功能的共享。此种布局形式依入住老年人的健康情况进行护理组团单元的分配，其布局形式常为"C"字形与"口"字形。

组团式布局可以缩短养护单元内的医护人员的护理路线，提高对老年人的医护效率，使养老设施内的养护系统更加深入与全面。

无论平面布局形式如何，它都影响着养护单元的规模形态和人员流线，也关乎医养模式下养老建筑的照护效率和护理质量。因此，合理地规划平面形式，控制好护理组团单元的形态规模，才能保障护理质量和日常管理的高效性。

（二）医疗单元设计

1. 医疗单元的功能空间

医养型养老建筑的医疗单元由卫生保健用房和康复用房构成，其中，卫生保健承担着老年人群的基本诊疗，其功能空间包括基本内外科诊疗室、抢救室、检查室、化验室、药房和注射输液室。而康复理疗承担着老年人日常机能的康复训练和手术后期保健恢复，其功能空间主要包括物理治疗室与作业治疗室（图5-18）。

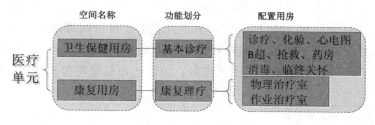

图5-18　医疗单元的功能划分

（1）诊疗功能空间。

①老年人诊室。老年人诊室为老年常见病提供便捷的判断、诊治和治疗。其在设置上有别于医疗建筑门诊设计中的科室全面化、服务多样化以及系统专业化，其考虑更多的是老年人群体的需求及老年病的护理特性，主要针对常见的老年疾病提供最基本的诊疗服务。诊室设置主要分为内科、外科，内科包括心血管科、呼吸内科、消化内科；外科包括普通外科、神经外科等。此外，老年人诊室多为单间式、合间式等适宜施展医疗工作的形式，也有少量套间。根据实际需求，每间诊室内可设置一个或两个诊位，并且内科与外科诊室常配置对应的治疗室。

老年人诊室的开间和进深分别是 3 ~ 3.3 m、4.2 ~ 4.5 m。诊室内应留出可供轮椅旋转的区域。

②抢救室。抢救室主要承担着老年人突发疾病的紧急救援任务，老年人的急救医疗分为 3 个阶段。首先，由医疗单元内所设置的抢救室进行抢救，在病情得到控制后通过急救车将患者转运到综合医院。其次，综合医院提前准备以接诊病患，并在抢救后住院观察。最后，在患者病情缓解后，重新接回养老机构内进行康复治疗和护理。此外，其位置应离建筑主入口较近，临近老年诊室布置，尽量设置单独出入口。

③检查化验室。检查化验通过借助医疗设备对老年人身体的病因与病种进行排查探究，从而辅助医疗诊治，以此提高确诊的效率和正确率。医疗单元的检查化验室规模不能与医院的医技诊室相比，通常配置的有心电图室、B 超室、X 线室和化验室等，它们在医疗单元的位置应与消毒室临近。其中，化验室的设置应处于无菌洁净的环境中，以确保化验过程的安全性及化验结果的准确性。

④药房与注射输液区。由于药物应储存于干燥、洁净、通风的环境中，因此药房的位置需要避免阳光的直射。此外，养老建筑中药房的柜台应根据老年人人体工学的特征和无障碍设计原则，在柜台下方留有轮椅进出的空间。

注射输液区位置应临近老年人诊室，输液床在配置中应以躺卧为主，以坐姿为辅，且注射输液区内部单独设置护理站。室内空间的布置应灵活，可增添电视机来增加空间气氛的舒适感与亲切感。

⑤临终关怀室。临终关怀室是养老机构中最具特色的医疗功能空间，是对老年患者生命尊重的最佳体现。其不仅为老年患者在去世前的一段时间内减轻患病的痛苦并缓解疾病恶化，还对老年人心理进行安抚与开导，降低老年患者的恐惧感与孤独感，使其可以接受生命的终结，坦然面对死亡。在布置上，临终关怀室可以利用套间，与亲属陪同室临近设置，实现对老年患者的人文关怀。

（2）康复理疗空间。

①物理治疗室。物理治疗有两种形式，一种是借助光、电、水等物理因子对患者骨骼、关节、肌肉等组织进行康复治疗，其中以热疗、光疗、水疗、磁疗，以及中医针灸、拔罐、按摩等最为常见。另一种是借用运动疗法，包括简单的徒手运动，以及借助器械和设备来协助康复活动。两者的共同点是借助仪器开展康复训练活动，在对自身功能治疗的同时，防止老年人继发性丧失运动能力。物理治疗室通常配有护理站、办公区及理疗室。

②作业治疗室。作业疗法是协助老年患者参与训练，以促进其恢复身体机能的疗法，其中包括手工制作和游戏等活动，老年人通过这些活动能够增强身体机能并缓解病痛。其目的在于预防、延缓老年人在日常生活中自身生理机能的衰退。该空间可根据不同方式的作业活动进行功能划分和设施布置，以使老年患者通过专业的康复锻炼，学会适应日常生活的实际需求。

2.医疗单元的布局形态

医养型养老建筑中医疗单元的布局形态就是在发挥养老设施基本的诊疗和康复功能，实现基本医疗功能的基础上，采取不同的布局方式形成的空间组合。其布局原则意在优化老年人群日常诊治、检查化验、康复训练、护理保健等流线组织，提升医疗单元的空间品质。便捷的医疗就诊路线、清晰的空间布局形态能使老年人方便、有序地进行医疗康复活动，为老年群体提供便捷的医疗康复需求，从而提高养老建筑医疗康复功能的效率。

目前，医养模式下养老建筑中医疗单元的布局形态通常以"走廊式"布局与"庭院式"布局为主。

（1）"走廊式"布局。走廊式布局是医疗单元最常见的布局形态，其将诊疗功能空间与理疗功能空间沿中央走廊两侧依次排列，形成"一字形"尽端式活动空间。其中相对类似的功能临近布置，尽可能地缩短老年人的就诊路线。走廊式的布局形态使得整个医疗功能体系连贯紧凑，便于医护人员的管理与服务。为了避免空间呆板而缺乏灵活性，布局应把握宜人的空间尺度，优化空间设施环境，建筑细节应采取适老化处理，以营造舒适氛围。

（2）"庭院式"布局。庭院式布局是以"口字形"的走廊串联各个功能空间，中间设置庭院的布局模式。该模式相较于"走廊式"布局而言，景观视野良好，功能分区明确，庭院将绿色景观引入老年人医疗诊治及康复训练的就诊环境中。但是，这一布局形态需要加强路线的合理化设计，标识应清晰，避免占地较大、部分房间朝向较差、路线较长等问题，从而营造出亲切自然的景观氛围。

（三）活动空间设计

1. 交往空间的设计

老年人由于交往活动的不同，其对交往空间呈现出多元化、多层次的需求。例如，门厅、接待厅、中庭及庭院空间属于公共交往空间，老年人在此进出、等待及会客交流；集中餐饮区、休闲室属于半公共交往空间，老年人在此处活动、就餐、聊天等；走廊及楼（电）梯间等交通空间属于半私密性空间，老年人通常在此进行短暂的交谈、打招呼等。下面就交往空间中的接待空间、餐饮空间及交通空间这3个层面来论述医养模式下养老建筑中交往空间的设计。

（1）接待空间的设计。

①门厅空间。门厅空间是出入养老建筑的枢纽，也是建筑空间中人员流动最频繁、最活跃、最富有生机的空间。若要提高门厅的空间品质，在设计中应注意以下两点：首先，门厅空间需要满足交通、缓冲、接待、休息等多项功能，应注重功能空间的有效划分。门厅设计应当注重对入口门厅的尺寸控制及空间的有效划分。另外，应根据老年人的人体工学特征，合理把控空间尺寸，在设施细节中做出适老化的处理。其次，门厅空间应提高舒适性与便捷性，并合理运用自然元素，如引入自然光线、

布置绿色植物、设置舒适座椅来提升门厅空间的环境品质，营造老年人交往场所的温馨氛围。

②中庭空间。中庭空间对老年人具有较强的吸引力，可以满足老年人对于自然环境和绿色景观的追求向往。其不仅是老年人接近自然空间最直接的方式，也可以满足老年人聚会、闲聊等交往活动的要求。因此，静雅、休闲、绿色的中庭共享空间是医养型养老建筑的特色和亮点。为了提升中庭空间的品质，设计人员在设计时应确保其位置的合理性、空间的开放性以及与植物景观的相互结合。

首先，合理的中庭位置可以串联整个交往空间，使老年人的方向感更加清晰。中庭空间通常临近门厅布置，形成连续的、多变的、有层次的交往空间。

其次，中庭空间应尽量满足其开放性，采用转角处开放、单侧开放等多种开放形式来确保老年人视线的通透和空间亮度。当必须采取完全封闭时，需利用顶部采光来保证中庭空间的通透性，从而使内外环境相互渗透，为老年人提供良好的视野和优美的景观。

最后，中庭空间应配置适当的绿色景观，构成中庭环境中的视觉中心，增加空间的生机与活力，在满足休闲功能的同时，吸引老年人在此进行交往活动。

（2）餐饮空间的设计。养老设施中的集中餐饮空间为老年人提供日常餐饮服务。与养护单元中的就餐区相比，集中餐饮空间是养老建筑中老年人交往频繁的区域。因此，其环境影响着整个养老设施的空间品质。为了保障餐饮空间的便捷、舒适，设计时应考虑以下两点：首先，为了方便老年人就餐，集中餐饮空间应与养护单元临近，餐饮空间的服务半径和路线长度应适度。其次，餐饮空间的就餐环境应确保明亮、舒适、温馨，满足老年人就餐、闲聊、观看节目等交往活动需求。

（3）交通空间的设计。走廊、楼（电）梯间等均为活动空间中的交通空间，下面以走廊空间设计为例，探讨交通空间中的设计。

走廊保障了养老设施中人群的疏散和通行，在活动空间中属于半私密空间。对于老年人而言，走廊空间可以作为居室空间的延伸，当外界自然条件不佳或老年人由于自身健康问题受到限制时，可以选择在走廊空间中聊天交流，甚至做一些简单的运动来锻炼身体。因此，走廊空间在设计时，需要设置休息空间与停留空间，如结合老年人身体机能及行为模式的特点，将走廊进行加宽处理，并设置一些可供老年人在此处停留、休息、交流的设施。此外，设计人员还需要从无障碍设计原则、适老化处理、安全疏散等角度来针对老年人的交往需求，对走廊的设计进行优化处理。

此外，电梯等候厅也是养老设施中人流密度较大的公共活动场所，因此，适当加大电梯等候厅的宽度，并在此设置休息座椅，既能保障介助型老年人等候电梯时的安全，又能促进了老年人群与医护人员的沟通互动。

2. 娱乐空间的设计

（1）棋牌室。棋牌室是娱乐用房中使用频率较高的活动空间，棋牌属于动态娱乐行为，老年人在打牌下棋时常会发出喧嚣嘈杂的声音。因此，棋牌室常与室外活动场地相结合布置，并且临近亲情网吧等人流来往较为频繁的场所。此外，棋牌室应保证充足的自然采光，棋牌桌椅四周过道作加宽处理，从而满足介助型老年人轮椅回转的空间要求。

（2）阅览室。对于老年人而言，阅读是养老生活中精神生活的一部分，他们在阅读中可以了解外界信息、增长知识，从而实现"老有所学"的养老宗旨。与棋牌室相比，阅览室属于静态活动空间，其设计宗旨是使老年人可以在获取新知识的同时享受到身心的愉悦与放松。因此，阅览室在设计时应选取合理的位置，当与动态空间临近时应采取隔音措施。此外，阅览室内应有良好的自然采光，必要时可以增添室内外的绿化元素，为老年人营造温馨、柔和、舒适的阅读氛围，从而提升阅览室内的空间品质。

（3）书画室。书画室的设计要求与阅览室极为相似，都应确保充足的采光与良好的通风，以及相对较为安静的场所环境。养老建筑在布局中通常将这两个功能空间临近布置，必要时也可利用公共部分的共享空间结合布置，如可将阅览室的借阅区与书画室的作品收藏区进行并置，休息区与报刊区并置等。此外，书画室房间内应设置洗涤区，在布置上应留有展示书画作品的实墙面。

四、适老化设计

（一）交通空间的适老化设计

1. 电梯的适老化细节

由于服务对象的多样性与特殊性，因此，医养模式下养老建筑垂直交通中的电梯设计应分为医用电梯、货梯和客梯 3 种类型，并且，医用电梯和客梯均应采用无障碍设计，其要求如下设计：

（1）无障碍候梯厅的宽度不应小于 1.8 m，电梯门洞外口宽度不应小于 0.9 m，对于医疗建筑和老年人建筑而言，电梯的尺寸要适应担架及病床的尺寸，深度不宜小于 2 m。

（2）轿厢壁在离地 0.9 m 和 0.75 m 处有扶手设置，在 0.9 m 至 1.1 m 之间设置盲文选层按钮。电梯在上下运行时，应有清晰的显示和报层音响，且运行速度不应超过 1.5 m/s，从而降低心脏病和高血压老年人乘坐电梯时的不适感。

（3）电梯门应有特殊标识，在增加趣味的同时满足老年人对公共交通空间可识别性的需求。

2. 楼梯的适老化处理

楼梯的无障碍设计主要体现在楼梯踏步和扶手的设计上。首先，就踏步设计而言，由于老年人的平衡感弱、行动缓慢，因此，踏步的前缘应保持平行等距，下方不得进行镂空处理。其次，楼梯应选用缓坡楼梯，梯段不应过长或过陡。踏面宽度应为 320 ~ 330 mm，高度应在 120 ~ 130 mm。最后，踏面的前缘宜设置高度不大于 3 mm 的异色防滑警示条，向前凸出的范围不应大于 10 mm。

对于楼梯间的扶手设计而言，楼梯应采用圆形的扶手，沿楼梯两侧连续安装，使老年人可以根据自己双臂用力的习惯借助扶行，同时可以确保老年人在楼梯间相遇时，可以安全地相互避让。此外，楼梯的梯井不宜过大，防止老年人产生恐高、眩晕的感觉以及跌落的风险，并在轮椅可能接近的梯段内设置立杆防止轮椅跌落。此外，楼梯需要在梯段两侧添加扶手，适当地加大休息平台深度，从而有利于担架的通行。

（二）居室空间的适老化设计

1. 门厅空间的适老化设计

门厅在居室中所占面积不大，但使用频率较高。其可分为准备区和通行区，必要时还应划分轮椅暂放区与更衣换鞋区。门厅应避免形状狭长、流线曲折，应有"开门见山"之感。此外，在门的选择上，对于行动不便的老人，应选择推拉门与声控门。另外，设计也要考虑把手的形式，必要时设置玻璃观察窗与防撞板，当设置推拉门时，应注意其轨道的设计细节。入户门门把手旁至少应留出 400 mm 的距离，方便轮椅使用者开关入户门。

门厅中的家具布置极为重要。首先，家具的布置应依老年人的活动程序优化布局，且宜采用低柜，保障门厅与卧室之间的视线联系，确保视线的通达，在必要时也可利用镜子的反射。

2. 卧室的适老化设计

卧室的设计在前面"养护单元设计"中已作了明确的说明。卧室的适老化设计还应在视线、声音、储藏及家具等方面进行斟酌。由于卧室对私密性、安全性与舒适度的要求极高，因此，适老化的处理应体现在适宜的空间尺寸、集中的活动空间、家具布置的灵活性上。室内应设置起夜灯与光感控制系统，满足老年人夜间起夜的安全需求。此外，床头旁应设置紧急救援系统，便于老年人有突发情况时在第一时间得到救援。

此外，对于床的细节处理而言，为了便于整理床铺和护理人员照护老年人，床应在卧室中三面临空放置。双人间应采用分床垫的设计，从而降低老年人因睡眠问题所带来的困扰。为了满足轮椅的通行需求，床周边应预留出至少 800 mm 的空间。

室内尽量选择天然环保的材料作为装饰材料，以确保老年人群的健康居住环境。而居室的阳台应避免存在高差，以便于使用轮椅的老年人安全通行。另外，良好的阳台空间可以促进老年人进行光浴（晒太阳）、呼吸新鲜空气，以及活动身体和聊天，不仅可以使老年人保持身心健康，更可以满足老年人群的交流互动需求。

3. 卫生间的适老化设计

卫生间在设计上应洁污分区，划分干湿区域，重视安全防护和通风要求。浴室空间适老化处理，是为了方便助浴服务的开展，从而方便介护型老年人的沐浴与护工助浴。洗浴间应该进行干湿分区的设计，在洗浴前设置前室空间，供老年人进行衣物的更换。此外，更衣室的空间大小应该满足储存衣物与更衣的需求，设置更衣座位，必要时增加横竖向扶手。浴室的地面应做好防滑处理，墙面设置圆形扶手，且盥洗池下方应留有可供轮椅使用者的操作空间。①

（三）其他细节的适老化设计

医养模式下养老建筑的室内细节处理应采取仿家居的空间布置，布置适老化家具，营造家庭化的环境氛围，使老人体会到家的温馨；因老人对于照明的要求不同，居室应注重光环境的设计，充分利用自然采光，并注意自然通风；由于失能、失智老年人的行动障碍和认知障碍，在台阶的起步、坡道、转弯、安全出入口等地方，显著而特殊的标识和简洁、牢固的构件可使老人有效地识别空间与环境；因为绝大部分老年人的辨色能力随着年龄的增长而降低，其对于红、橙、黄等暖色系较为敏感，因此，敏感色域可以在台阶的起步、卫生间的门、桌椅、安全出入口等空间局部用作提示等，加强场所的识别性，提升安全指数。而建筑内部的材料选择，应确保介护型老年人所接触到的材料表面平整、光滑，并符合生态环保要求，设计柔和，给人以温暖舒适的感觉。

五、环境设计

（一）颐养环境的营造

1. 景观植物的设计

颐养环境营造的首要要求就是要设计出"康复景观"，即营造出有利于老年人群康复疗养的环境空间。对于康复景观而言，景观植物的设计是其核心所在。景观植物的设计首先要根据基地所处的地理方位、气候环境、景观资源等因素进行选择，其次要根据养老设施的建筑形态及体

---

① 唐树斌.医养结合建筑设计的探讨[J].工程技术发展，2020，1（1）：15-16.

量进行筛选和搭配。

对于医养型养老建筑而言，景观植物应首先选取体型高大、枝叶茂盛、根系深广的景观植物，因为其不仅能调节室外环境的温度和湿度，还能减弱噪声，满足老年人群的静养需求，并随时保障基地内室外环境空气的清新，从而使老年人心情舒畅。其次，还应挑选一些低矮的地被植物和灌木与高大的树木进行搭配。这样不仅能丰富老年人的景观视野，更为其营造出宁静自然的丛林感环境，使其可以全身心地沉浸于这一环境中。最后，应选用一些具有药用价值的植物景观，建立"百草园"。这样不仅可以为养老设施带来经济价值，更可以丰富老年人的药理知识。在医养型养老建筑的环境设计中，引入药用植物增添绿色景观将会是选取景观植物的主流。

2. 小品设施设计

小品设施设计在建筑的外部环境中极为重要，因为建筑小品设计通常可为室外环境增添灵活性与趣味性，可显示养老设施所处地域的文化特色。此外，小品设施设计在环境布置中不仅起着美化的作用，更有着娱乐作用和实用功能。因此，小品设施的设计首先应满足功能的需求。

就医养型养老建筑的环境设计而言，建筑小品设施设计在选材上应尽量选择天然材料及可再生材料，其不仅可以满足人们的审美需求，并使其与环境相互协调，更重要的是可以提高人们的环保意识和保护自然生态的观念。此外，小品设施设计还具有寄托情感、传承历史、表达地域文化的作用，从而可以在颐养环境的营造中增添历史韵味与地域情怀。

（二）人文环境的塑造

与颐养环境相比较，文化环境的塑造更是医养模式下养老环境设计中体现出人文关怀和文化情怀的最直接表现，其宗旨在于营造人性化的空间氛围，以理性的分析和亲身的体验作为思考医养型养老建筑中文化环境塑造的切入点，探索文化情怀与环境设计之间的内在联系，从而实现文化、历史、环境与建筑的和谐共生。

1. 加入趣味元素，启发老年人的兴趣与活力

生动的图案、鲜活的色彩、丰富的摆设都是养老设施中的"趣味元

素"。趣味元素可以为养老建筑的空间环境带来活力，给老年人群提供精神世界的安慰与欢乐。合理地利用和布置"趣味元素"可以激发老年人的兴趣与活力。例如，在室外的道路上，可以用彩色的鹅卵石进行趣味组合，拼接成丰富有趣的图案。这不仅为室外活动中的老年人带来了活力感受，更能激发老年人的兴趣和新鲜感，使他们自发地聚集于此，在鹅卵石上行走，从而达到按摩、锻炼的效果。

2. 加入文化元素，引发老年人的回忆

医养模式下养老建筑的环境设计需要结合老年人的生活模式与文化背景，塑造能够引发老年人文化认同感的人文环境。尤其对于失智老年人而言，环境的设计应塑造出这类老年人群体较为熟悉的环境氛围，从而激发老年人对环境的亲切感和认知力，即在引发老年人回忆的同时增强对自我的认知。例如，室外场所可以布置能够引发老年人回忆的设施，如复古式的灯、邮筒及座椅，使庭院空间具有文化气息和历史韵味，使老年人群可以集聚在此交流交往、相互畅谈昔日的岁月年华。此外，还可以根据养老设施所处地域的风俗文化打造独具地域特色的文化环境，如布置具有地域特色的标志性小品设施，唤起老年人们对于自身所处地域的认知度，从而激发老年人们的乡土情怀和对文化的认同与向往。

第三节　医养导向下养老建筑设计实证

一、项目总体情况

南京江宁沐春园护理院位于南京江宁区高新园内，其管理与运营主要由江苏省老年医院负责，是我国"十二五"规划时期设计的以"医养结合"为服务模式的机构型养老设施。沐春园护理院所面向的人群较广，既面向自理型老人，也接收介助及介护型老人，为其提供专业的生活照料、起居活动，以及医疗康复等一系列的医养服务。其中"医疗康复"的服务主要依托江苏省省级机关医院，即江苏省老年医院，从而满足设施内老年人群的急病救援、慢性病康复以及重病诊治等多方位医疗需求。

南京江宁沐春园护理院目前占地约 54000 m²，总建筑面积约

58500 m²，规划设计床位 1 112 张，已开放床位 684 张。全院配备了完善的医疗设施、康复设施、活动设施与生活设施，满足老年人群"老有所养、老有所医、老有所乐"的需求。在设施的分类上，由于其通常可以自主解决老年人一系列的医养需求，因此，被划分为整合照料型的养老建筑。其以老年人为中心，充分发挥设施中"医疗、康复、养护"的配备优势，成为集老年人"养护、医疗、康复、娱乐"等功能为一体的"医养结合"型养老建筑（图 5-19）。

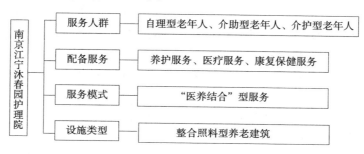

图 5-19 南京江宁沐春园护理院概况

二、项目的选址分析与规划布局

（一）选址分析

南京江宁沐春园护理院的项目基地位于南京市江宁区高新园内格致路，基地周边为南京交流培训中心、南京交通职业技术学院、江苏海事职业技术学院，处于大学城内。此外，其距离南京地铁 1 号线的南京交院站大约 1 000 m，交通较为便利，且建筑周围视野开阔，景观良好。

由此可知，江宁沐春园护理院在选址上的新颖之处在于其建设于大学城内，由于大学城中的居住主体是充满活力的大学生，而老年人群所向往追求的就是生活的动力与蓬勃的朝气，其或多或少地会受到周边大学生们的影响，从而增加其对于生命活力的渴望，以此来保持积极乐观的心态。此外，项目基地周边交通便捷，有助于老年人群的外出活动，也便于其亲朋好友的探访，在满足其情感需求的同时，能增加老年人之间的交流与互动。

（二）规划布局

南京江宁沐春园护理院项目场地位于格致路的北面，主入口设置于场地的最南侧，即格致路北面的路段。场地被划分为一期建筑用地与二期建筑用地，其中一期建筑已全部开放，在布局上采用分散式布局，根据老年人的自理能力与健康状况分区布置，其大致被分为自理区老年公寓、介助区老年公寓、介护医疗颐智中心、餐饮商业区这4个板块。其中建筑共有6栋，分别为3栋自理型养护公寓、1栋介助型养护公寓、1栋康复介护医疗颐智中心和1栋餐厅及商业服务中心，且建筑均为6层。

此外，各建筑之间由风雨走廊相互串联，在加强建筑之间功能互动的同时可保障老年人在阴雨天气外出或就餐时的安全。场地内道路平坦整洁，景观植被丰富，健身设施与休息座椅配备完善，为老年人提供了舒适安全的活动场所，使其在日常休闲活动的同时，增加老年人之间的交流与互动，从而满足老年人情感的需求。

三、护理院医养功能的配置与整合

南京江宁沐春园护理院为整合照料型养老建筑，是集老年人"养护、医疗、康复、娱乐"等功能为一体的养老设施。其养护体系与医疗体系相对独立，设施配备较为完善，功能的配置较为全面，可以同时实现老年人群的"老有所养、老有所医"。

（一）养护功能的配置

沐春园护理院养护功能的配置如图5-20所示。

配置空间	现状分析
老年人居室	居室朝向、采光通风良好，双人间居多
护理站	为老年人提供日常的照护管理、健康监测与备餐服务
活动空间	设置单独的公共活动区域，为老年人提供交流与餐饮的场所
配套设施	护理站配套空间、公共浴室、洗衣房、卫生间、储藏室

养护功能 →

图5-20　沐春园护理院养护功能的配置

沐春园护理院的养护功能主要为老年人提供日常生活的监管与照料，其中"养"体现在满足老年人的日常起居与休闲娱乐需求上，居住功能所占比重较大，多数老年人长期在此居住生活。而"护"体现在对老年人进行健康管理与医疗监护上，即设置护理站及其配套设施，也是"医养结合"型养老建筑中"疗愈性"的体现。

（二）医疗功能的配置

沐春园护理院医疗功能的配置如图 5-21 所示。

配置空间	现状分析
老年人诊室	7间内科诊室、2间外科诊室
抢救处置区	2间抢救室、1间处置室
药房	中医药房、西医药房，结合无障碍设计，避免日光直射
检查化验室	心电图室、B超室、X光室、化验室、1间采血室
治疗观察区	1间输液室、1间注射室
临终关怀室	1间临终关怀室
配套服务	挂号室、收费室、等候室、库房
康复区	1间物理治疗室

医疗功能 ←

图 5-21 沐春园护理院医疗功能的配置

沐春园护理院所配备的医疗功能可以提供针对老年人的日常检查、疾病治疗、康复护理服务，从而实现"老有所医"。当出现突发情况或疑难重症时，老年人会被转送到江苏省老年医院，进行后续的治疗与观察。此外，沐春园护理院的医疗功能自成体系，独立运营，且对外开放，可以同时满足周边设施老年人群的就医需求。

（三）医养功能的整合

沐春园护理院中老年人的养老方式主要是在老年公寓中进行日常的生活起居与娱乐活动，必要时去医疗单元进行疾病诊治和康复锻炼。老年人在老年公寓中发生紧急情况时，将被送往沐春园护理院的康复医疗中心进行诊断、急救、处置，若病情超出了其医疗水平时，将会及时送往江苏省老年医院进行后续的治疗。由此可知，对于沐春园护理院而言，各类老年公寓中的护理站是医疗功能与养护功能整合的关键，它要对老年人进行日常的健康监护，从而保证老年人在突发疾病时可及时送诊与抢救。此外，护理站也会根据医嘱完成老年人的药物配备、生活护理，以及健康档案的建设等一系列的服务，因此，它是医疗区域与养老区域之间的连接枢纽（图5-22）。

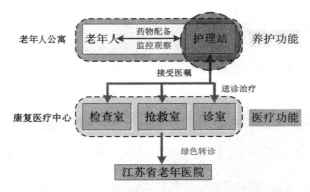

图5-22　沐春园护理院医养功能整合示意图

四、护理院自理型养护单元的设计

沐春园护理院自理型养护单元采用单廊式布局，老年人居室间采用单廊形式进行串联，辅助服务空间设置在走廊两端，护理站设于相对居中的位置，并控制好服务半径。这种生活走廊式的连接，一方面可以较好地提升自理型老人居室的私密性，另一方面当养老院设施与其他设施进行分层或分区并置时，也可以最大限度地将各类公共活动空间进行多方共享，提升空间的使用效率。此外，自理型养护单元的居室均为双人间居室，居室内卫生间、淋浴设施配备完善。

沐春园护理院3栋自理型老年人公寓的养护单元的一层均为公共活动中心，满足老年人日常的休闲娱乐与交流交往需要，这里还设有书画室、阅览室、棋牌室、公共交流区等，其布置满足动静分区的要求。

第六章　山地度假型养老建筑设计

第一节　山地度假型养老建筑理论概述

一、山地度假型养老建筑的相关概念

（一）度假型养老模式的概念

我国经济学家于光远对旅游度假的定义是"现代社会中居民的一种短期性的特殊生活方式，这种生活方式的特点是异地性、业余性和享受性"。

随着经济和社会的发展，越来越多的老年人愿意通过异地度假这种方式来享受自己的晚年生活，他们不仅去环境更好、气候更适宜的地区居住，体验各种不一样的风土人情，还在度假的过程中结识新的朋友，在开阔眼界的同时，让自己生理、心理得到满足。

度假型养老可以定义为老年人在一定时间段内（一般为一个季度至半年）离开居住所在地，去其他环境优美、气候条件更适宜的地方进行休闲度假、旅游观光等活动，并在度假的同时进行养老，以此丰富自己的晚年生活，增添新的生活乐趣。①

度假型养老具有以下几个特征：第一，重游率较高；第二，可减轻子女亲身照顾的负担；第三，相对于度假旅游来说节奏更慢，休闲时间更为充裕；第四，环境更好，养老品质更高；第五，时间相对于一般机构养老更短，具有临时性，老年人的度假型养老时间一般为一个季度左右，但是在适当地区可以从春季待至秋季，长达半年之久，老年人的居住地点具有不固定性。

（二）度假型养老建筑的概念

度假型养老建筑可以定义为在一定时间段内专门为老年人提供度假型养老服务的、能让老年人在其中体验各种休闲度假活动的养老建筑。它选址于环境优美、气候合适的地区，不仅以满足老年人的生理需求为根本的设计原则，还为满足老年人的心理需求而有更多的人性化设计，目的是给老年人提供健康的居所和舒适的交流活动空间，让老年人在度假过程中进行休闲养老。

（三）山地度假型养老建筑的概念

1. 山地建筑的概念

山地建筑通常指的是在山地环境中依势而建造的建筑。山地建筑3个基本要素有山体、环境、建筑。处理好人工建筑物与自然景观之间的关系，是成功设计山地建筑的关键。

2. 山地度假型养老建筑的概念

山地度假型养老建筑是位于山地地区，以山地自然景观为主、以山川人文景观为辅而修建的，为老年人提供休闲旅游、度假居住服务的养老设施建筑综合体或建筑群。度假型养老是传统的居家养老和机构养老的一种补充，为不同养老需求的老年人提供新的养老选择，老年人一般在这种度假型养老建筑中居住3～4个月，一般以夏季为主，在一些气候环境更为适合的地区，可以居住长达半年之久。面向的使用人群一般

① 顾工，李静，孙安其.山地度假型养老建筑设计探析[J].中国住宅设施，2019（10）：46-47.

为经济条件较好、对养老品质有更高要求、身体较为健康的自理型老年人。不同于一般的度假建筑，这类建筑是专门为老年人设计的养老建筑，需要符合养老设施建筑的各种规范，从老年人的心理、生理需求出发而规划和设计的。

二、山地度假型养老兴起的社会因素

（一）老年人的使用需求

老年人作为山地度假型养老建筑的主导使用者，是山地度假型养老建筑设计的目标人群，他们被山地自然环境所吸引，选择来山地风景区度假养老，才产生商机，使投资者建设山地度假型养老建筑。宜人的气候、优美的自然风光、良好的生态环境和丰富多样的度假活动，让老年人有了度假养老的需求。

1. 宜人的气候

宜人的气候是吸引老年人进行度假养老活动的重要因素，山地度假不仅能让老年人生理需求得到满足，缓解、治疗一些慢性疾病，也能让老年人放松心情，调节老年人的心理。山地环境尤其是夏季的凉爽气候深受老年人喜爱，不用开空调就能获得自然舒适的温度，因此，对于经济条件较好的老年人来说，山地度假型养老是一个不错的选择。

2. 优美的自然风光

度假养老与一般的旅游度假不同，优美的山地自然风光自古就是老年人所向往的，而且中国山地文化内涵结合自然风光，更是让人心驰神往。景观因素是建设山地度假型养老建筑最重要的因素，只有优美的景观环境才能吸引大量老年人来此度假养老。

3. 良好的生态环境

山地区域生态环境较好，空气清新，相对于城市生态环境，山地风景区更能提升人们的生活品质，安抚人们紧张不安的情绪。山林是天然氧吧，远离污染，为了健康养老，越来越多的老年人选择山地度假型养老，这是山地度假型养老相较于其他养老模式的一大优势。

4. 多样化的户外度假活动

山地度假型养老能为老年人提供更多的旅游度假养老活动，如适当的登山运动和可陶冶情操的园艺活动。无论"动""静"的活动类型，山地度假型养老建筑提供的度假养老活动适合于有多种兴趣爱好的老年人。度假活动能够给老年人提供更多的交流机会，这种交流不局限于同龄老人，而是面向各个层次年龄的人，所以，山地度假型养老建筑也可以设计为混居的建筑形式。

（二）政府的政策鼓励

为丰富养老模式，我国已经有很多政策鼓励"候鸟式"的度假养老方式，如《上海市养老机构条例》就对度假养老机构以及这方面的养老地产有一定的鼓励政策，而国家对于山地开发建设也有很多鼓励政策，主要原因包括以下两个方面：

1. 拓展生存空间，节约土地资源

为解决土地资源分配问题，我国出台很多政策鼓励适度开发山地，保护耕地。我国三分之二的面积是山地，空间资源巨大，修建山地度假型养老建筑能在有效的空间范围内创造更大的社会价值。

2. 促进区域经济的协调发展

山地区域经济往往落后于大城市，即使有丰富的资源，当地的经济依旧难以得到质的提升，山地度假型养老建筑的开发，可以提高当地的就业率，从而促进当地乡村、城镇的发展，养老设施中的医疗保障用房建设还可以提升当地的医疗条件。同时，政府部门实施的相应政策能够引导资金开发山区的各种资源，促进区域统筹发展。

第二节　山地度假型养老建筑设计策略

一、基地选址

（一）景观环境及旅游资源因素与选址

景观环境和旅游资源因素是决定山地度假型养老建筑基地选址最关键的因素，优美的山地景观环境、有特色的旅游资源是吸引老年人常年定期到此进行度假养老活动的保障，因此，著名的山地旅游度假景区内或其附近更适合修建山地度假的养老建筑。例如，为老年人提供度假疗养服务的疗养院一般位于风景区内，其周边有丰富的景观资源和旅游资源。

当然，选择山地旅游度假景区及附近区域有时会受到一定的条件限制。例如，在一些国家政策及上位规划的影响下，有些山地旅游度假区限制相关类型建筑的过度修建。有时还需要考虑建设成本等经济因素，一般旅游度假景区及周边土地价格往往较高，这些都对在这类区域修建山地度假型养老建筑有一定的影响。因此，也可以选择景观环境较好，但不属于旅游景区的山地区域修建山地度假型养老建筑，但该山地度假型养老建筑需要通过一些其他的方式提升自身对老年人的吸引力，如临近老年人生活的城市，或者提供更为优质的服务、更舒适的居住空间及更丰富的休闲活动设施等。

（二）自然条件因素与选址

对于新建的山地度假型养老建筑的基地选址问题，自然条件因素是最为重要的因素，而自然条件因素中的地质条件、地形地貌和气候条件对山地度假型养老建筑的基地选址影响最为明显。对于改建的山地度假型养老建筑来说，选址时最需要关注的是自然条件因素中的地质条件、地形地貌和气候条件这几个方面。

1.地质条件

山地区域的地质条件决定了山地度假型养老建筑的安全性，这是在建设之前需优先考虑的问题，地质条件决定了基地对建筑的承载力和建筑最终的稳定性。山地自然条件较平地更为复杂，不同区域的地质状况又有所不同，地质状况差的地区（如一些熔岩地区或者湿陷性黄土地区）在山地自然环境中较多，这些区域都不适合修建山地度假型养老建筑。而且，有些区域虽然可以建造建筑物，但临近区域地质条件容易发生自然灾害，就不得不重新考量。老年人逃离灾害的能力不如年轻人，为避免地质条件对建筑造成不良后果，设计选址之初需按国家规范取得地勘报告，和地质专家协同合作，依据地质好坏分布状况来谨慎选择建设用地。

2. 地形地貌

地形地貌对山地度假型养老建筑选址来说也有很大影响，地形地貌决定了建筑的布局和空间的营造，并不是所有的地形都适合建造山地度假型养老建筑。研究山地的坡度和山位特征是研究地形地貌的主要内容，合适的坡度和山位决定了选址区域建造山地度假型养老建筑的可行性，也决定了能否实现建筑与山地环境生态系统的和谐共处。

（1）坡度问题。从理论上来说，所有的坡度都可以修建山地建筑，但是修建山地度假型养老建筑还需要考虑老年人的活动，而且需要考虑救护车和消防车的通达。首先，地形坡度会影响山地建筑建设的填挖方量，从而影响建设成本，且山地区域的地质生态环境往往比较脆弱，如果选址不当，增加工程量而引起的过度开发建设会破坏生态系统的平衡，更严重的可能会引发自然地质灾害。其次，过大的工程量可能会引起其他的不良后果，如水土流失、侵蚀等。

根据对山地建筑的研究，坡度在 3% 以下的平坡地上，建筑和道路可以自由布置，可以通过坡道解决高差问题；在坡度为 10% ～ 25% 的中坡地，建筑和车行道的布置受到较大影响，尤其是车行道无法完全垂直等高线布局，但是通过一定的设计，车行道依旧可以贯穿于基地和建筑，形成较为完整的联系。这种地形中，建筑宜根据等高线布局，同时步行系统需要设置阶梯或坡道来解决高差问题；坡度在 25% 以上的陡坡地和急坡地，建筑和外部车行交通受到地形很大的限制，无法建造救护车、医疗车及服务车辆能直接到达老年人居住和活动的建筑前的通道，且基地中的步行系统需要设置较多的坡道和阶梯，不适合老年人的行动，这种坡度的基地显然不适合规划建设较大规模的山地度假型养老建筑。

　　来山地度假养老的老年人往往行动能力相对较好，且高差区域可以设置一定的无障碍设施来解决老年人室外活动的问题，根据以上分析，在选址时，应选择坡度小于 25% 的场地修建山地度假型养老建筑（图6-1），这样的场地有利于保证老年人的安全，方便老年人的步行活动，方便救护车和消防车的通达，且外部空间设计后也不易让老年人在心理和生理上产生不舒适感。

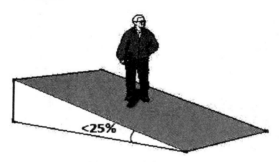

图6-1 适合建设山地度假型养老建筑的坡度

　　对于新建的度假养老建筑来说，最为合适的选址区域坡度为 3%～10%，这种场地能方便布局人行道和车行道，并且能够较为自由地规划布局建筑，让建筑有更好的采光和通风条件，还能较易设计出便于老年人室外活动的场所。山地地形环境复杂，这种坡度的场地在山地自然地形中可能无法大片存在，因此，若条件允许应尽量选择坡度在 3%～10% 的基地，或者在填挖方量不大的情况下，尽量把建设用地改造成这种坡度或者将主要的老年人居住活动区域用地改造成合适的坡度，基地中存在的其他坡度较大的地形则可用来建设辅助用房、营造山地景观或建成其他步行交通梯道。

　　（2）山体位置问题。在山地环境中，山体位置的差异影响着景观面的好坏和场地的利用率，也决定了该场地的日照和通风的基本情况，从实际建造角度来说，更是影响道路交通和基础设施的接入和建设，表6-1为不同山体位置对建筑的影响分析，根据分析，最适合建造山地度假型养老建筑的山体位置为山腰或山麓部位。

表6-1 不同山体位置对建筑的影响分析

名　称	位　置	情　况	优　势	注意事项
山顶		不合适	景观条件好，日照、通风条件好	基础设施接入难度大，场地空间局促，建设难度大
山腰或山麓		最合适	景观条件好，场地较为开阔，基础设施、道路接入容易，生态稳定	采光、通风条件较好，需要设计排水，尤其是山脚部分需注意防止滑坡问题
盆地、山谷		较适合	景观独特，场地平坦，基础设施容易接入	微气候不如山腰地舒适，通风不好，需要更多考虑防洪、建筑通风等问题

　　山顶地段的用地较为局促，既不适合布局功能丰富的建筑群落，也不适合设计多样的老年人室外休闲活动场所，而且山顶地段的道路交通和基础设施修建难度和成本较大，且一般山顶区域气温较低，即使自然景观好，依旧不适合修建山地度假型养老建筑。

　　山腰或山麓地段视野开阔，日照、通风条件良好，宽阔地较多，景观视野通透，且便于基础设施的接入，集合以上几点，选择坡度较为平坦的山腰地段建设山地度假型养老建筑较为合适，如庐山上的一些老年人度假养老建筑就建在此类山位区域。

　　盆地、山谷地段地势相对平坦，而且拥有各自独特的山地景观，是建设山地度假型养老建筑的较为理想区域。在这类山位区域建设山地度假型养老建筑可以根据不同的设计方法营造出不同类型的室内外空间，而且道路交通和基础设施问题也易解决，但是要考虑两山之间谷底的预防山洪问题和气候问题，日照、通风状况的影响使得一些位于此类山位区域的基地并不适合修建养老建筑。

　　3. 气候条件

　　区域气候条件是老年人选择进行山地度假养老所重点关注的，宜人的气候对老年人的身体康复及调养有很大的帮助，尤其是对舒缓、治疗一些有呼吸道疾病的老年人。山地夏季凉爽，是吸引老年人入山度假养老的重要原因，老年人一般在初夏时分入山度假养老，时长为3～4个月，甚至在气候条件更好的地区待至半年之久，山地度假型养老建筑较为合适的选址区域夏季平均温度应在 24 ℃左右，春、秋季节平均温度应在 20 ℃左右。

（1）日照。养老设施建筑对日照有一定规范要求，而度假养老建筑需要给老年人提供较一般养老建筑更适合的日照环境，包括秋季更充足的日照和夏季适当的日照，以免影响建筑的舒适度。一般情况下，应该选择日照较长的南坡建造建筑，避开日照时间短的北坡，夏季防晒隔热问题可以通过景观和建筑的设计来解决。

（2）通风。根据对山地环境的通风状况分析，迎风区的气象流动方向和山体等高线垂直，选择这一区域建造度假养老建筑可以最大程度地利用自然通风，再通过建筑的布局调整来调节风量，为老年人创造更为舒适的环境。顺风区的气流运动方向和山体等高线平行，建筑的布局需要与等高线倾斜，甚至垂直布置才能利用风流，建筑布局难度加大，在选择这些区域作为山地度假型养老建筑的基址时，就需要更全面细致地分析风向和风量情况。此外，能形成局地环流的山坡和一些谷地也是建设山地度假型养老建筑较佳的位置区域。

（3）湿度。由于山地有些区域多雨潮湿，老年人的生理状况决定其在湿度大的条件下会感到不适，所以尽量选择湿度较小的山地区域，如山势较为平缓、场地较为开阔的区域。从总体来说，湿度不是气候条件问题中的重点问题，老年人在山地度假养老的时节多为干燥炎热的夏、秋季节，山地度假型养老建筑所在的山地区域湿度状况并不会对老年人身体有太大影响，在湿度最大的早晚时分，老年人的活动主要集中在山地度假型养老建筑内，可通过建筑技术解决湿度过大的问题。

（三）基础设施条件和配套服务设施与选址

基础设施的接入主要包括供水供电及通信系统等市政工程的接入，这关系到老年人在山地度假养老时基本的生活保障。基地周边基础设施条件的好坏及接入的便捷性不仅影响老年人的基本生活，也影响山地度假养老建筑的建设成本，因此，基地在选址时要尽量选择方便接入市政管网的区域，最好附近有城镇，这样可以通过利用城镇基础设施资源以

节约成本，也能减少后期老年人的生活费用，从而减少老年人的度假养老成本。

配套服务设施包括医疗服务机构等公共服务设施，对于山地度假养老建筑的选址问题，医疗机构和其他服务设施的距离远近也是需重点考虑的因素之一。例如，老年人在山地度假活动中突发疾病，而小规模的山地度假型养老建筑中的医疗单元往往只能提供一般疾病的救治服务，由此可见，山地度假型养老建筑的选址应该考虑在突发状况下，老年人能否更为便捷地到达附近城镇的医疗服务机构就医的问题。

考察基地附近是否有良好的公共医疗机构，也能帮助确定建设的医疗保障用房的规模，节约建设成本。当然很多新建山地度假型养老建筑就依托于周边已建成的较好的医疗机构，如日本山恋老人之家和中国台湾的长庚养生文化村等。

基础设施和配套服务设施建设所耗费的资金占山地度假型养老建筑建设总投资中相当大的一部分，因此，在山地度假养老建筑的选址过程中，需要考虑最为经济有效的基础设施投入，依托周边城镇是最好的方式。

二、规划布局

（一）宏观层面——总体分析

山地度假型养老建筑包括老年人居住用房、医疗保障用房、服务用房和活动用房等，由于山地自然环境的影响和约束，一般情况下，山地度假养老建筑往往以建筑群落的方式分散布局，而不是建成一个大体量的包含各类功能的综合体。各种山地度假型养老建筑之间的功能联系，是山地度假型养老建筑群布局的基础，同时建筑的布局也受到自然环境和当地文化的影响。山地度假型养老建筑的规划布局应多考虑老年人的养老需求，方便老年人的生活及活动，做到人与自然和谐发展，实现养老与度假二者密切结合。

1.区位分析

山地度假型养老建筑主要依托于旅游资源和景观资源丰富的风景区，

区位分析主要研究和周边旅游区的关系，和周边大城市的关系，以确定人流量，为之后确定项目规模提供一定的依据。

2.配套设施分析

设计人员需要调查基地周边基础配套设施的建设情况，需要对商业、文娱、医疗等设施的建设状况有一定的了解，根据周边配套服务设施的数量和服务半径，确定需要规划建设的山地度假型养老建筑所包含的服务功能，可适当利用原有的配套服务设施，避免重复建设；若基地范围内缺乏相应的服务配套设施，还需要根据基地的现有情况来考虑如何布置相应建筑。例如，主要为老年人度假养老服务的江西省庐山疗养院，在其附近不到100 m就有一所与其签订好老年人医疗服务的医院，这就使其不用再重复建设功能齐全的医疗保健用房，而只需要配套一些医疗值班室即可。

3.交通分析

交通分析主要针对场地原有道路进行分析，通过交通分析可以确定建筑的主要出入口和道路的大致规划方向，从而为之后建筑的规划布局提供设计依据。在山地环境中，山地度假型养老建筑的规划布局必须将建设用地和原有交通线路联系起来，表6-2为山地度假型养老建筑基地原有道路利用分析，其中需要根据老年人步行道路的设计要求判断一些小路是否能够改造成适合老年人活动的步行道。

表6-2 山地度假型养老建筑基地原有道路利用分析

道路特征	利用方式
宽度为4～8 m，坡度小于9%	可作为外界进入基地的车行道路或贯穿基地的车行道路
宽度为1.5～4 m，坡度小于25%	可改造成主要步行道路的基道，部分区域设置阶梯和无障碍设施解决高差问题
宽度为1.5 m以下，坡度不限	依据实际情况，若坡度过大，超过25%，且地质条件不好的道路需放弃利用，转而改造成景观；坡度小于3%，宽度大于0.9 m，路径完整，则可以作为景观步道来改造

4.历史文脉分析

任何建筑的规划及设计都不能脱离当地的历史文脉，山地度假型养老建筑更是如此，山地度假养老吸引老年人的很重要的一点就是名山大川的山川文化。中国的山川已经不仅仅是一种自然景观，更是一种人文景观，设计前期对场地的历史文脉进行分析十分必要。例如，庐山地区的老年人度假疗养院不仅包含山地度假功能，还包含部分疗养功能，吸引老年人来此进行度假养老的很重要的一个原因就是它的所在地——历史人文色彩浓厚的庐山。庐山风景秀美，古代文人骚客在此留下了不少文化印记，来此的老年人都会不禁被这种文化氛围感染，产生提笔一书豪迈之情的冲动。

5. 确定项目建设规模

山地度假型养老建筑在规划设计之前首先需要确定建设项目的规模，之后才能根据建筑规模规划需要，确定建筑的面积和其他经济技术指标。山地度假型养老建筑建设于山地环境中，根据影响因素的研究，建筑多为分散式布局，人均面积相对于平坦地面上建设的度假养老建筑更大，因此在确定规模和等级时不再以建筑面积和场地面积作为标准，可以根据其他养老设施建筑规范，以使用人数作为建筑规模等级的划分依据（表6-3）。

表6-3　山地度假型养老建筑不同规模的功能要求

规模等级	人　数	功能要求
小型	小于等于100	满足基本的医疗保障需求；活动用房和公共餐厅可依附居住建筑设置
中型	101～250	需提供较为全面的医疗功能保障；活动用房和公共餐厅应单独设置，并且周围有一定的室外活动空间；配套足够的服务后勤人员用房
大型	251～350	需提供全面的医疗功能保障并提供一定的疗养功能；活动用房和公共餐厅数量根据使用人数适当增加；室外有较大面积的活动场所；后勤服务用房、老年人居住用房、医疗保障用房需要依据规划合理考虑总体布局

在其他经济技术指标方面，由于在山地环境中，绿化率可以适当增大，居住区域建筑容积率必须按照老年人居住建筑规范要求控制在0.5以下，建筑密度尽量小于20%，其他活动及服务区域建筑周边尽量增加室外活动场地。

（二）中观层面——功能分区

山地度假型养老建筑可以设置以下几个功能分区：养老居住区、辅助服务区和旅游休闲区。这三大功能分区之间通过学习交流空间、户外活动空间和健身休闲空间相互联系（图6-2）。

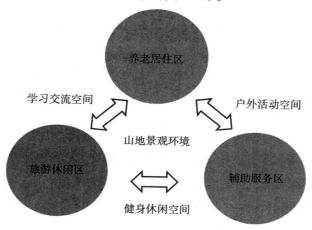

图6-2 山地度假型养老建筑功能分区图

养老居住区是最主要的功能区域，面积占比最大，其中主要布局建设适合于老年人在山地环境中居住的各种住宅类建筑，如养老别墅、低层养老公寓等，并且包含一些辅助用房和小的活动用房。养老居住区一般布局于基地内部较为安静的区域，这些区域景观条件最好，有车行道便捷通入。

辅助服务区主要布局各类为老年人提供度假养老服务的用房，包括医疗保障用房、商业餐饮用房、后勤管理用房，以及度假旅游大巴和救护车车库等，一般位于入口附近。

旅游休闲区是山地度假型养老建筑的核心区域，也是特色区域，包含老年人活动中心、老年学堂等娱乐康体文化建筑，也包括园艺种植、健身交往等室内外活动场所，一般布局在基地较为中心的位置，以方便居住区的老年人快速到达。

三大功能区的布置应互相渗透组合，而不拘泥于过分明确的功能分区，为方便老年人活动，若条件允许，应尽量用廊道连接相邻的单体建筑，使不同区域的功能单元形成一个整体，利用建筑和廊道围合的空间进行相应的外部空间环境的营造，尽量让室内外空间互相融合，以创造融于自然的适合老人养老的居住生活环境。

（三）微观层面——具体布局

山地度假型养老建筑各个区域的功能大致确定后，需要开始着手具体的空间布局，再考虑各个建筑单体的具体布置。山地度假型养老建筑的具体布局要从两个方面来综合考虑：一方面要契合山地环境，提出适合于山地环境的度假建筑布局；另一方面要从老年人的特点出发，设计出在山地环境中适合老年人居住、活动的养老建筑布局。

1. 契合山地环境的空间营造

山地度假型养老建筑属于山地建筑的一种，其总体布局要考虑整体空间的营造，建筑空间与山地环境空间需要达到一种契合，这样建筑才能融于环境，使得外部空间环境更加自然，主要的设计方法和注意要点如下：

（1）规划布局需要充分考虑等高线，积极利用地形环境。要想让山体的自然空间和建筑的空间相呼应，就需要充分考虑地形，使建筑体块和等高线产生一种联系，如贵州梵净山度假养老社区的居住用房设计依据原有地形，地形凹进去的部分围合为公共活动场所，而居住建筑沿着原有等高线布局，保留了原有山地空间的围合空间属性，并且居住建筑既有向心的景观面，又有发散的景观面，围合的公共活动场所作为组团的室外活动还具有一定的私密性。

（2）营造空间的动态性和趣味性。山地度假型养老建筑的外部环境中有很多的台阶、坡道等交通过渡空间，对于养老建筑来说，室内空间尽量平缓通达，而室外空间则必然错落有致、充满变化，这就形成了对比的动态空间，结合山地环境可以形成一种独特的山地空间趣味性。动态性和趣味性带来的新鲜感，也给老年人带来了不同于平地环境养老建筑的空间体验，山地度假型养老建筑在空间上独特的魅力，对老年人也有很大的吸引力。

（3）设计合理的空间形态。山地度假型养老建筑的空间营造，最终要落实到空间形态的设计上，合理的空间形态能将建筑融合于场地环境，形成适应于山地环境的空间布局，能给老年人提供丰富的活动空间。山地度假型养老建筑布局的空间形态类型如表6-4所示，这几种空间形态都可以用于山地度假型养老建筑的布局设计，也可以组合设计，需要根据具体情况灵活运用。

表6-4　山地度假型养老建筑布局的空间形态类型

空间形态类型	类型示意图	类型特征	运用说明
线性联系型		连接的线要素为道路廊道，将各单元用房串联起来	适合于各种地形、各种类型规模的山地度假养老建筑
踏步型		联系方式以步行为主，主要用梯道解决竖向高差，建筑布局于梯道两侧	适用于坡中地段；建筑之间需联系密切的空间布局，可考虑运用此种类型
层台组合型		不同标高的平台和建筑相结合	适用于各种地形；室外活动场地需要较多时可以运用此类型
空间主从型		以广场、内院作为核心空间布局	有明确的空间向性，适用于较为开阔的围合地形
主轴序列型		以多个内院围合空间依次布局于山地环境中，有一定轴线秩序	适用于地形要求较高，坡势过度均匀的地段，一般用于公共空间的营造

2.适应气候、地形及充分考虑老年人活动的养老建筑布局形式

山地中的地形和气候对山地养老度假区建筑群体的布局形式影响很大，反过来建筑群体的布局形式也会对山地的微气候产生一定影响。

（1）气候、日照、通风对布局的影响。老年人选择山地度假养老很

大一部分原因是因为夏季山地凉爽适宜的气候，老年人对气候环境较为敏感，又不能由于温度太低而引起不适，因此，对日照又有一定的需求，养老居住建筑一般布置于山地之中东南、西南方位的向阳坡，辅助用房一般位于朝向较差的位置，以充分利用场地空间。

合理的建筑间距，是为满足在一些特定山地区域长期居住的老年人冬季居住时的日照需求（需要保证大寒日每日 3 小时日照）。较北的建筑群落需要通过增大建筑距离或降低建筑高度来满足日照的要求（图 6-3）。除此之外，还要重点考虑建筑布局所带来的通风问题，尽量利用自然通风。例如，养老居住区的建筑可布局在与风向和等高线垂直的迎风区，建筑之间尽量留出通风的通道，建筑朝向同时兼顾了日照的要求和地形条件。

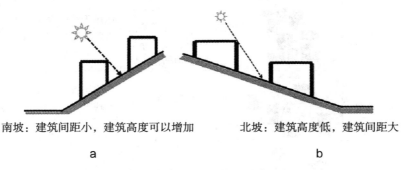

南坡：建筑间距小，建筑高度可以增加　　　　北坡：建筑高度低，建筑间距大

　　　　　　　a　　　　　　　　　　　　　　　　　　b

图 6-3　建筑布局日照分析

（2）宜采用分散布局。山地度假型养老建筑的规划宜分散布局，分散布局有 3 点优势：建筑体量小从而减少对周边环境的破坏；能充分利用自然景观和场地营造丰富的室外活动空间；更易营造安静的休闲度假养老环境。

生活区建筑以组团形式布局，每个组团有各自的服务用房和室外活动场所。主要疗养餐厅和老年人活动中心则位于整个区域的中心，方便老年人到达。交通系统方面，主干道为车行道，次要通道为步行道，解决纵向高差问题，其间通过景观小路将每个生活区组团完整联系起来。

三、建筑设计

（一）山地度假型养老建筑的建筑功能

山地度假型养老建筑的建筑功能不仅包括基本的居住、公共活动、医疗等功能，还包括一些具有特色的度假活动功能。

山地度假型养老建筑的空间平面要求基本与平地上常见的养老建筑空间平面设计要求一致，交通空间和使用空间要按养老设施建筑规范，充分考虑老年人的行为活动，包括生理和心理两个方面的活动。山地度假型养老建筑在功能上与一般养老建筑不同，除了为进行山地度假养老的老年人提供基本的养老服务外，还需要利用山地的自然环境、周边景观和配套服务设施，为老年人提供山地特色休闲度假功能。

山地度假型养老建筑的单体根据其使用性质一般情况下分为以下几种功能：公共服务功能、度假活动功能、居住功能、医疗功能和辅助功能。

1. 公共服务及度假活动功能

除了为老年人提供衣食住行基本的功能外，还需要设置为老年人山地度假养老活动服务的功能，这些都属于公共活动及度假服务的功能。例如，老年人在外出运动劳累之后身体恢复较慢，尤其是外出进行山地旅游度假活动后，更需及时调理身体，需要为老年人提供度假旅游活动后的理疗恢复服务用房，如温泉理疗空间等。另外，为了给具有不同需求的老年人提供不同的度假选择，需要为老年人提供多元化的度假服务项目，根据这些项目再设计不同的功能空间，为更愿意安静待在度假养老建筑中享受度假生活的老年人，提供更多的交流活动场所，如林间植物园圃、户外戏台和休息读书的场所。

山地度假型养老建筑的特色活动功能和一般性休闲度假活动功能不同，它还具有除一般休闲养老建筑所包含的功能之外的一些特色功能，适应于山地度假环境，而一般的休闲度假功能是其他度假养老建筑，甚至一般养老机构建筑都有的，并不能成为特色项目来吸引老年人。比如，山地环境中的园艺活动功能空间和林间疗养度假功能空间（如森林按摩氧吧）等特色功能空间比较受老年人欢迎。一般的休闲功能空间，如书画室、棋牌室、戏剧表演室（兼茶室）、健身康复用房等老年人使用频率较高。

2. 居住功能

山地度假型养老建筑的居住功能是最主要的使用功能。老年人在独立居住空间中待的时间最长，老年人来山地度假养老，主要目的是享受山地环境中凉爽的气候、新鲜的空气和安静的生活环境氛围。居住功能空间因居住建筑的类型不同而不同，基本包括居室、卫生间、储藏空间等，如果条件允许，可设厨房餐厅、会客厅、书房等。

3. 医疗功能

医疗功能是所有养老设施建筑都必不可少的功能，其具体功能设置需要根据规划研究后确定建设规模和使用人数，再确定医疗保障用房中需要涵盖多少种医疗功能空间。除一般的医疗功能外，山地度假型养老建筑的医疗功能还包括山地度假外出活动后的理疗功能。

4. 辅助功能

辅助功能空间主要包括洗衣晾晒用房、工作人员（包括服务人员、管理人员、医生）工作生活用房、设备用房、入住登记室、档案室、备品库房等。辅助功能空间可结合居住单元布置，独立布置时一般设计在基地中位置较差的区域，以便将通风、日照较好的区域留给老年人居住和活动所用。

（二）山地型度假养老建筑基本功能用房设计

1. 生活用房

（1）生活用房类型。山地度假型养老建筑的生活用房可以设计成以下3种类型：独立或联排的度假别墅、度假酒店式套房和低层集合老年人公寓住宅。这3种类型需要依据建设用地和建设规模、建筑服务的档次等来确定组合设计的方式。它们除了包含基本的使用功能外，也具有各自的特点，如度假养老别墅居住档次最高，居住环境最好，但是费用也最高，老年人之间的沟通交流最不方便；酒店式套房的人均使用面积最少，能减少用地面积，具有费用适中、老年人之间交流方便、设施服务效率高等特点，但是缺乏更多空间提供给老年人开展私密活动，度假养老的品质最低；低层集合老年人住宅相较于前者来说是一个较为综合适中的方案，既节约用地，又能给老年人足够的养老生活空间，老年人之间活动交流也较为便捷。

（2）不同类型山地度假养老居住生活用房设计要点。

①山地度假养老别墅建筑设计。山地度假养老别墅是较为高档的度假养老居住生活用房，下面以梵净山的山地度假养老别墅建筑为例讨论其设计要素。山地度假养老别墅的平面和一般度假别墅较为相似，但考虑到老年人的度假养老需求，根据案例研究总结，其设计应注意以下几点：

第一，度假养老别墅宜设置为一层，既方便老年人活动，又能控制建筑高度，还能减少对环境的影响。建筑内部空间路线尽量简洁，最远端居室到达出口的路线最好为无遮挡的直线，便于疏散老年人。

第二，宜设置老年人观景的平台。观景平台宜设置于边角位置，可扩大视野，独立的景观平台可作为老年人居住私密空间，也提供了种植花草的场所，由于是一层平台，因此可以适当增大面积。注意：根据规范要求，观景平台、阳台的护栏高度不低于 1.1 m。

第三，老年人居室的通风、采光要求更高，尽量做到南北通透，至少设置一个无障碍卫生间，能方便行动不便的老年人的生活。卫生间其他使用设施，如淋浴间、洗手台、坐便器等位置应设置扶手。

第四，不同于一般的度假别墅，山地度假型养老建筑生活用房的设计应设置服务人员用房。服务人员不仅为养老度假的老年人提供基本的生活服务，还具备一定的医疗知识，为老年人定期进行体检，并在老年人有突发情况的时候提供紧急救治服务。服务人员使用空间宜布置在客厅和卧室之间，方便观察到老年人活动的区域，以便在突发情况发生时能提供及时地救助。

总之，山地度假养老别墅作为较为常见的度假养老居住建筑，更宜设计为单层，较为潮湿的山地区域底层应架空设置，建筑内卧室到主要疏散口应路线清晰，便于疏散老年人，且不同于一般的度假建筑，它还需要设置服务人员用房和无障碍卫生间，并为老年人提供私密的观景平台和山地室外活动场所。

②度假养老酒店式居住用房设计。山地度假养老酒店式居住用房也是较为常见的山地度假型养老建筑，和其他山地度假建筑一样，一般采取混居模式，为节约用地面积，一般采取内外廊的空间布局。为满足老年人的活动，其二层、三层一般为老年人居住的空间，首层作为公共活动空间，四层以上为其他度假人群居住活动空间。

第一，空间组织。度假养老酒店式居住用房的平面和一般度假酒店的平面类似，其居住部分的空间布局通常为内廊式和外廊式两种类型。

山地度假养老酒店式居住用房更宜采用外廊式空间布局，且外廊宜采用封闭设计，以保证夜间室内温度。走廊区域是良好的观景空间和老年人交流的场所，外廊布局时应尽量增大走廊宽度，提高走廊灯光照度。服务用房要设置在较为居中的位置以方便管理及应对突发状况，外廊宜控制在 20 m 左右，不宜过长，外廊的尽端宜设置垂直交通空间和外部活动空间。

山地度假养老酒店采用内廊式布局时，可以在房间之间设置活动空间，这样既可以增强交通空间的采光，也可以弥补该类型建筑的室外活动场地缺乏的问题，需注意内廊道宽度宜设置在 2.4 m 以上，使老年人不会有空间上的拥挤感，并加强室内走廊的人工照明。若场地较为充裕，可设置中庭，中庭顶部设置采光窗，以增加室内交通的自然采光亮度。

第二，空间设计。山地度假养老酒店为老年人提供了不同类型的居住和活动的空间，其中居住空间以单间和套间为主，公共活动空间主要包括老年人居住空间附近较小的交流聚会空间和给老年人提供各种度假养老服务的休闲活动空间。

③山地度假养老公寓设计。山地度假养老公寓是较为合适的山地度假养老居住用房的类型，它一般顺应山地等高线布局，有良好的通风和日照，超过三层需设置电梯，其设计重心应放在如何为老年人提供如家一般舒适的度假居住环境上。

山地度假养老公寓不同于一般的度假公寓，它需要设置服务人员用房，需要为老年人提供家人、亲友共同居住的空间。不同于一般的老年人养老公寓住宅，它具有更好的景观面，需要在起居室和卧室的方向最大化设计观景交往空间，并且提供良好的室外活动场地。山地度假养老公寓在很多山地景区不仅有新建的项目，还包括对旧的公寓住宅的适老化改造，主要是针对较高楼层的无障碍改造。

（3）度假养老居住建筑内部空间细节。无论是哪种设计类型，山地度假型养老建筑生活用房的基本功能大致相同，目的是给老年人提供养老居住生活空间和一定的交流活动空间。居住用房设计的核心要素是景观面好，环境安静，满足通风、日照要求，满足老年人无障碍需求，且室外设置活动场地。下面从居室、厨房、卫生间等功能空间具体研究生活用房的设计要点：

第一，居室。户型方面，山地度假型养老建筑与一般度假养老建筑相似，主卧室和客厅应设置在全天温差变化小、自然通风效果好的位置，二者都宜为南向，要求光线充足，景观面好。为保障老年人安全，居室应适当降低主要空间的私密性，以方便外部人员发现遇到危险状况的老人。卧室面积过小会让老年人感觉比较压抑，且通风透气性差，卧室的面积需要按照老年人的需求来设计。最里面的卧室与出口之间的流线尽量为直线，方便老年人在发生灾害时能迅速逃离，卧室和起居室都宜设置阳台，为老年人提供一定的私人空间。相对于一般的养老建筑卧室来说，山地度假型养老建筑需要更大的私密活动空间，卧室阳台宜设计1.5 m以上，便于满足老年人休憩和沟通交流的需要。

第二，厨房、卫生间。在山地度假型养老建筑中，厨房和卫生间的设计基础要求和一般养老建筑一致。厨房需要采用自然采光方式，面积大小须适中。面积过大，行走距离远；面积过小，影响使用功能。厨房宜为北向，且设有存放足够蔬菜等食物的区域空间，也可以设计成厨房配置储物阳台。山地环境中湿度大要做防潮措施，并辅以防晒措施。

卫生间宜采用明卫，宜有较好的自然采光、通风，若无天然采光卫生间，如一些养老酒店套房，应提供充足的人工照明和机械排风，尤其在洗浴时增加卫生间内的含氧量，以保证老年人的健康和安全。此外，坐便应采用无障碍设计。洗浴方式宜采用淋浴，并且在适当位置摆放座椅、设置扶手，地面平整且须做防滑处理，卫生间与其他房间的高差用坡度处理而尽量减少台阶。

总之，山地度假养老居住生活建筑的设计核心要素如下：提供适合于老年人尺寸的空间设计；选择适合场地规划的生活用房形式，提供一定的私密空间和观景空间；居住用房需要有较好的景观、安静的环境、充足的日照，以及周边室外活动场地；空间平面设计上，尽量让居住功能用房在同一水平面上，不要有太多室内台阶，疏散流线明确，所有功能空间和交通空间均需要自然采光；居住用房在形式上体现自然、亲切、稳定的风格，不要出现过于夸张的造型。

2. 医疗保健用房

（1）功能路线及功能用房。山地度假型养老建筑中的医疗保健用房，除了为山地度假旅游活动服务外，在其他功能和空间上，同其他度假养老设施建筑的医疗用房相似，不同的是要在山地环境中解决室外道路通达的问题，以使救护车能开到医疗建筑前。因此，山地度假型养老建筑的医疗保健用房一般位于入口附近。

保健用房包括保健室、康复室和心理疏导室等。其中保健室和康复室是老年人在山地度假活动后进行日常保健和借助各类康复设施进行康复训练的房间。房间应地面平整、表面材料具有一定弹性，以防止和减轻老年人摔倒所引起的损伤，房间的平面形式应满足各类保健和康复设施的摆放和使用要求。这类空间要满足养老设施建筑规范的规定。心理疏导室使用面积不小于 10 m²，是为了满足沙盘测试的要求，以缓解老年人的紧张和焦虑的心情。

（2）医疗保健用房的选址区域。主医疗保健用房一般位于地势较为平坦的入口区域，紧邻主入口广场、主要停车场，这样选址有几点好处：便于运送医疗废物，对院内居住和活动区域不产生过多影响；便于和外界医疗设施联系，使突发疾病的老人能被更快送至外界医疗条件更好的医院；可以为周边居民提供一定的医疗服务。医疗保障用房的选址决定了养老居住用房的规划，院内养老居住用房不得建在救护车难以到达的区域。规模较小的、专门为院内老年人提供服务的医疗用房也可以根据实际情况设置在院区内部位置。

（3）空间设计。山地度假型养老建筑医疗保健用房的基本空间组织设计和一般的养老医疗保障用房设计相似。其建筑空间设计为了满足老年人生理活动需求应，尽量减少因地形产生的室内高差，且必须满足养老建筑无障碍设计规范，山地度假型养老建筑的医疗保健用房空间流线尽量简单明确，功能用房尽量位于同一高程布置，以减少室内台阶和坡道。

山地度假型养老建筑的医疗保健用房设计中，不同的功能空间应分开组织，如将门诊部、疗养调理部、住院部分开设计，通过无障碍廊道联系，这样既减小建筑体量对环境的影响，又能让有疾病的老年人和无疾病的疗养按摩的老年人分开居住，并且给他们提供不同的外部活动空间。

　　总之，山地度假型养老建筑医疗保健用房的设计和其他养老建筑的医疗用房设计基本一致，其设计难点在于，医疗保健用房在山地地形条件下需要有直接的车行道到达，建筑宜根据地形通过连廊将不同的功能空间联系起来，增加室外活动空间和景观，将建筑融于自然环境中。医疗保健用房不仅为老年人提供基本的医疗服务，还尽量为老年人打造舒适的、景观好的山地度假疗养空间。

　　3.公共活动用房

　　山地度假型养老建筑的公共活动用房有两种形式：一种为集中式的活动用房，给全社区的老年人提供活动空间；另一种是分布在各个居住建筑之间的较小的公共活动用房，它可以是度假养老公寓中的某几个空间，为这个组团的老年人提供休闲娱乐活动空间。

　　山地度假型养老建筑的公共活动用房相对于其他养老机构建筑的活动用房，最大的区别是附有变化的室外活动空间。公共活动用房主要是为老年人提供室内交流活动空间，包括老年人度假活动中心和其他功能用房，如老年人学堂等。下面以老年人活动中心为例，对山地度假型养老建筑的主要公共活动用房，即活动中心的设计进行设计策略研究，较小的活动用房设计策略与主活动用房的各功能空间设计相似。

　　（1）主要活动用房（活动中心）功能流线。山地度假型养老建筑主活动中心的功能流线基本和一般养老机构的老年人活动中心的功能流线相似，要求动静分区明确，且进入不同功能区域的入口不同，并结合室外活动场地布置功能用房，唯一较为不同的是，山地度假型养老建筑的老年人活动中心可以与特色度假活动用房，如园艺、花鸟等用房和相关活动场地相连接，让老年人有更多休闲度假活动的选择（图6-4）。

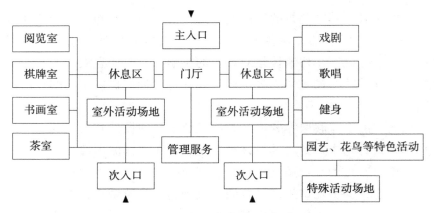

图6-4　公共活动用房流线图

（2）活动中心的空间组织。山地度假型养老建筑的老年人活动中心的空间组织主要采用庭院式和分散式，这两种空间组织让室内外空间和建筑环境能很好地融合。分散的空间组织建筑功能分区明确，互相干扰程度最少，能减少建筑的体量，让建筑融于环境之中，通过连廊连接，连廊和建筑围合成室外活动场所，活动场地和建筑结合紧密，且建筑屋顶可做活动场地；而庭院式的空间组织方式能营造私密空间，中部庭院能结合地形形成别具特色的活动空间。如表6-5所示，分散和围合的组合主要形成围合式、集合式、连廊式和阶梯式4种空间类型，这4种空间类型各有特点，但整体体量不宜设计过大，需根据场地来设计。较为充裕的场地适合设置为围合式和集合式；场地紧凑，且地形变化大的场地宜设置为连廊式和阶梯式。

表6-5　山地度假型养老建筑活动用房空间组织类型分析

空间类型	空间示意图	设计分析
围合式	交通空间　室外活动场地　建筑块　架空层　室外活动场地	围合式庭院作为主要的室外活动场所，与内廊结合设计。围合式空间内部交通明晰，便于老年人在建筑内部的活动。
连廊式	连廊交通空间　室外活动场地　建筑体块　室外活动场地	连廊式庭院主要优点是外部空间丰富，活动场地多样；主要缺点在于内部交通空间为顺应地形较为复杂，略不便于老年人的内部活动。
阶梯式	各活动室的室外活动空间　室外无障碍坡道　连廊、内设无障碍通道	阶梯式庭院优点在于与地形结合紧密，每个活动场所都有室外活动空间。设计重点在于室内外的交通空间设计如何便于老年人活动。
集合式	室外活动场地　交通连接空间　室外活动场地	集合式庭院体量不宜太大，不宜超过两层，活动场地较为单一。

（三）山地度假型养老建筑造型和室内设计

山地度假型养老建筑的建筑造型尽量融于自然环境中，这是因为建筑单体体量不宜设置过大，以免破坏山地景区的自然生态，由于山地度假型养老建筑通常以建筑群落的形式规划设计，整体上各种建筑形式需要统一。无论是较为现代的风格还是较为传统的风格，山地度假型养老建筑造型并无太多规定性要求，只要符合老年人的心理审美，不至于太张扬且适当考虑当地文化特色即可，建筑的造型从整体来看并不是山地度假型养老建筑设计的重点，而适宜的规划布局和在山地环境中营造适合老年人活动的空间环境才是重点。

山地度假型养老建筑室内设计与其他养老建筑室内设计原则一致，即温馨、明朗，为老年人提供有归属感、亲切感的居家设计；在色彩方面，需要对比度较为强烈的设计，以照顾老年人视力下降的生理状况；内部空间包括装饰物应色彩分明，对比度强。

由于建筑处于山地环境中，为了给老年人提供更好的观景空间，设计人员需尽量以简约的室内设计为主，减少室内空间的干扰，让老年人在室内能更充分地享受外部自然景观带来的身心愉悦感，如某山地度假养老庄园休息厅的室内设计就非常简洁，天花部分不做任何装饰，将人的视线直接引导到院落之外的自然景观。

（四）山地度假型养老建筑的其他细节设计

1. 无障碍设计

山地度假型养老建筑不宜超过三层，在条件允许的情况下，尽量设置无障碍电梯，由于来度假养老的老年人大部分行动能力较好，两层的度假养老居住建筑可以根据入住老年人情况不设置电梯，对于需要设置电梯的居住建筑，需确保电梯运行速度不大于 1.5 m/s，电梯门应采用缓慢关闭程序设定或加装感应装置，其中，电梯应全部采用医用电梯标准。另外，楼层数字应采用大字体，按钮位置要考虑坐轮椅的老年人，轿厢不宜过高，减少空旷感。

建筑空间部分应设计无障碍坡道，具体位置包括以下几个部位（表6-6），室外无障碍斜坡设计按照无障碍设计规范依据实际情况来设置。室内空间的无障碍设计和一般的养老建筑相同。建筑室外的无障碍部分由于山地环境中建筑稀疏，夜间亮度相较于一般的养老建筑低，因此，需要在适当位置加强夜间采光，尤其是室内外空间的交界位置，坡道和台阶位置宜加设地灯，增加路面照明。

表6-6　无障碍室内空间布置部位

设置无障碍位置	具体部位
出入口	主要出入口、入口大厅
过厅和通道	平台、休息厅、公共走廊
垂直交通	楼梯、坡道、电梯
生活用房	各生活功能空间、老年人浴室、公共厕所、公共餐厅、交流厅
公共活动用房	各种活动室、多功能厅、阳光房、外部走廊
医疗保障用房	医务室、保健室、心理治疗室等所有功能用房

2.采光设计

山地度假型养老建筑设计需要满足老年人对光环境的需求，要充分利用自然光进行采光设计。山地环境中树木较多，且多为高大的树木，设计采光方案时首先要增加采光窗洞的面积，其面积与楼地面面积比（窗地面积比）宜满足一定比例。老年人喜欢通风、采光良好的房间，根据养老设计规范资料，活动室内窗地面积比宜大于1：4，其他用房可将比例适当缩小为不大于1：6（表6-7）。

表6-7　老年人用房窗地面积比最小比例

房间名称	窗地面积比
活动室	1：4
起居室、卧室、公共餐厅、医疗用房、保健用房	1：6
公共厨房	1：7
公共卫生间	1：9

四、外部空间环境设计

（一）室外活动空间设计总体策略

1.积极利用山地地形环境，宜利用高差形成围合的活动空间

例如，在贵州梵净山度假养老社区的居住用房组团设计中，依据原有地形，地形凹进去的部分围合为公共活动场所，而居住建筑沿着原有等高线布局，保留了原有山地空间的围合空间属性，并且居住建筑既有向心的景观面，又有发散的景观面，围合的公共活动场所作为组团的室

外活动场地还具有一定的私密性。

2. 合理设计外部空间尺寸

考虑到老年人的心理和生理特征，山地度假型养老建筑外部空间的尺寸设计尤为重要。根据外部空间设计原理和老年人生理心理研究，外部空间尺寸和建筑的高度、间距是主要的研究对象，山地度假型养老建筑的外部空间尺寸还要考虑地形对建筑高度和间距的影响。老年人在心理和生理上对空间尺寸有一定的要求，养老建筑的外部空间尺寸应参考老年人的基本生理尺寸来设计。建筑间距过小，空间幽闭，难以开展户外活动，老年人心理上也缺乏安全感；建筑间距太大，空间过于开敞，缺乏私密性，并且老年人对这种空间的使用率不高。图 6-5 为对山地度假型养老建筑的空间尺寸分析，建筑高度和建筑间的距离比在 1～2 之间时空间尺度较为合适，有高差变化时，建筑布局还需要对不同标高的建筑高度进行设计，相对于平地来说建筑间距可以适当缩小。

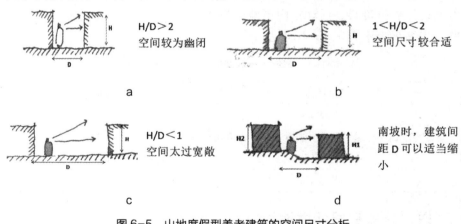

图 6-5　山地度假型养老建筑的空间尺寸分析

3. 活动路径依附地形的空间景观序列的营造

山地度假型养老建筑的空间景观是动态的景观，老年人漫步于外部环境时，能逐渐感受到景观和空间随着地形而变化。其主要特征与高差变化紧密相连，在高差的变化中，把握秩序感和变化感是空间景观序列营造的关键，如可以在入口处利用医疗、活动建筑围合为入口广场，设置一条主要的上升路径，随着地势逐渐升高，布置一些养老居住建筑前较小的活动空间，这些空间和居住建筑相互依存，空间景观有了由大空间向小空间过渡的变化。

4.注重私密空间和公共外部空间的分隔与联系

山地度假型养老建筑的外部空间环境在具体设计时，首先要考虑的是私密空间和公共外部空间的关系。私密空间不仅指的是老年人居住活动的室内空间，也包括具有一定私密性的室外空间。山地度假型养老建筑外部空间中的私密空间，指的是建筑单元前的活动场所或者建筑本身的私人院落。

山地度假型养老建筑可以按照图6-6的组合，将私密空间和公共空间结合起来，私密空间和公共空间之间用半私密空间（可以是室内缓冲空间，也可以是室外节点空间）分隔开。

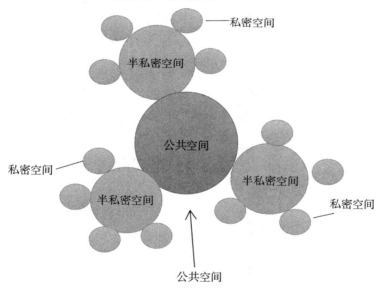

图6-6 私密空间、公共空间的组合方式

5.设置一定的室外健身活动空间

老年人由于生理各方面的原因，非常希望通过室外锻炼增强身体的免疫力，保持身体健康，同时，通过室外健身活动增加社会交往。在山地度假型养老建筑设计中，户外空间设计要为老人的锻炼健身活动设计一定的场所空间，这类空间一般位于组团中心附近，具有地面平整防滑、场地较开阔、日照好、内部器械色彩对比度高等特点。

（二）山地度假型养老建筑的一般室外活动空间设计

1. 山地度假养老居住建筑室外活动空间

根据前文对山地度假型养老建筑居住生活用房的归纳，山地度假型养老建筑的生活用房可以设计成3种类型：独立或联排的度假别墅、度假酒店式套房、低层集合老年人公寓住宅。这3种居住生活用房的室外活动空间布局和设计都各有其要点。

（1）山地度假养老别墅室外公共活动空间设计。山地度假养老别墅的室外活动空间和建筑布局紧密相连，不同的建筑布局形式决定了活动场地的大小和功能要求的不同（表6-8）。

表6-8 山地度假养老别墅具体布局和室外活动空间分析

布局形式	活动场地布局示意图	优点	缺点
线性布局	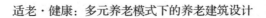	节约用地；道路一般沿等高线布置，可以到达每栋建筑前，布局紧凑	缺乏活动场地，有些老年人居住用房距离活动场地较远
组团布局		方便各户老年人去活动场地活动，建筑更融于自然，景观环境更好，老年人私密空间更多	车行道只能到达建筑临近区域，不能到达建筑前，老年人沟通交流人数较少
点式布局	坡度方向	建筑沿着地形纵坡呈退台式依次布局，景观好，每一户前都有各自活动场地	车行道接入难度大，相对其他布局最不方便于老年人的活动

由于建筑体量小，一般通过室外交通来解决高差问题，公共活动空间和建筑布局密切相关，并且要考虑在场地中或别墅住宅中独立设置服务用房。以组团布局为例，图6-7为某山地度假养老别墅的室外活动空间和建筑的一般高差关系，由图可见场地北高南低，每栋别墅前都有独立的活动场地，场地坡度基本保持水平，老年人活动可以通过公共活动空间解决高差问题。

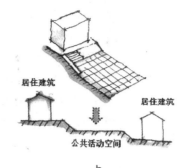

利用组团中的公共活动空间解决高差问题

a

b

图6-7　某山地度假养老别墅的室外活动空间和建筑的一般高差关系

（2）山地度假养老酒店公共活动空间设计。度假酒店式老年人居住用房一般位于地势较为平坦、高差不大的区域，底层为公共活动用房，通风、日照、景观良好的上层为老年人居住用房。

度假酒店式老年人居住用房可将屋顶和退台作为老年人室外活动场地，但是要注意安全，围栏扶手设置应符合规范要求。由于建筑前需要布置停车场，建筑后方可设置活动场地，这些活动场地宜与山地景观相结合，这类老年人居住建筑活动场地的缺点是缺乏私密性且面积往往难以控制到合适大小（表6-9）。

表6-9　度假酒店式老年人居住用房室外活动空间布局分析

活动场地位置	示意图	优　点	缺　点
屋顶平台		空间利用率高，景观好，可以进行屋顶绿化，建筑更易融入自然环境	平台层不宜设置老年人居住空间
围合庭院		围合空间具有一定私密性，可以和室内功能活动空间相结合，形成丰富的活动场所	建筑过高，面积不合适会使老年人不愿意在这些场地活动
建筑后方		可以结合建筑的山地环境来设计，打造具有优美自然景观的活动场地	若建筑在南坡会影响场地的日照，并且场地容易过大

度假养老酒店的室外活动场地不论是合院还是位于建筑周边尺度都较大，可设置一些慢跑道、一些供多人参加活动的室外聚会空间以及结合地形设置一些水景。

（3）低层集合养老公寓住宅室外活动空间。低层集合养老公寓住宅是较适合的山地度假养老建筑居住建筑用房类型，价格适中，服务用房和活动用房可以设置在建筑之中，易满足老年人各方面养老需求。这种类型的居住用房可以将服务用房置于底层，老年人从背面进入居住用房，也可以通过活动场地和路径中的阶梯来解决高差问题，室外活动空间位于老年人居所入口前，或者两栋度假养老公寓之间。

根据调查，位于两栋老年人公寓之间的公共活动场地更容易聚集老年人，山地环境中的公共活动场地可以通过地形坡度进行划分（表6-10）。

表6-10　山地度假养老公寓具体布局和室外活动空间分析

布局形式	示意图	优　点	缺　点
鱼骨式布局		交流人群增多，聚合的空间是老年人比较喜欢的空间，老年人愿意在这种空间中活动	自然景观较差，景观受到建筑的遮挡影响大
线性布局		自然景观不受遮挡，场地和景观结合度好	活动场地缺乏私密性，容易显得空旷
围合式布局		两边朝向不好的当成服务、活动用房，活动场地和服务、活动用房结合紧密，老年人愿意在这种聚合空间中活动	自然景观和场地融合度较差，容易造成空间的闭塞，引起老年人不舒适感

山地度假养老公寓的室外活动场地都宜附属小的公共活动室，且主要的公共活动室宜设置在一层，并且结合地形和南向的活动场地共同设计。

对于山地度假养老公寓来说，不论哪种布局都宜结合周边景观及场地既有环形步道，并提供一定的健身场地，靠近建筑区域可设置一定的凉亭和连廊空间，重点是要根据现有场地空间，分隔出多种类型的老年人活动空间。

2. 山地度假型养老建筑公共建筑室外活动空间

山地度假型养老建筑的公共建筑室外活动空间没有居住建筑附近的室外活动空间使用频率高，其主要为老年人在公共建筑活动时提供室外集体活动及休闲活动的场所。

公共建筑的室外活动空间需要根据不同的公共建筑功能来设计，需要提供多人聚会的围合空间，利用地形、景观营造漫步空间，以及利用高差分隔出多功能的活动场地，并且可结合屋顶平台，创造出更多室内外相互融合的空间，这几种主要的活动空间如表6-11所示。

表6-11　山地度假型养老建筑公共建筑室外活动空间类型表

空间类型	示意图	空间类型	示意图
有一定面积、可供多人聚会活动的围合空间		屋顶平台和室内庭院结合的空间	
环形步道景观空间		阶梯式多功能活动平台	

（三）适合老年人的特色山地度假活动的外部空间环境设计

老年人来山地度假养老，除了享受山间美景之外，还有外出健身活动的需求，因此，需要为老年人设计适合他们的山地度假活动项目。经调查，登山漫步和慢跑是比较受老年人喜爱的两种山地室外活动项目。

1. 登山漫步景观步道的设计

通过分析各类山地度假型养老建筑实际案例，登山漫步景观步道是一个很重要，且较受老年人欢迎的特色度假休闲设施，这类景观步道往往用木材作为建设材料，架空接地建设在山地景观中，成为老年人漫步山野的通道。这类步行道的设计一般倾斜于山地等高线布线，不设坡道，而用台阶解决高差问题。根据老年人的活动，台阶不宜超过12级，台阶之间用水平木栈道连接，一定距离设置较为宽敞的空间作为休息区，终点处设置观景平台。据测算，根据老年人的平均步幅特征，漫步10 min的路程约为450 m，可在这些位置设置服务点，为老年人提供饮用水，防止老年人发生意外。

2. 慢跑道的设计

慢跑道宜设置塑胶防滑跑道，且要求色彩较为艳丽，以便与山地环境明显区分。但是较长的塑胶跑道会影响山地整体环境，因此，宜根据地形设置曲线环路，增加跑步路线的长度，并且做路线间的视线遮挡，增加路径的趣味性。

五、交通系统设计

山地度假型养老建筑的交通主要考虑地形水平方向和垂直方向的关系，根据建筑规划布局确定主入口，再进行深入布置，同时，需要考虑山地环境的景观对交通系统设计的影响，并做出一定的调整。山地度假型养老建筑的交通组织更为立体丰富，需要考虑和等高线的关系，交通系统按照功能分类可以分为机动车车行系统和步行系统。

（一）机动车车行系统的设置

1. 纵坡的合理设置

山地道路纵坡和坡段都不宜太长，山地度假型养老建筑的纵坡设置取决于道路的功能和通行的汽车性能，根据相关学科研究，这种建筑类型的山地车行道纵坡坡度不宜大于9%，并且为了老年人的安全，山地度假型养老建筑的车行道在纵坡坡度发生变化处需要设置减速带。不同纵坡的坡度有不同的限制坡长（表6-12），需要根据具体的场地环境来设置坡长。

表6-12 纵坡的坡度和限制坡长

纵坡坡度 /%	限制坡长 /m
5～6	800
6～7	500
7～8	300
8～9	200

2. 道路与地形、建筑相结合的布线方式

道路在布线设计时考虑与地形的结合，这样既能节省工程量，又能缩短路线的长度。例如，如图 6-8 a 所示，不改变地形，而将车行道线布置于两山坡之间，或者如图 6-8 b 所示，可以根据场地实际情况通过计算将道路线和等高线沿一定夹角布线，这样能避免出现生硬的边坡。

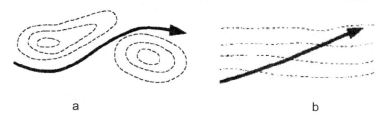

a   b

图 6-8 两种合适的道路布线方式

另外，车行道路需要考虑和建筑的布局相结合，在山地环境下，山地度假型养老建筑的车行道路需要尽量通达每一个建筑，至少是临近，以便突发事件发生后救护车和消防车能够顺利到达。因此，山地车行系统设计是建筑布局规划的基础，必须尽量利用原有道路，依据地形和景观环境，采取网络状、环状、放射状、枝状等结构类型。

（1）网络状车行路网。网络状车行路网结构适用于坡度平缓的山地区域，这种车行道路系统交通联系通达，结构脉络清晰，但是不能在地形变化较大的区域进行布置。

（2）环状车行路网。环状车行路网结构适用于坡度较为适中的山地环境，环状车行路网能够将整个度假区内的建筑联系起来，并且围合出中间的活动和居住场地，这种车行道路结构有利于形成向心的空间，以形成完整的空间景观格局，但它具有局限性，仅适合于规则的场地。

（3）放射状车行路网。放射状车行路网结构宜从某一山地中的高点向四周分散布置路网，这种车行道路的路网由于缺乏回路而不太适合老年人活动，但是能很好地适应各种地形。

（4）枝状车行路网。枝状车行路网结构一般适用于山地地形的任意位置，适应性较强，但是有时候会出现末端断点，从而需要设置回车场。远端与主道路联系不方便是它的另一个缺点。

（5）综合型车行路网。车行道路的布线可以根据以上几种结构类型综合布置、灵活布置。因地制宜不仅是建筑规划的方法，也可以成为道路车行布网的方法，能够结合上述道路结构的优点，避开某些山地区域的地形劣势。对于山地度假型养老建筑来说，网状、环状、放射状、枝状车行路网最为常见且具有不同的设计要点（如表6-3），较为适合老年人活动的是较少出现尽端的网状路网和环状路网，因此，可将这两种路网系统结合设计，使得车行道能尽量靠近老年人居住活动用房。

表6-3　路网设计分析表

路网名称	路网状态	路网特点	适用情况
网状 车行路网		交通联系方便，向性明确清晰	一般适用于缓坡地带，地形限制较多，纵向一般为步行道
环状 车行路网		交通联系方便，适合沿线等高线布置	一般用于中坡地，消防车、救护车不用设回车场
放射状 车行路网		中心感强，向性明确，和建筑结合紧密	不适合坡度过大的区域，中心区域可做回车场
枝状 车行路网		会出现尽端路，但是几乎可以到达每一栋建筑，较为方便	适应各种坡段，但是需要设置更多的回车场

3. 道路截面设计

一般情况下，山地度假养老建筑的车行道断面宜采用半填半挖的方式，填方作为道路和坡下场地的景观隔离，另外需要注意断面和建筑之间的关系。养老建筑宜通过以下两种方式（图6-9）将车行道、步行道、建筑三者隔离开，这样能保证老年人活动的安全和居住环境的安静，而且道路的截面设计还可以结合景观设计。

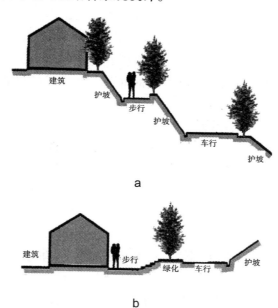

图 6-9　道路断面设计

4. 停车场、消防车道

山地度假型养老建筑按照防火规范需有 4 m 宽的消防道，若车行道不满足消防车道的要求，需另设消防车道。集中停车场一般设置于入口广场，需有大巴停车位和救护车停车位，一般轿车停车位宽度必须大于 3.5 m，为轮椅使用者提供足够的通行宽度。

（二）步行系统的设置

相对于车行交通布置，山地中步行交通的布置受到地形制约程度稍小，需要在特定的区域考虑设置无障碍措施。步行道路布网形式较为自由，主要考虑老年人活动到各个建筑的通达便捷性，山地度假型养老建筑步行道路网较为密集，是山地度假型养老建筑交通系统的主要组成部分，是老年人最常使用的道路，需要时时刻刻考虑到老年人的行动能力和生理特征。此外，交通设置还要和室外空间、景观相结合，形成具有特色的室外活动场地。其主要设计策略如下：

1. 确定合适的步行距离

考虑到老年人的体力，要合理设置步行的距离，按照老年人平均步行活动舒适时间为 10 min 来算，步行距离大概为 450 m，这样确定建筑间的步行道路，如果距离过长，则需要在一定距离段提供休息座椅。结合休息空间和景观设计，附有变化的外部空间可以减缓老年人心理上对步行距离过远的感受。

2. 设置合理的步行线路，并与景观相结合

考虑到老年人的行动特征，设置合理的步行路线，既要和景观结合，也要根据建筑本身的功能来设计，变化的路比笔直漫长的路线好，但还需要设置一定的直线路径以便于更快地到达各个功能建筑，减少步行时间。

3. 建立一定的循环路线

即使是健康的老年人，由于衰老问题，他们的视力和记忆力也在逐渐衰退，对方向的辨别能力变差，因此，步行系统应尽量连通成环，同时在重要的节点部位设置标志物，以强化老人对方向的识别能力。

4. 步行道建设要求

根据老年人的活动状况，步行道宽度必须大于 0.9 m，必须至少在一条固定路线上设置无障碍坡道，台阶处需要设置照明系统并设置扶手。设置无障碍坡度时，按养老建筑标准，坡度不宜大于 2.5%，若大于 2.5%，或坡度发生急变时，则需要设置一定的提示点。步行道路面应该平整并采取防滑措施，主要步行道色彩须鲜明，要和周围山地环境相区别。

总之，山地度假型养老建筑车行系统的主要设计核心在于合理地布置路网分隔场地，并且考虑高差问题，需要让救护车和消防车尽量能到达每一栋建筑附近，经过分析，网状车行路网和环状车行路网比较适合山地度假型养老建筑的车行道布线。步行道的布置相对于车行道更为自

由，重点在于设置好两种路径，一种是老年人去往各个建筑的主要路径，要尽量减少步行距离，必须在适当位置设置好无障碍坡道并定点设置休息座椅；另一种是景观步行道，这种步行道的路径可以更蜿蜒曲折，和地形景观相结合设计，但要注意采取防滑措施。

第三节　山地度假型养老建筑设计实证

一、项目背景介绍

云南卧云仙居养老基地位于昆明市西郊，距城区 35 km，坐落于自然生态保护完好、植被群落丰富的卧云山风景旅游区。建筑报批审核资料显示，基地面积约 5 hm²，容积率小于等于 1.01，建筑密度小于等于 45%。该基地内有多种类型养老居住建筑提供给不同消费水平和居住需求的老年人，并建有医疗保障用房和多种活动类用房，配套设施较为齐全。

该项目主要运营模式是结合养老地产和度假机构养老，给老年人提供不同的消费选择，以出租度假养老别墅、度假养老公寓、度假酒店等为主要的经营方式。为拓展经营范围，酒店也为一些单位及个人度假提供服务，消费人群范围逐渐扩大，由于基地内老年人居住率达 80% 左右，总体来说，它还是以度假养老为主的项目。来基地消费的老年人多来自昆明市及周边地区，也包含了一部分慕名而来度假养老的外地老人，老年人一般为自理型老人。

二、建筑规划设计

（一）选址

卧云仙居养老基地位于昆明西郊 35 km 的卧云山，驾车 50 min 即可从昆明市区到达，交通较为便捷。距其最近的乡镇驾车 10 min 可达，基础服务设施接入较为方便。基地选址于山地区域海拔约 2300 m 处，区域内森林覆盖率 90% 左右，全年气温 15 ～ 20 ℃，空气平均湿度保持在 55% 以上，负离子含量高，被称为昆明附近的天然森林氧吧，被中国老

龄事业发展基金会评为"云南健康养老示范基地"。基地区域内地势较为平坦，北高南低，采光、通风较好，且视野开阔。

（二）规划

卧云仙居养老基地养老居住部分分为三块，分别布局不同类型的居住建筑，不同类型的建筑在布置在不同的地形上，如酒店公寓和养老别墅应布置在地势最低、最为平缓的区域，老年人公寓和服务用房则应布置在地势第二高的区域，最高位置设置山地度假活动场地。

在道路交通系统方面，主干道和基地最高点形成一条轴线，在入口和道路节点位置设置广场，营造了一个随着地势逐渐升高而产生的主景观序列。基地内道路以环路为主，车行道可以到达所有功能用房前。

（三）建筑设计

度假酒店建筑和医疗辅助用房依照地形布置为线状体块，老年人公寓以退台的方式纵向布局，使建筑能获得较好的景观和朝向，度假养老别墅采用点式布局在道路两侧。

在建筑设计方面，养老度假别墅区建筑风格以欧式建筑为主，虽然和当地文化没有联系，但是尺寸合适，色彩温馨，和地形、景观相互融合，较受老年人的喜爱。

度假酒店接受散客和短期居住的老年人，其为配合养老度假别墅建筑风格也采用一些欧式装饰，但是设计生硬、不够巧妙，内部功能丰富，基本能满足老年人的各种活动要求和来度假的散客的娱乐活动要求。

度假养老公寓以出租给居住时间为 3 ～ 6 个月的老年人为主要经营模式，建筑空间和一般老年人公寓住宅空间相同，不同的是根据地形，建筑基地依次升高，建筑体量依次增大，室外活动空间也逐渐增大。建筑形式方面，色彩和其他建筑基本统一，但造型一般，带状体块并未做太多改变。

（四）外部空间环境

卧云仙居养老基地的外部环境设计是一大亮点，它分成两个部分，一部分是老年人室外活动区，一部分是散客活动区，两个区域互不干扰。老年人室外活动区具有一定的私密性且景观视野好；散客活动区主要集中在度假酒店附近，并结合酒店观景平台，区域内较为热闹。

（五）建筑、室外活动场地和地形的关系

卧云仙居养老基地总体布局剖面示意图如图 6-10 所示，为了将小体量建筑分散布局，且留出较多的活动场地，度假养老别墅布置于坡度较为平缓的区域；度假养老公寓布置在视野开阔、景观较好的区域，在屋顶设置一些活动场地，以弥补基地地势较陡、活动场地不足的缺陷。

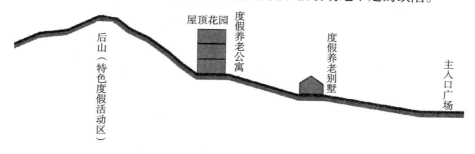

图 6-10　卧云仙养老基地总体布局剖面示意图

度假酒店基本在平坦地势上建设，度假养老公寓和度假养老别墅沿着道路依次布置，其活动场地都位于建筑正前方，和建筑的底层几乎位于同一高程（图 6-11）。

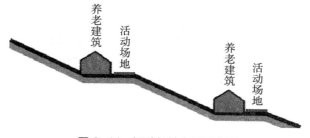

图 6-11　活动场地布置示意图

（六）特色度假活动

卧云仙居养老基地为老年人提供了丰富的度假活动，主要以体验田园生活为主，老年人到了这里，可以欣赏到乡村的自然风光、乡土文化艺术、特色传统乡村劳作，以及农产品现场加工、制作工艺等，使他们从城市的喧嚣和嘈杂中解放出来，放松身心，感受回归自然的情趣。

第七章　绿色理念下的养老建筑设计

第一节　绿色理念下的养老建筑认识

一、绿色养老建筑相关概念

（一）绿色建筑概念

绿色建筑是指在全寿命周期内，节约资源，保护环境，减少污染，为人们提供健康、适用、高效的使用空间，最大限度地实现人与自然和谐共生的高质量建筑。

绿色建筑的三大基础概念是社区、经济和环境，抛开经济，绿色建筑很重要的一个理念就是通过严格的产品标准和设计指引，给使用者提供更好、更健康和更安全的环境体验。基于长期对环境和物种保护的考虑，节能已经不能满足现代社会的需求，人类需要努力的方向是创建可持续的清洁能源，不过对于有限资源的节约、回收再利用，以及对动植物和水资源的保护是没有尽头的，而绿色建筑就是将这一切需求和理念融入其中，建造更多绿色环保、健康实用又安全的建筑，这也是建筑行业以后发展的大方向。

绿色建筑又被称为"会呼吸的房子"，是让整个建筑活起来的一种方式，国家大力倡导和发展绿色建筑是基于以下4种原因：

（1）绿色建筑能给人民群众提供舒适健康的生活环境。同样的住房需求和用途，更环保、更舒适健康的建筑当然更符合人们对高品质生活的追求，城市生活虽然繁华，却是绿色缺失的地方，到处都是高楼大厦，绿色的植被都是有空间限制的，然而绿色建筑却能将绿色带进人们日常的生活环境中，这无疑是一种理想的状态。

（2）绿色建筑能在一定程度上减少对环境的污染。保护环境是我们所倡导的发展理念，对此，国家也出台了很多的相关政策措施，但是成效都不是很大，绿色建筑能在源头上改善这一状况，因此，是较好的发展方向。

（3）绿色建筑能降低能源消耗，也是目前我国所倡导的一种建筑产业发展方向。很多的节能建筑材料聚集起来，就能大大降低能源的消耗，毕竟很多资源都是有限的，是不可再生能源，一旦枯竭，就意味着永远消失，所以，降低能耗，绿色发展也是我们义不容辞的责任。

（4）绿色建筑符合国家可持续发展战略，以及我们对低碳生活的追求，是顺应时代潮流的一种发展方向。绿色发展既不会污染环境，又能满足人们的需求，还能更好地保持生态平衡。

（二）绿色养老建筑含义

绿色养老建筑是指基于我国可持续发展的要求，遵循当代绿色建筑设计理念，结合地域性特色，使用一定的节能措施和技术，将绿色设计理念合理地运用到养老建筑设计中，从而使得养老建筑在使用期间达到降低能源消耗、节约能源成本，同时，不会降低使用者舒适度的建筑设计技术。[①]

随着养老产业的蓬勃发展，国家对养老建筑的可持续发展更加重视。根据中国工程建设标准化协会《关于印发〈2016第二批工程建设协会标准制订、修订计划〉的通知》（建标协字〔2016〕084号）的要求，由中

---

① 杨浩，冯杰.论绿色理念在建筑设计中的应用[J].住宅与房地产，2016（24）：82.

国建筑科学研究院有限公司等单位编制的《绿色养老建筑评价标准》(T/CECS584-2019)，已经批准发布，并于 2019 年 9 月 1 日起施行。该标准的制定与施行，进一步完善了绿色建筑评价体系所涵盖的领域，将养老建筑这一特殊类型纳入该体系，它标志着我国养老建筑产业进入新的阶段。该标准以可持续发展观作为指导思想，有利于养老建筑领域在规划、设计、施工、产品、管理一系列环节中引入绿色思想，从而逐步提升这一产业活力，促进其标准化与科学性。

不同地域的养老建筑绿色设计会结合当地气候的策略及措施，绿色养老建筑设计手段则需要选择适合当地气候特点的节能方法，即通过合理的建筑规划设计改善建筑场地环境，减少由场地"微气候"造成的建筑耗能，加强建筑围护结构保温能力以减少传热耗热量，提高门窗的气密性以减少空气渗透耗热量。同时，对室内空间自然通风的设计可以尽可能减少夏季空调设备所带来的能耗，减少其使用时间，提高室内气候环境的舒适度。

二、绿色养老建筑需求性分析

（一）生理变化及需求

1. 热环境的需求

养老建筑设计对于室内外的热环境有着严格的要求，这是因为老年人的新陈代谢功能正在逐渐减退，身体的免疫力也在逐渐下降，对于体温的调节能力也有所下降，所以，养老建筑设计必须对室内温湿度的控制加以重视，对室内的自然通风进行合理的组织，避免老年人长时间依赖空调。为了防止室外出现风速过大或者无风的情况而影响老年人的舒适感，室外的风速需要控制在 0.5 ～ 1.5 m/s 之间，另外，还需要在室外增加遮阴空间，使室外热舒适度得以保障。

2. 光环境的需求

养老建筑设计中光环境主要涉及 3 个方面：采光、日照和照明。在设计老年人的卧室时，一定要有较好的采光和日照条件，因为在一般情况下，多数老年人都比较喜欢晒太阳，而且充足的日照能够使老年人身体的抵抗力加强，还能对一些疾病起到预防的作用。由于老年人视力不是很好，在对室内外进行照明设计时，需要保证足够的照度，另外，设计时还要考虑眩光的影响，应采用一些遮阳措施。

3. 声环境的要求

养老建筑的声环境设计应该进行动静分区，这是由于老年人睡眠质量较差，很容易失眠，所以，必须有一个非常安静的生活环境。如果养老建筑是在闹市区，那么就需要加强建筑墙体和窗户的隔声性能，采取隔声措施以避免建筑内部的隔板和楼板间声音的传递，还要对卫生间的排水管进行降噪处理。另外，在建筑外部还要设置绿化隔离带，以防止噪声的干扰。

4. 无障碍设计的需求

对于老年人来讲，他们的腿脚已经不太灵活，而且身体的灵敏度也逐渐下降，因此，对室外公共设施的依赖性比较大，也正因为如此，对其设计的要求也非常高。养老建筑的室外公共设施应该充分应用无障碍设计，使室内外良好的过渡与衔接得以实现。

（二）心理变化及需求

1. 社会交往的需求

养老建筑的设计要充分考虑增加室外人性化活动的交往空间，因为老年人也有社交的需求，通过聚会或者一起散步、下棋等类似的社交活动方式能够使他们心里的孤独和寂寞感得到排解。

2. 安全、舒适的需求

老年人对于安全的需求特别强烈，因为他们的生理机能逐渐退化，对于环境的不安因素非常敏感，所以，在设计老年人的活动场所和生活使用空间时，一定要重视安全设计，一些设施和构造细部要易于老年人使用，并保证绝对的安全。

第二节　绿色理念下的养老建筑设计

本部分将在绿色设计理念的指导下以山西地区养老建筑为例，对绿色理念下的养老建筑设计进行具体分析，并紧紧结合"地域性"及"适老性"两方面，为山西地区养老建筑的绿色设计做出"因地制宜"的策略规划，使养老建筑的绿色建筑设计更具有科学性和可操作性。

一、绿色理念下的养老建筑生态规划设计

（一）绿色养老建筑的选址

建筑选址是建筑绿色设计的重要方面。气候条件、地形地貌不同，基地选址也不同。同时，养老建筑的选址也不能忽视对城市空间秩序的考虑。

1. 气候条件

山西属于严寒和寒冷地区，根据严寒和寒冷地区的气候特征，养老建筑的设计首先要保证围护结构热工性能满足冬季保温要求，并兼顾夏季隔热。同时，山西各市县所属的气候子区不同，在养老建筑的节能设计中，可依据具体地区的设计指标限值进行绿色节能设计。

2. 地形条件

由于山西地势形态丰富，建筑的选址宜选择在向阳、避风、平坦的地区。因为冬季冷气流在凹地处容易聚集产生"霜洞"效应，且冷空气对建筑围护结构的风压和冷风渗透都会对建筑冬季防寒保温起到负面影响，从而不利于建筑围护体系的保温和节能。

3. 城市空间格局

城市空间格局对建筑的选址起着至关重要的现实指导意义，在不同的空间内合理分布适应发展的建筑类型，不仅可以充分利用建筑资源，也能起到有计划的"节地"作用，避免建设浪费；同时，针对不同空间下的气候温度及资源状态条件进行建筑的绿色设计，是"节能"的集中体现。

在城市空间格局的影响下，基于绿色理念下的养老建筑选址应从以

下几点出发：

（1）城市的老城区适宜多设养老建筑。老年群体生活在其熟悉的生活圈，有利于心理健康的发展，还能通过合理地分配养老建筑资源，起到"节地"作用。例如，山西省太原市的养老建筑分布应主要以杏花岭区、迎泽区为主，但也要保证其他每个区都有养老建筑的配置。

（2）养老建筑的选址可以在保证地形平坦的前提下，与自然生态结合，有效利用生态资源，为老年人群体营造舒适的养老环境，有利于养老建筑的生态环境设计。这样的选址方式会形成一定的养老建筑郊区化趋势。例如，由于太原城市热岛效应的影响，郊区的平均温度较城市低2 ℃，冬季最为明显，夜间也比白天明显，这是城市气候最明显的特征之一。因此，选址于郊区的养老建筑在节能设计时，更需要注重加强冬季的密闭性。

（二）绿色养老建筑的布局

在养老建筑的绿色设计过程中，影响养老建筑群体规划布局方式的因素主要有建筑所属区域的地理特征及日照、风向、温度、湿度等气候特征。

山西地区的养老建筑在进行规划设计时，可以利用建筑合理的布局形式，减少建筑的能耗，提高建筑使用的舒适性，从而达到节能的目的。建筑群的平面布局形式一般可分为并列式、错列式、周边式和自由式（表7-1）。不同的规划布局形式有各自的特点，需针对具体的养老建筑建设的地域特征选择适宜的布局形式。

表7-1　建筑群布局形式及特点

布局形式	图　示	特　点
并列式		建筑物成排成行整齐布置，可使大部分居室获得最好朝向，利于自然通风，整体美观

续　表

布局形式	图　示	特　点
错列式		可避免"风影效应"，同时利用山墙空间争取日照
周边式		空间集中开阔，但大部分居室得不到良好的日照，且不利于自然通风
自由式		适合复杂地形，可充分利用地形特点，对日照及自然通风有利

富有地域特色的养老社区建设不仅需要对社区进行科学合理的布局和规划，还应充分体现地域文化特色，立足地区本身所独有的山水地貌、人文风情，规划出与城镇形态、功能和结构布局和谐的布局形式。

（三）绿色养老建筑的体形与密度

1. 绿色养老建筑的体形分析

建筑的体形系数是指建筑物的外表面积与其体积的比值。建筑的节能测试研究发现，建筑的体形变化直接影响到建筑的采暖能耗与空调能耗大小。建筑的体形系数越大，其单位建筑空间的热量散失的面积越大，从而建筑的能耗就越高。当建筑的体形系数增大一个百分点时，建筑的耗热量指标会随之增加 2.5 个百分点。因此，绿色养老建筑的设计应该注意通过控制其体形系数来降低能耗。

建筑体形系数的控制方式一般有以下几种：减少建筑面宽，加大建筑的进深；增加建筑层数，加大建筑体量；将建筑体形简化，布置尽量简单等方式。但对于养老建筑而言，减少建筑的面宽，意味着其南向居室设置数量受限，不适合养老建筑的发展。同时，山西地区的全年主导风向基本为北向，增加进深不利于建筑在夏季的通风要求。增加建筑层数，也不利于老年群体的使用。因此，就山西地区而言，建筑体形的简化，避免凹凸，是控制其体形系数的最优办法。

2. 绿色养老建筑的建筑密度

建筑的规划设计还要充分考虑节地设计。体现建筑是否节约土地资源的因素主要为建筑密度与容积率。建筑密度是指基地里所有建筑的底层总面积占基地总面积的比例。在城市化发展飞快的状态下，城市用地极为紧张。因此，养老建筑在建设过程中，在满足老年人群体养老、康复、休闲等功能合理布局，以及养老建筑所需的日照间距的前提下，要尽量提高建筑密度。建筑单体的设计也可以通过采取退层处理、降低层高及减小建筑间距等方式，起到提高建筑密度的作用。建筑容积率是指项目总的建筑面积与项目总用地面积的比值。建筑容积率的大小直接影响到居住者的舒适度。因此，养老建筑在设计过程中，应该合理控制建筑的容积率，为老年人群体营造一个适宜身心发展的居住环境。

（四）绿色养老建筑的环境绿化设计

绿色养老建筑场地的环境绿化景观设计对于改善室外环境有着极大的作用，一般包含场地绿化、步道、景观设施等。其中，场地绿化包括道旁绿化、集中绿化、楼旁绿化，以及目前逐渐兴起的 CSA 农场等，不同方式的绿化设计对场地微气候的作用也不尽相同。

（1）道旁绿化。道旁绿化主要起到道路遮阳、吸尘、降噪的作用。道旁种植枝叶茂盛的乔木，可为老年人在夏季提供一个舒适阴凉的环境，使其更喜欢在室外散步活动，有益于身心健康。同时，道路行车以及起风时会有扬尘，影响老年人生活的空气质量，道路两旁的绿化不仅可以起到净化空气的作用，也可以降低车辆等产生的噪声对居室环境的影响。

（2）集中绿化。场地内应主要种植低矮灌木及铺设大片的草地，从而在养老社区中起到蓄水、降温及优化环境的作用。

（3）楼旁绿化。在建筑物的北侧种植绿植，可以阻挡冬季冷风，从而减少建筑能耗；在建筑物南侧种植乔木类绿植，可以减少太阳的直射，从而降低室内的空调能耗，且落叶乔木的选择不会影响太阳光在冬季进入室内。

（4）CSA农场。养老社区中可建设CSA农场，发挥自身资源优势，结合老年人群体的生活特点，为其提供一个自然的种植活动空间以及健康绿色的食品源，丰富社区的生活体验及生活品质，更好地满足老年人的精神需求，真正做到"适老"社区。

二、绿色理念下的养老建筑平面功能及空间结构

本部分所探讨的养老建筑设计以综合型集中式养老社区建筑单体设计为主。综合型集中式养老社区的养老建筑具有综合性强、功能多样、可容纳不同身体状况的老年人居住等特点。

（一）绿色养老建筑的平面功能构成

合理的建筑平面布局可以使建筑在使用过程中有很好的居住体验，对建筑室内热舒适度的提高起到重要作用，从而达到建筑节能的目的。在建筑的室内平面功能布局上，由于各种房间的使用要求不同，其所需求的室内热环境也会有差异。在设计的过程中，设计人员要根据功能的差异进行合理的分区，将对热环境质量要求较高的功能房间集中布置，最大限度地利用日照及太阳辐射保证老年人对室内的热环境需求。将对热环境相对要求较低的功能房间集中布置在平面温度相对较低的区域，以减少其供热能耗。

养老建筑标准层平面的功能空间主要由养老建筑的居住空间、护理空间、公共空间和交通空间4个部分组成。

1. 养老建筑的居住空间

居住空间是老年人使用时间最长的空间，其对日照的需求最高。因此，山西地区的养老建筑在进行平面布置时，考虑到冬季主导风向为西北风的因素，常布置为建筑南朝向，以争取到最优日照，并减少西北风对居室的冷空气渗透。

同时，为了保证主要居室的室内热环境质量，该居室与室外空间中

应设置南向的阳光房或封闭阳台，起到温度阻尼区的作用，这样不但可以减少房间外墙的传热损失，也可以大大减少室外冷空气的渗透，是冬季减少耗热量的有效措施。

阳光房及封闭阳台的设计要点如下：

（1）阳光房与封闭阳台内的热量和室内空气应进行对流设计，如可以在阳光间、封闭阳台与室内居室之间的墙体的上下部位设置通风口。

（2）阳光房及封闭阳台设计的进深尺度应当适宜，不宜设置太深。

（3）阳光房的玻璃不宜直接落地。

阳光房及封闭阳台的设置属于被动式太阳房的一种，采用被动式手法也是实现养老建筑绿色设计的手段之一。

2. 养老建筑的护理空间

相对居住空间而言，养老建筑中的护理空间主要起到辅助作用，因此，在布置的过程中，对其日照的考虑相对较弱，将其布置于建筑平面的北侧较为合理。其中，护理空间宜层层布置，且应该位于建筑的中心位置，临近交通空间，这样不仅便于观察老年居者的情况，也比较醒目，且交通便利。

3. 养老建筑的公共空间

养老建筑的公共空间的布置，也应考虑其部分功能的南向布置，如阳光房、聊天室之类的功能空间。之所以这样布置主要是因为老年人对阳光有很大的需要，如果这类公共空间布置在北向时，老年人在使用过程中会出现不舒适的感觉，不利于促进老年人的日常活动交流，从而影响其身心健康。

4. 养老建筑的交通空间

养老建筑的交通空间在交通廊道选择时可以选择内廊式。内廊式的主要优点在于其建筑结构的规整、成本造价的低廉、规划管理的简便、建筑面积的有效利用等方面，符合养老建筑的使用空间。

养老建筑的竖向交通宜布置于平面中部，便于人群疏散，且提供便利性。同时，养老建筑内的候梯厅和公共楼梯间应对外开窗，从而获得良好的自然采光和通风条件，候梯厅的宽度要满足轮椅和担架的顺利通行，同时，电梯的轿厢尺寸应满足容纳担架的最小尺寸（1.50 m×1.60 m）。

（二）绿色养老建筑的空间结构

1. 养老建筑的节能入口空间设计

（1）入口位置与朝向。入口在建筑中的位置是至关重要的，建筑入口位置的设计应结合建筑平面的布局以及总平面的布局，尽量避开当地的冬季主导风向，从而减少建筑的冷风渗透及建筑能耗。

（2）建筑入口的节能设计。建筑的入口设计应当合理地设置门斗和挡风门廊。

门斗的设计可以在室内外空间中形成过渡空间，避免冷风直接吹入建筑室内。采用门斗进行节能设计时，其外门在门斗的位置和朝向设计方面应该以减少建筑能耗为原则。门斗的设计作为过渡空间，可以使老年人在冬季出入时，不会由于风速过大而引起不适。

挡风门廊的设计适用于冬季主导风向与建筑的入口呈一定角度的建筑，用以减少建筑的能耗（图7-1）。

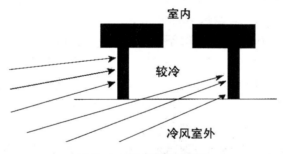

图 7-1　挡风门廊示意图

2. 养老居室空间的自然通风设计

养老居室宜采用南北通透的布局方式，使其有良好的通风条件。但考虑到山西地区的养老建筑发展，现在尤以板式内廊的布置较多。因此，建筑平面的北侧应合理布置楼梯间、电梯间、开放休息厅、护理站等开放的辅助功能空间，这样可以有效地提高养老建筑内的自然通风效率，解决楼内采光问题，从而改善整体居住的舒适度。但这样的老年居室相对来说通风条件较差，在设计过程中，需通过合理安排居室户门的位置，合理利用入户门和公共走廊窗的对位进行空气的流动，从而改善夏季山西地区养老居室的通风情况。

3. 养老建筑的屋顶空间设计

养老建筑的屋顶空间主要包括屋顶及退台、平台等部分。绿色生态的养老建筑设计可以利用屋顶空间多种多样的形式，合理地设置养老建筑所需的功能空间。例如，屋顶阳光房、屋顶花园、太阳能装置、设备用房等，从而起到有效节约土地及合理利用能源的作用。

适合养老建筑的屋顶类型有多种，但山西地区的建筑以"大院文化"著称，符合院落式布局的屋顶形式大多是坡屋顶。下面针对不同屋顶形式的建筑，提出符合该类型空间利用价值的设计方法：

（1）平屋顶。除设置建筑所需的基本设备用房外，还可作为屋顶花园、老年阳光房等符合老年群体生理及心理特征的休闲娱乐功能空间。

（2）坡屋顶。可利用坡屋顶的坡度设置屋顶集水系统，有利于场地内回收利用的雨水收集，也可利用坡屋顶设置太阳能系统装置。

（3）层层退台。可通过层层设置阳光房等休闲娱乐场所或室外屋顶花园，改善养老建筑每一层的居住环境。

4. 养老建筑的室外空间设计

（1）连廊。在养老建筑的室外设计中，外廊连接所有公寓楼以及医疗中心、餐厅等老年人使用的建筑，方便老年人在雨雪天出行。同时，由连廊创造的空间也应考虑适老性设计，如在连廊两侧每隔一段距离设置休息座椅，供老年人休息赏景，聊天交流。

（2）挡风墙。由于山西地区的风沙较大，室外需设置墙体等密实度较高的障碍物来阻碍空气急速流动而带来的不舒适感。当风遇到障碍物时，风速会在障碍物的背面形成风速明显变低的区域，这种现象称之为"风影效应"。因此，山西地区的养老建筑室外空间设计应通过合理利用挡风墙的设置，起到缓解风速的作用，为老年人室外活动提供舒适的风环境区域。

（3）廊架。室外环境中廊架的设置主要起到夏季遮阳的作用，形式上主要分为有顶廊架与无顶廊架两类。其中，有顶廊架在遮阳的基础上还具有防雨雪的功能，虽然造价较高，但更适合山西地区室外环境使用。而无顶廊架的顶部则多采用横条进行搭接，横条布置方向最好与阳光直射方向垂直，通过种植攀爬类植物填充空隙，起到更亲近自然的遮阳效果。因此，山西地区养老建筑的室外环境设计，以有顶廊架为主，辅以无顶廊架，可以在满足舒适度的前提下丰富场地环境。

（4）绿化。室外环境中通过植物来调节场地太阳辐射是自然、有效的方式。在夏季，植物茂密的枝叶结构不仅可以阻挡大量的太阳直接辐射，也可以通过植物体内的水分吸收热量，在其下部空间营造出大面积舒适的阴凉空间。在冬季，场地内种植的常绿植物也可以美化养老建筑的室外空间环境。

三、绿色理念下的养老建筑围护结构节能设计

（一）养老建筑墙体节能设计

建筑的采暖耗热量主要由围护结构传热耗热量构成。在建筑的围护结构传热中，外墙传热大约占25%，楼梯间隔墙的传热耗热量大约占15%。因此，改善墙体的传热耗热是提高建筑节能的重要途径。

1. 墙体保温技术

养老建筑的墙体保温主要分为外墙保温、不采暖楼梯间内墙保温、阳台隔墙保温、变形缝保温等。其中，建筑外墙按照保温层的位置可以分为单一保温外墙、外保温外墙、内保温外墙和夹芯保温外墙4种类型。其中外保温的优越性主要有避免产生热桥，保障室内的热稳定性，有利于提高建筑结构的耐久性，减少墙体内部冷凝现象，有利于建筑改造等。内保温虽有安全性高、维护成本低、使用寿命长、不影响建筑外立面装饰装修等优点，但其保温性能不如外保温，故不适合严寒地区及寒冷地区的节能要求。

2. 保温材料的选择

在进行节能设计时，墙体的保温材料应选择高效保温材料。保温材料的选择，不仅要参考材料的导热系数和密度参数，还要对其燃烧等级、强度、吸湿性、持久性、施工难易程度、是否为环保材料、造价是否适宜等因素进行衡量。目前，模塑聚苯板、挤塑聚苯板、岩棉板、玻化微珠保温浆料等材料是节能建筑中墙体常采用的保温材料。

对比发现，各种保温材料都有不同的特点。例如，模塑聚苯板同时具备低导热系数和低价格的优点，但其防火性能差；挤塑聚苯板同样具

备导热系数低，且有较好的强度、保温性能好等优点，但相较于聚苯板价格较高，对某些溶剂敏感，可能在化学物质接触下降解；岩棉板的保温性能同样很好，加之防火性能高，则更适合于对防火要求高的建筑，如高层住宅等，但由于纤维性质，施工时可能会对呼吸系统造成刺激，且相对于聚苯板等材料成本较高；玻化微珠材料更适合于内墙保温，其施工方便，防火性能高，但导热系数可能较高，保温效果不如传统的保温材料，对于楼梯间这种疏散功能的房间，是更合适的保温材料。

保温材料的选择要结合不同地区的气候需求及建筑形式来确定。山西地区在冬季时气温低，因此，保温材料主要是导热性能较低的材料。为此，山西地区养老建筑的外墙及阳台隔墙的保温材料可选择挤塑聚苯板及岩棉板；楼梯间内的保温材料可选择玻化微珠保温浆料材料。

（二）养老建筑门窗节能设计

建筑的门窗是建筑外围护结构中绝热性能最差的，是影响建筑室内热环境的主要因素，因此也成为建筑节能的重要部位。其除了需要满足老年群体日常的视觉需求外，还应满足采光、通风、日照、遮阳、隔音及建筑造型等功能需求。对于绿色生态的节能养老建筑而言，门窗更要具备良好的保温隔热、得热散热或降噪性能。门窗良好的热工性能主要与其大小、形式、材料和构造等特性有关，从而减少建筑的能耗。具体达到节能要求的措施如下：

1.控制建筑各朝向的窗墙面积比

由于山西地区冬季比较长，建筑的采暖耗能较大，因此，建筑各方向的窗墙面积比应该合理设计。由于该地区冬季受西北季风的影响，建筑的北侧应当减少窗户的面积，只需满足其采光要求即可；建筑的东西两侧，则需要考虑夏季防晒以及冬季冷风渗透；建筑南向的窗户在材质选择上应注意降低其传热系数，建筑开窗面积适当增大，从而有利于在冬季获得从南向外窗进入的太阳辐射热，利于节能。

由于老年人群体视力逐渐下降的生理特性，因此，开窗的采光设计是否合理关乎其观察的舒适性，也关乎能否营造室内舒适的采光环境。不同的地区还应该采用不同的设计方法，山西地区北向开窗不宜过大。

同时，养老居室为了保证视野开阔，以及方便老年人进行开闭操作，应该将窗户的高度设置在 60 cm 左右，并合理控制开窗面积。

2. 减少窗的传热能耗

窗户的节能措施主要有减小玻璃的传热性能、提高窗框的保温性能以及提高窗的气密性 3 个方面。

（1）节能玻璃。目前适宜山西地区且应用较为广泛的节能玻璃主要是高透性 Low-E 中空玻璃。间隔层气体通常为空气或者氩气。其中氩气为惰性气体，可以降低玻璃的传热系数，有效遮挡紫外线，起到遮阳和隔音效果。

（2）窗框的保温材料。适宜山西地区的窗框有导热系数较小的 PVC 塑料窗框、铝塑共挤窗框、断桥铝合金窗框等。表 7-2 为常见窗框材料的特性。

表7-2 常见窗框材料的特性

窗框材料	特 点
PVC 塑料窗框	价格较低，隔热保温性能好，耐化学腐蚀性强，气密性及隔音性能也很好；但强度较低，抗风压能力较弱
铝塑共挤窗框	档次高，保温性能良好，物理强度高，易组装，抗风压，隔音性能良好，尺寸稳定性高，安装方便
断桥铝合金窗框	价格较高，保温隔热、隔音、强度、防冷凝等综合性能好

通过以上窗框材料的对比，养老建筑的窗框可以采用 PVC 塑料窗框和铝塑共挤窗框，以提升窗户的保温隔音性能。

（3）窗的气密性。主要通过对窗框与洞口、窗框与窗扇、玻璃与窗扇 3 个部位的间隙进行密闭性处理，减少建筑的冷风渗透及热量散失。我国国家标准规定，严寒地区外窗及开敞式阳台门的气密性不应低于 6 级；寒冷地区 1～6 层建筑的气密性不应低于 4 级。

3. 合理设置窗户的开窗形式

窗户的开窗形式对组织室内的气流等起着很大作用，同时其开窗面积、开扇缝等都对建筑的能耗有很大影响（表 7-3）。

表7-3　窗的开扇形式与缝长关系

编　号	开窗形式	开扇面积 /m²	缝长 L1/m	L1/F	窗框长 L2/m
1		1.20	9.04	7.53	10.10
2		1.20	7.80	6.50	10.10
3		1.20	7.52	6.10	9.46
4		1.20	6.40	5.33	8.10
5		1.00	6.00	6.00	9.70
6		1.05	4.30	4.10	7.20
7		1.41	4.80	3.40	4.80

由表7-3可见，在开扇面积相近的情况下，开扇缝较短的开扇形式节能效果更好。养老建筑采用编号为4，6，7的开窗形式更有利于建筑节能。

条件允许时，养老建筑的开窗形式最好采用复合开启式窗扇。老年人可以根据需要更换窗户的开启方式，从而控制空气流动的方向和空气对流速度。例如，在卧室采用内开内倒式，当正常使用时，可将窗扇向内平开；当休息时，可采用上部内倒式，将进入室内的气流导向较高处，避免风直接吹向身体。

4. 窗户的遮阳处理

养老建筑的南向房间大多数为老年居室，夏季透过窗户进入室内的太阳辐射热对老年人的居住舒适度影响较大，也增加了空调的能耗。因此，对建筑南向外窗及阳台透明部分的遮阳设计，也是养老建筑绿色节能设计的要点。在养老建筑南向窗户上部进行水平外遮阳设置，可以在夏季减少太阳辐射热进入室内。在冬季时，由于太阳高度角较小，因此不会影响建筑冬季热辐射的需求。

（三）养老建筑屋面保温节能设计

养老建筑的屋面结构是围护结构中散热耗能的主要构造之一，对养老建筑的屋面进行合理的保温节能也是设计过程中的重点之一。严寒与寒冷地区传统的屋面保温做法是采用正置式结构设计。但正置式屋面存在的问题是该结构中防水层直接与空气接触，容易使防水层性能降低，进而影响保温层的效果，使得屋面整体性能降低，因此，正置型的屋面结构需要定期进行维护。

适合山西地区保温节能的屋面做法主要是倒置式结构设计。倒置式屋面的保温结构在整体结构中位于防水层外，整个屋面蓄热能力增加，同时，保温和防水层的效果可以得到明显改善。但倒置式屋面结构对材料的要求相对正置式高很多。例如，保温层材料的吸水性能要低，因此，山西地区保温节能的倒置式屋面做法常采用吸水性能低、轻质、高强度的挤塑聚苯板作为保温隔热材料，从而减少冬季建筑的屋面散热及夏季的屋面传热。

第三节 绿色理念下的养老建筑设计实证

一、项目概况

山西省静乐县社会福利中心建设项目，占地约 28700 m²，选址距县城 10 km 的帝师故里段家寨乡五家庄村，东依万亩森林公园，西临百里汾河，空气清新，环境优雅，集养老、休闲、旅游、度假于一体，属静乐县康养小区规划区。

静乐县社会福利中心总建筑面积 15 000 m²，包括老年公寓楼、综合楼和餐厅，老年公寓楼分南楼和北楼，建筑面积 11 834 m²，前厅、走廊为 1 层，南楼 3 层，北楼两边为 4 层、中间为 5 层，建筑高度 18.91 m。设有接待大厅、交流厅、小超市、活动室、健康评估室、助浴间、阅览室、棋牌室、书画室、健身房等。老年人住房全部设在阳面，阴面为工作用房。共有老年人住房 109 间，床位 363 张。老年人住房阳台面积不计，失能区建筑宽度均为 8.2 m、进深均为 8.5 m，可入住 6 人。半失能区建筑宽度均为 4.1 m、进深均为 8.5 m，可入住 3 人，同时设有亲属住房 4 间。每个房间均有单独的卫生间。每层都有餐厅、洗衣室、活动室等。综合楼建筑面积 2478 m²，建筑高度为 13.81 m，为 3 层结构，1 层设有药房、急救室、心电图室、消毒室、化验室、临终关怀和亲属陪同室；2 层设有心理咨询室、理疗室、康复室、针灸室、社会工作室、培训室；3 层设有可容纳 200 人的多功能厅（并设有轮椅席位）、储藏室等。公寓楼和综合楼之间由连廊连接，共设有 7 部电梯，其中送餐电梯有 2 部。

静乐县社会福利中心位于山西省忻州市静乐县西北侧。该项目依托于得天独厚的生态环境资源和良好的地理位置，在当地政府的指导和支持下，致力于建设山西地区标准高、设施齐全、生态环境优美、服务贴心的养老中心。

二、项目绿色设计

（一）生态规划设计

1. 基地选址和前期规划

该项目为静乐县社会福利中心规划设计项目，项目位于静乐县段家寨乡五家庄村。项目建设用地日照充足，环境优美，交通便利。场地基本平整，外部条件较好，适合于该项目建设。

2. 建筑总平面布局的合理性及交通组织

（1）建筑总平面布局。基地所在的村落形态呈现出山西地区独特的民居群体特征，皆以院落为单位形成相对围合的形态。因此，方案在规划设计时选取"院落式"布局为元素。同时，为了便于老年人的休息娱乐和服务管理，不同功能用房分区布置，通过连廊将各功能区联系。群体形态呈现南北中轴对称的"院落式"布局，既相对独立又彼此联系。公共服务区与各养老居住活动组团服务半径相对较小、便捷，让老年人在空间上获得私密感。

老年人公寓位于用地最北面，入口正对广场，便于人流集散。老年人公寓包含公共活动区、失能养老区、半失能养老区。公共活动区设置接待、餐饮区、室内体育健身房、休闲茶座室、棋牌室、阅览室及办公室，失能养老区床位 72 张，半失能养老区床位 291 张，共计床位 363 张。

综合楼位于用地西面、主入口南侧，便于老年人入院体检与门诊就医。综合楼具备入院体检、诊疗、抢救、化验、医技检查及学术交流等功能，主要以老年人体检、保健、康复为主，不设全科室医疗机构。

餐厅位于用地东面，分为荣军餐厅和老年人餐厅两部分。

（2）交通组织。项目用地设主入口 1 个、次入口 2 个。主入口位于用地西侧并与主干道相接，次入口分别位于院区东北侧与西南侧，作为车行的第二、第三出入口，便于消防车及养老人员接送出入。院区车行道路沿外围布置，形成环形外圈，既满足车行需求，又最大限度地减少车行道的占地，尽量做到人车分流，以保证老年人休闲活动的安全性。

3. 规划合理的建筑朝向

（1）气候分析。项目位于山西省忻州市静乐县，属于我国严寒 C 区，冬夏季主导风向皆为东北偏北风。由于场地平整，南邻生态农场，视线及采光上无遮挡，因此，建筑在布局设计上应争取太阳辐射，最大限度地考虑南向采光及建筑朝南布置。避免冬季东北偏北风向的寒流干扰，为场地建立最舒适的微气候环境。

（2）日照分析。运用日照软件，在项目所在的场地条件下，对项目规划布局图进行冬至日场地的日照模拟分析。根据模拟数据分析图可以看出，建筑南向日照良好，满足养老建筑冬至日 3 小时的日照要求。

（3）风环境分析。通过对项目规划布局的风环境模拟，本项目的总体规划在冬季时场地内整体气流均匀，且无过急气流形成，舒适性良好。部分场地出现较大风速，主要由下冲气流引起，可在该区域种植乔木，削弱该区域风速；建筑表面压差均小于 5 Pa。

在夏季时连廊通道的门窗根据情况打开，气流沿建筑绕流后，形成多排的良好的自然通风风道。建筑表面风压均大于 1.5 Pa，可形成良好的自然通风。

（二）养老建筑的建筑形体

养老公寓以中国传统建筑风格与地方特色民居为底蕴，主体建筑采用坡顶院落式布局。庭院是中国传统建筑的灵魂，是中国园林的精髓所在。该项目力求营造北方大院的庭院式环境，在创造优美环境的同时，追求富于传统文化的建筑意境。

建筑以 3 ～ 5 层为主，局部降低或升高，形成高低错落、步移景异的园林式庭院空间，并通过景观种植与景观水系的融合，强调传统中国园林的意境。该项目本着建筑与园林景观紧密相结合的主题思想，进行文脉传承和地域特色的展示，充分利用绿化、水系衬托富有传统特色的建筑个体，以亲切自然的建筑风格把园区建成一个温馨宜人的养老疗养居住环境。

在建筑节能方面，项目设计合理的控制建筑体形系数，符合山西省《公共建筑节能设计标准》（DBJ04–241—2013）第 3.1.3 条及山西省《居住建筑节能设计标准》（DBJ04–242—2012）第 4.1.4 条的规定。整体造型简洁大方，没有繁琐的体块变化和体形凹凸，减少了建筑的耗热量，从而达到节能的目的。

（三）养老建筑室外空间及自然环境的有机结合

养老建筑室外空间的布局与设计采用了多层次、立体化的格局，把核心布置与散点布置相结合，控制好核心景观空间的合理服务半径，尽可能综合、全面地考虑到不同精神诉求、不同身体状态的老年人对景观环境的不同层次的需求，相对分散布置的景观宜靠近老年使用人群，并结合整体尺寸，营造半围合的景观空间，创造出迎合老年人生理需求及精神文化需求的户外空间。

1. 绿地景观设计

规划设计将中心广场、组团绿地、院落绿地与蜿蜒曲折的水流相连接，形成有机整体。不同院落空间均能享受良好的绿色景观，并与园区步行绿地系统融为一体。绿地与水体、室内景观花园、室外活动空间有机结合，精心组织区域内部水系，充分利用宽阔的步行空间布置绿化，共同构成互动、开放、文化艺术氛围浓厚的绿色养老环境。

2. 室外活动空间设计

（1）健身锻炼空间。园区集中设置供老年人进行集体活动的健身运动广场，健身运动包括广场舞、健身操等。同时，为了满足老年人小规模群体活动的需求，园区充分利用各个组团的景观绿化系统，营造相对独立的小空间，以组团为单元，围绕绿化设置小型健身器械，分隔小活动空间以供老年人小群体聚居进行太极拳、健身、气功等活动，并铺设专为老年人散步、慢跑的健康步道，贯穿小区整个步行系统。

运动区地面在材料的选择上也精心考虑到老年人的安全问题，如地面采取平整的防滑材料，同时具备抗腐蚀性、耐久性以及易清理的特性，健身器械采取防滑措施。考虑到老年人运动体力状况有别于青少年群体，运动区边缘设有休息凳椅，并采取绿化遮阳措施，全方位围绕老年群体生理特征进行设计。此外，视线的设计处理也考虑到了老年人的安全问题，透过居住及庭院空间，亦可以看到户外活动健身空间，一方面可以带动更多老年人的健身运动积极性，另一方面可以在有突发事故发生时，便于工作人员随时监护。

（2）社会交往空间。在社区人流交叉密集区以及可能出现人流停滞的区域（如建筑之间的活动场地、出入口、步行主干道及交叉口、公共建筑屋檐下、景观节点等处）都为老年人提供了舒适的交往空间，具体表现在铺设防滑地面、搭设雨棚架、安设座椅等。

此外，园区还通过延长挑檐雨棚板的长度、加设门廊等方式，为养老、疗养人群提供雨雪天气条件下的户外交往活动空间，增加生活情趣。

（3）休闲活动空间。

①园艺种植区。园艺植物是大自然的精华，是美化、改善人们生活质量的使者。园艺种植区的设置有利于改善老年人生活环境的空气质量、陶冶性情、丰富晚年生活、延年益寿。老年人可根据环境条件、个人体力和爱好，选择合适的种类和品种进行园艺活动，主要以种植花草和蔬菜为主，结合自然景观区布置。种植园划分成若干块布置，周围还设有休息空间，便于老年人劳动后休息。

②垂钓区。垂钓是一项十分适合老年人的户外休闲项目，能陶冶情操、放松身心。垂钓区为老年人提供了一个融入大自然的场所。园区中心湖面安排垂钓空间，交通便捷，成为园区的特色景区。垂钓区还设有舒适的垂钓平台、挡雨蔽日的保护设施、带扶手的台阶，利用周边郁郁葱葱的植物营造半封闭的空间氛围，在河边抛杆垂钓，微风拂面，绿柳环绕。

③赏鸟场所。赏鸟也是老年人亲近大自然、调节精神、缓解心理压

力、愉悦心情的渠道之一。老年人通过赏鸟既能减少孤独感，又能间接通过散步锻炼身体。为避免鸟鸣声干扰老人的休息，赏鸟场所宜远离居住区域，采用植物围合，结合花园、自然景观区和园艺区设置。

④风雨廊。冬季光照强度及时间相对减少，老年人适当晒太阳有助于振奋精神、改善情绪、远离抑郁症，还可强健骨骼，预防骨质疏松的发生。户外散步小径、阳台、屋顶平台、没有绿荫的休闲空间都可作为老年人沐浴阳光的享受空间，亦可成为老人聊天交流的场所。

⑤室外坐息空间。老年人体力有限，在户外除了运动，更多的是处于静止休闲的状态：户外闲聊、沐浴阳光、观赏游玩等。良好的坐息空间为老年人进行小规模交往活动提供便利。园区主要在运动健身空间的周围及小径旁侧、树下、廊檐下、入口处、道路交叉口等设置休息座凳、座椅，形成方便舒适、便于集聚交往的空间环境。

（四）养老建筑的平面功能及室内空间设计

1. 日照与采光

该项目养老公寓部分根据老年人生活需求进行了合理的分区，主要分为半失能区与失能区两部分。

考虑到冬季主导风向东北偏北风的气候因素，养老居室布置在建筑朝南方向，以争取到最优日照，以及接受自然阳光照射，这样既可以满足老年人建筑卫生的要求，又营造了较好的观景条件。

同时，在养老居室与室外空间中设置南向的封闭阳台，起到温度阻尼区的作用。夏季时，封闭阳台可以减少阳光直射到室内；冬季时，封闭阳台的墙体采用挤塑板保温材料进行保温，以减少房间外墙的传热损失。

2. 自然通风

自然通风对于维护室内舒适度和健康至关重要。良好的通风能有效地降低室内的湿度和温度，带走污染物和病菌。设计时，应考虑如何优化空气流动，如可以通过跨通风设计或创建气流通道等方式。门窗的设计和定位也会影响通风效果。例如，对面的窗户可以提供良好的跨通风效果，而角窗可以从不同的方向引入风。除了设计时应考虑这一问题外，建筑的运行和使用也很重要。例如，根据季节和天气调整窗户的开启程度，以维护良好的室内环境。

（五）养老建筑的围护结构设计

本项目的绿色节能设计是将老年公寓区、接待与公共区、综合楼、餐厅分为 4 个部分分别进行设计。

1. 老年公寓区围护结构节能设计

老年公寓区是按山西省《居住建筑节能设计标准》（DBJ04-242—2012）进行指标检查。老年公寓区建筑外墙采用挤塑聚苯板的外保温设施；窗户采用白玻璃窗 + 空气厚度 12 mm 玻璃及塑料窗框；屋面保温层采用挤塑聚苯板的倒置式屋面；变形缝采用玻化微珠保温砂浆材料。

2. 接待与公共区围护结构节能设计

接待与公共区的建筑主要围护结构也进行了节能设计，并依照山西省《公共建筑节能设计标准》（DBJ04-241—2013）进行指标检查。经计算，该区的体形系数为 0.26，符合该规范第 3.1.3 条体形系数应小于或等于 0.40 的要求。其中，外墙采用挤塑聚苯板的外保温设施；窗户设计为 Low-E 中空玻璃（在线）+ 空气厚度 9 mm 玻璃及塑料窗框；屋面保温层为挤塑聚苯板。

3. 综合楼围护结构节能设计

综合楼围护结构节能设计依照山西省《公共建筑节能设计标准》（DBJ04-241—2013）进行指标检查。经计算，综合楼的体形系数为 0.26，符合该规范第 3.1.3 条体形系数应小于或等于 0.40 的要求。建筑外墙、屋顶及门窗也均进行了节能设计。

4. 餐厅围护结构节能设计

餐厅围护结构节能设计依照山西省《公共建筑节能设计标准》（DBJ04-241—2013）进行指标检查。经计算，餐厅区域的体形系数为 0.36，符合该规范第 3.1.3 条体形系数应小于或等于 0.40 的要求。

（六）资源综合利用

1. 太阳能平板热水器的应用

本项目利用屋顶空间设计了太阳能集热系统与雨水收集系统。老年人公寓楼顶布置有向南倾斜的太阳能板，增加受光面积，以获取最大的太阳能资源，为居室提供太阳能热水。同时，架空的太阳能平板减少了夏季阳光通过屋面向室内传递的热量，有利于夏季屋面的隔热性能。

2. 水资源利用

本项目在设计中通过屋顶四周的坡沿收集屋面雨水，经过有机净化处理后，转变为可用于植物灌溉、洁厕、洗衣的中水，达到节约水资源的效果。

本项目除了设计雨水收集利用系统外，还将道路铺设了渗水的混凝土材料。地上除硬化设计外，全部进行绿化景观设计，地上停车场铺设了植草砖，不仅创造了良好的环境，也提高了场地的存水能力。同时，场地内的绿化、草地浇灌以及建筑内部的卫生器具都进行了节水设计，做到了源头节水。

第八章 展望：养老建筑设计发展

第一节 走向交互设计的养老建筑设计

一、养老建筑空间的交互设计

（一）养老建筑空间行为环境的交互设计

1. 基地内养老建筑临街可视面与街道的交互设计

从基地内建筑整体设计角度进行分析，基地内养老建筑临街可视面一侧的空间流线组织方式受到主入口（包括设施玄关入口、居家养护服务支援入口和地域交流入口）、服务辅助入口（包括职员入口、厨房服务入口、设备搬运入口和停车场入口），以及主干道和道路位置等因素的交互影响，养老建筑的主入口设置在临街可视面一侧，同时，需要与建筑侧立面和背立面的流线组织相呼应。

2. 基地内养老建筑整体布局和动线的交互设计

养老建筑整体布局需要考虑基地内入住老年人群动线设计（步行、使用轮椅者）、来访者动线设计（居家养护服务人群、地域交流人员、老年人亲友）、人车分流动线设计（机动车、自行车）、工作服务人员动线和物流动线设计等影响因素。老年人群动线设计又可进一步分为建筑内主动线设计（生活、护理）和基地内的游走动线设计（散步、锻炼），同时，建筑整体布局和动线的交互设计还应考虑日照和通风等自然条件。

3.建筑整体形态成长和变化对应的交互设计

养老建筑整体成长扩建和变化对应的交互设计运用建筑可持续性的观点，即养老建筑空间的增建和建筑局部的改建采用以轴线为基准的交互设计方法，同时衍生出十字形中枢轴线、曲面中枢轴线、中庭环绕状轴线、中庭放射状轴线这4种交互设计方法。

4.空间组构的邻接和近接原则

构成养老建筑的主要养护空间和服务性附属空间之间的连接方式首先应该遵循邻接布局原则，主要空间和附属空间可以采用套型布置，同时，附属空间承担过渡空间的功能。其出入口连接廊下空间，也可在主要空间和附属空间邻接廊下空间的一侧同时设置出入口，但两个空间之间需要保持联系。大空间内可以设置灵活移动的轻质隔墙，以适应功能使用变化。当受到客观限制，两种属性空间无法直接邻接布置时，则需要采取近接布置原则，从而缩短老年人的动线距离，方便老年人对各空间的直接使用。

5.组团型单元内共同生活空间和卧室空间的组构交互设计

养老建筑内卧室空间组团布置形成的生活单元能营造出家庭化生活氛围。为方便老年人对组团型生活单元内交往空间的使用，共同生活空间和老年人卧室之间的连接方式是交互设计的重点。考虑到护理人员和老年人的行为动线和移动范围，共同生活空间和卧室空间两者的组构方式主要存在3种形式：共同生活空间和卧室空间邻接一体化设计、共同生活空间和卧室空间部分邻接一体化设计、共同生活空间和卧室空间通过廊下空间联系的近接设计。

6.邻接和近接领域内的空间布局

食堂、机能训练室的整体空间组织，养老建筑内食堂和机能训练空间作为区别于居住空间的主要服务性附属空间，其与养老建筑内老年人生活单元（卧室、卫生间、浴室和部分公共空间组团构成）、生活单元群之间的空间组构关系是交互设计的要点。

7. 护理站的空间位置

护理、半护理老年人的居住空间通常将 8～10 个居室组成小规模单元组团，护理站与活动空间分散于各单元组团内，服务流线短捷，提高了服务效率。在美国护理机构中，护理站到最远房间的距离一般在 36 m 以内，援助式居住生活机构中最远的房间到主要活动空间的距离在 46 m 以内。日本特别养护老年人之家中，护理站到最远居室的距离通常为 30～40 m。护理站作为养老建筑内医疗养护服务空间的核心，其空间位置应该充分考虑与周围房间的联系，避免因空间组织混乱而引起的不同人群动线的交叉干扰，方便护理人员对老年人开展看护及医疗服务。设计人员通常按照护理站位置的不同，分析养护服务单元内的护理站空间交互设计、老年人生活单元内的护理站空间交互设计，以及与室外空间相邻的护理站空间交互设计。

8. 职员办公空间的位置和邻接空间

养老建筑内的职员办公空间通常位于建筑一层，设计时需要考虑设施内职员的行为动线特征、职员专用出入口和办公空间的位置关系、入住老年人的通过位置、来访者的动线，以及室内外空间关系等因素，办公空间也可与机能训练空间邻接设计。

9. 浴室和卫生间内的空间组织关系

养老建筑内普通浴室、特殊护理浴室以及邻接附属空间的组构方式存在差异，卫生间根据其出入口是否直接连接廊下公共空间、出入口前是否设计专用过渡空间而采用相应的空间交互设计方法。

10. 地域性短期养老服务空间组织关系

养老建筑内部分空间的利用对象为地域性短期护理的老年人，为老年人提供日间照料、机能训练、洗浴等养老护理服务。设计人员在空间交互设计时，应该考虑部分活动空间同时，面向入住老年人和短时护理老年人的双重属性，同时，需要设计专用空间服务于日间照料的老年人，防止不同老年人群在养老建筑内移动路线的交叉干扰。

（二）交互关系作用下的养老建筑内部空间动线设计

1. 动线的类型、属性和设计要点

养老建筑内部空间的动线属性包括人群移动轨迹的差异性、方向性、移动距离的长短和时间差，根据入住老年人身体状况的不同，自立行走人群、借助扶手移动人群、利用拐杖移动人群，以及利用轮椅移动人群所产生的动线属性特征不同。通过以上分析动线交互设计要点总结如下：建筑空间根据功能的从属关系，依据邻接和近接原则组织空间，使得动线单纯明快、长度缩短；功能分区明确的同时，设计相应的过渡空间防止不同属性动线交叉干扰；保持高移动频率，促进老年人活动，有利于增强其身体机能。

2. 内部空间动线团状化交互设计

动线上某点、转折处或相交处的团状化形成养老建筑内主要的公共空间，如入口门厅空间、多功能空间、老年人共同生活空间和垂直交通前的等候休息空间等。动线团状化交互设计主要赋予养老建筑内部空间组织合理的人群集散功能，具有多点散射特征。

养老建筑平面布局的动线团状化交互设计为入住老年人的公共行为提供了明确的集散性场所空间，进而形成小规模组团式平面布局模式。动线团状化形成的公共空间有效地缩短了老年人群的移动距离，提高了建筑空间的利用频率，在方便老年人进行交往活动的同时，避免了因大空间集体活动而产生的不同人群动线的交叉干扰。动线团状化将人群进行多中心分区疏散，方便护理人员对老年人的看护和管理，同时，保持了生活空间的连续性，创造了集合性公共空间。

养老建筑垂直维度的动线团状化会因建筑高度的不同而产生不同尺寸的垂拔空间，因此，在剖面的交互设计时应注意创造适宜的空间尺寸。垂拔空间内应该通过内装材料、色彩和空间构成设计出符合老年人生活特征的环境氛围，同时考虑大尺寸空间下的老年人看护和管理问题。

在内部空间动线带状化交互设计方面，养老建筑内部老年人生活空间组织采用内廊式和侧廊式易于形成人群动线的带状化，动线带状化具有较强的空间指向性特征，在养老建筑办公空间及部分服务性附属空间内易采用动线带状化交互设计，提高职员的工作效率。养老建筑平面布局的动线带状化交互设计应考虑在线性空间的两侧灵活布置开放式休息空间和活动空间，也可在空间的一侧设计半室外空间，同时，将动线进行分流设计，对人群进行有效疏散。养老建筑垂直维度的动线带状化交互设计要点是注重在建筑整体内创造不同层高的局部空间，空间之间通过局部垂直交通组织产生垂直面上的联系，有效地将人群疏散。局部空间之间交错连接形成丰富的休憩空间，为老年人创造公共交往的空间环境。

二、老年人行为领域交互设计

需要确定机构型养老建筑内入住老年人的标准生活单元（将老年人按一定数量规模组团化的最小生活单位），标准生活单元由居住空间、辅助空间、通行空间以及共享复合空间构成。标准生活单元内的共享复合空间通常是形成交互介质（行为领域）的空间载体。将标准生活单元进行组合，在单元连接处的局部空间内可以形成新的交互介质（行为领域）。[①]

（一）交互介质（行为领域）的横向组织设计

对两个标准生活单元进行组合，生活单元可以横向正交组合，同时，也可以错叠组合，其连接处通常成为交互介质（行为领域）的形成空间区域。居住在两个标准生活单元内的老年人可以共享交互介质（行为领域）形成的所属空间，同时，护理人员通过该空间对两个标准生活单元内的老年人进行有效看护照料和组织管理。承载交互介质（行为领域）的共享复合空间在横向组合的情况下，对应标准生活单元×2 的交互介质（行为领域）的横向组织设计形式包括直线型、复合直线型和手钥型。其中直线型和复合直线型可以保证两个标准生活单元同时设计朝南的卧室空间，手钥型至少可以保证一个标准生活单元设计朝南的卧室空间，该交互介质（行为领域）的横向组织设计形式适用于小规模养老建筑，养护人数为 20～30 人。

老年人标准生活单元×4 的交互介质（行为领域）的横向组织设计形式包括复合手钥型、马蹄型和围合型。该交互介质（行为领域）的横

① 王洪羿. 走向交互设计的养老建筑 [M]. 南京：江苏科学技术出版社，2021：145.

向组织设计形式在机构型养老建筑空间内形成一个 M 型交互介质（行为领域）的承载空间（承载老年人行为领域的共享复合空间数量大于或等于 2）和两个 S 型交互介质（行为领域）的承载空间（承载老年人行为领域的共享复合空间数量等于 1）。其中复合手钥型交互介质（行为领域）的横向组织设计形式可以实现 3 个老年人标准生活单元同时共用一个 M 型交互介质（行为领域）的承载空间，其他交互介质（行为领域）的横向组织设计形式形成的 S 型交互介质（行为领域）的承载空间满足两个老年人标准生活单元共享。马蹄型交互介质（行为领域）的横向组织设计形式可以保证 3 个标准生活单元同时设计朝南的卧室空间，其他交互介质（行为领域）的横向组织设计形式保证两个标准生活单元同时设计朝南的卧室空间，养护人数为 40 ～ 60 人。交互介质（行为领域）的横向组织设计适宜形成个体空间行为交互关系、单维线性空间行为交互关系、多维辐射空间行为交互关系、环状拓扑空间行为交互关系。

（二）交互介质（行为领域）的纵向组织设计

交互介质（行为领域）在纵向组合的情况下，对应标准生活单元 ×2 的组织设计形式形成 4 种手钥型组合类型，该交互介质（行为领域）在纵向组织设计下形成的共享复合空间满足两个老年人标准生活单元共享，保证一个标准生活单元同时设计朝南的卧室空间，养护人数为 20 ～ 30 人。标准生活单元 ×4 的交互介质（行为领域）纵向组织设计形式包括复合手钥型、凹型和围合型。该交互介质（行为领域）在纵向组织设计下在机构型养老建筑空间内形成一个 M 型交互介质（行为领域）的承载空间和两个 S 型交互介质（行为领域）的承载空间，其空间构成特征、养护老年人数和交互介质（行为领域）与横向组织设计标准生活单元 ×4 基本相同，不同点在于，老年人标准生活单元连接处 S 型交互介质（行为领域）的承载空间之间的空间功能纵向构成形态和特征的差异性，该组织设计形式下交互介质（行为领域）所在的空间多为东西向布局，标准生活单元内朝南的共同生活空间较少。交互介质（行为领域）的纵向组织设计适宜形成个体空间行为交互关系、单维线性空间行为交互关系、多维辐射空间行为交互关系、环状拓扑空间行为交互关系。

（三）交互介质（行为领域）的向心集中式组织设计

交互介质（行为领域）的向心集中式组织设计形式一般由 4 个老年人标准生活单元构成，4 个共享复合空间形成的 M 型交互介质（行为领域）的承载空间，进而满足 4 个标准生活单元共享。护理人员通过该空间对 4 个标准生活单元内的老年人进行有效看护照料和组织管理，保证两个标准生活单元同时设计朝南的卧室空间，养护人数为 40 ～ 60 人。交互介质（行为领域）的向心集中式组织设计适宜形成个体空间行为交互关系。

（四）交互介质（行为领域）的复合组织设计

交互介质（行为领域）的复合组织设计形式一般由 6 ～ 8 个老年人标准生活单元构成，该组织设计形式同时具有交互介质（行为领域）的横向、纵向以及向心集中式 3 种组织设计形式的共同特征，适用于较大规模的养老建筑，养护人数分别为 60 ～ 90 人（生活单元 ×6）和 80 ～ 120 人（生活单元 ×8）。交互介质（行为领域）的复合组织设计形式最大的特征是标准生活单元组团围合构成院落空间，如交互介质（行为领域）的复合组织设计——标准生活单元 ×8 中的围合型组合由两组老年人标准生活单元构成，每 4 个标准生活单元进行组团构成一组，围合形成两个共享的室外庭院空间，同时，实现老年人卧室朝南空间最大化。交互介质（行为领域）的复合组织设计适宜形成环状拓扑空间行为交互关系，以及多维组合空间行为交互关系。

三、养老建筑空间细部交互设计

（一）手钥型构成形态的空间交互设计

手钥型构成形态的空间交互设计具有 4 种基本平面布局形式，其中，外侧手钥型和内侧手钥型的建筑空间转折处形成"场"，通常结合为护理站、机能训练和垂直交通空间进行集中设计，同时，在建筑两翼的老年人生活单元内设计独立的共同生活空间。共同生活空间是形成"子场"的区域，满足各生活单元内入住老年人交往、就餐、活动、娱乐、洗浴等行为需求，功能布局充分体现邻接和近接的空间交互设计原则。中心共同生活空间化和中心动线集散式适用于较小规模的养老建筑，空间形态较丰富，功能布局灵活。中心共同生活空间化注重"场"内满足老年人各种日常生活行为的开展，以及护理人员对老年人的看护照料，中心动线集散式通常将老年人生活单元围绕垂直交通单元布局，注重空间对人流的疏散功能，将公共空间和洗浴、护理等附属功能嵌入各个生活单元内，建筑的中心空间主要承担疏散功能。由于中心设置较大的公共空间，以上两者的通风效果较好。

（二）马蹄型构成形态的空间交互设计

马蹄型构成形态的空间交互设计具有 3 种基本平面布局形式，其中北侧开口在建筑南侧创造公共空间，同时满足建筑东、西两翼的老年人生活单元的使用，且拥有南向采光。位于南侧中心处的护理站满足护理人员同时对两侧入住老年人进行照料和护理的要求，设计时需要在建筑东、西两翼的组团单元内设计独立的共同生活空间，满足入住老年人的使用需求，同时在南、北建筑连接处设计通风口，保证室内空气质量。内侧中庭化设计使得老年人卧室的布局更加有机灵活，中庭实现室内外空间的交互渗透，室内通风状况较好，建筑内部进入内庭院的廊下空间设计也较为自然。内侧中庭化、西侧开口使得建筑空间更加开放灵活，位于建筑平面北侧与娱乐室邻接布置的小庭院和西侧对外的中庭空间形成对比，老年人卧室围绕一大一小两个庭院灵活布局，其中嵌入护理、机能训练、洗浴等功能空间使得建筑整体空间富有变化。

（三）围合型构成形态的空间交互设计

口字围合型构成形态的空间交互设计具有 4 种基本平面布局形式，其中中心共同生活空间化使得分散的老年人生活单元实现空间的二次组团，每个生活单元由两间卧室共享一个公共餐厅空间和洗浴空间组成，平面中心的共同生活空间内形成的"场"将 4 个生活单元联系，满足建筑北侧护理站内护理人员的有效看护管理要求。中心回廊庭院化适用于较复杂的建筑基地，可以根据地形自由布局老年人居室，围合形成庭院，使得建筑内外空间产生良好的渗透感，有效引入庭院内外的自然景观，空间整体构成具有有机生态的特征。三围合组团和四围合组团式构成形态的空间交互设计适用于较大规模的养老建筑，其空间设计本质属于中心共同生活空间化，实现养老建筑内空间的多层次组团，将大规模空间分散，便于护理人员管理，同时，在每个组团单元内嵌入庭院、多功能厅、浴室、餐厅、谈话室等附属功能空间。设计中应注意防止各组团单元内功能及空间形态的重复，避免空间形态的单一，利用公共空间之间的穿插、咬合，在组团单元之间形成空间的自然过渡，各组团单元内的公共空间应尽量保证一侧对外开窗和设计通风口，保证室外自然景色的引入和室内通风。三角围合型构成形态的空间交互设计及功能布局特征和口字围合型相似，其老年人居室空间的布局形态更具韵律感，适用于小规模养老建筑，养护人数为 20 ～ 30 人。

（四）放射型和涡型构成形态的空间交互设计

放射型构成形态的空间交互设计注重老年人各居室的南向采光，各居室布局灵活，组团形成的共同生活空间内可嵌入医疗护理、老年人机能康复训练、集体就餐和活动等功能。该空间也是养老建筑内形成"场"的区域，平面布局自由灵活，有效缩短了老年人日常生活和护理人员看护照料的相关行为动线，同时，在建筑各朝向均可局部设计通风口，保证室内空气质量。涡型构成形态的空间交互设计使得老年人各居室的布局更加灵活开放，老年人共享的公共空间得以扩大，同时，在各居室之间形成半私密空间和半公共空间，满足不同类型老年人的生活行为需求。同样，在建筑的中心处形成"场"，老年人及护理人员的各种行为相对集中，空间组织形态也较灵活丰富，公共浴室、卫生间、理疗室、谈话室等附属空间也和老年人卧室空间遵循邻接和近接的空间交互设计原则，各功能空间的使用效率得以有效提高。

第二节　贴合心理需求的养老建筑设计

一、养老建筑室外环境设计

（一）养老建筑的选址

养老建筑不仅仅用于居住，不只是一个单体的居住建筑，还要满足老年人各方面的需求，尤其是心理需求。居住作为一个最基本的心理需要，首先要考虑其居住的舒适性，所以养老建筑的位置尤为重要。

1. 交通的便捷性

老年人因为行动不便，而又不希望与亲人相隔太远，因此，交通便捷是老年人选择养老建筑的一个重要因素。首先，老年人与家人的来往需要便捷的交通条件。虽说老年人希望有自己的空间，但是中国的老年人通常更喜欢儿孙满堂的天伦之乐，因此，虽然很多养老建筑坐落在郊区，但是距离中心区域的车程并不太长，这样也便于老年人外出活动和融入社会。并且很多老人会经常到医院看病买药，因此，对于养老建筑设施与医院之间的交通便利性有很高的要求。一般来讲，较好的医院一般都坐落于市里，因此，很多老年人不愿意选择远郊的养老地点。其次，要有至少3条以上的公交线路（公交车、地铁等）可以到达。最后，道路的通畅便捷。道路的不畅会阻碍私家车和救护车的进入，救护车有时能挽救老年人的生命。如果养老建筑坐落于喧闹的商业区或者交通干线上，人员的拥挤和车辆的拥堵在关键时刻可能会阻碍救护车进入那条生命通道，因此，道路的通畅便捷在一定程度上也起到了决定性的作用。

2. 自然的地理环境

老年人对于环境的要求一般是其选择养老建筑的首要因素。优美舒适的自然环境有助于老年人的户外活动与身体健康。如今城市建筑密度大，人流密集，生活、工作节奏很快，老年人很难有自己的户外活动空间，因此，老年人对地理环境的要求也比较高，这也是其心理需求非常重要的一点。老年人很注重休闲活动场所的环境和空气，回归大自然、走进大自然、呼吸新鲜的空气是很多老年人所向往的老年生活。尤其在冬季，清新的空气和没有污染的自然环境对老年人的身心健康都是很有益处的。老年人需要有安静的休息环境，因此，养老建筑应避开人流密集的中心地段。老年人活动不便，他们的大部分时间是在房间中度过的，这就要求建筑的朝向要好，视野要开阔，所以很多养老建筑选择建在公园旁边。例如，北京朝阳区的长友雅苑养老院，位于东坝地区，东侧毗邻东坝郊野公园，有着很好的自然生态环境，空气质量高，为老年人的休闲与活动提供了良好的场所。养老院的主体建筑紧邻首都机场第二高速公路和东五环路等城市交通主干道，多条公交线路和地铁线路可以到达望京、国贸等地区，交通条件便利，有助于老年人的出行和家属的探望。长友雅苑养老院秉承"长者为本、友善养老"的服务宗旨，为老年人营造了一个交通便捷、环境适宜、健康安全的生活环境。

（二）养老建筑的整体布局

建筑的功能布局应考虑到老年人的行动能力与需求。我国多数的养老机构用围墙将养老建筑与外界环境隔开，这样将养老建筑空间与外界相隔离，使两者之间没有了互动和交流。老年人因为身体的衰老本就容易产生孤独感，将他们关在一个密闭的空间，使得老年人的孤独感增强，不利于老年人的心理健康。老年人向往与普通人一样的生活方式，渴望与外界沟通，所以，养老建筑的设计不应成为一个独立的设计，应与外界相互联系，如利用植被、自然地形设计出与外界融为一体的建筑，营造亲切、开放的适老环境，消除建筑的封闭感，加强老年人与外界的交流与互动。

二、养老建筑本体的设计

（一）养老建筑的色彩设计

老年人的视觉、听觉、触觉等感官系统的衰退，会对空间感知模糊，对事物的辨识力和判断力降低，对新环境的适应性也会降低。环境心理学的研究表明，自然光、风以及色彩能够对人的情绪产生影响。鲜艳的颜色能够刺激人的大脑，对于老年人来说能够使生活变得更加富有活力，所以，养老建筑设计应该从老年人的生理和心理需求出发，利用建筑色彩提高老年人的生活品质和幸福感。

（1）可以加大墙体和地面的色彩反差，增强建筑的空间感，提高老年人对空间的感知能力。当前很多的养老建筑中，走廊空间地面和墙面的色彩非常接近，走廊空间通常也没有家具作为参照和对比，这样对于感知能力退化的老年人来说空间感很模糊，难以辨识出墙面和地面的分界线，对于老年人的心理也会产生不利的影响。所以，从老年人心理需求出发，设计中可以将地面运用一些稳重的色彩，和墙面能够产生较大的反差；或者运用护墙板、踢脚线的色彩变化使墙面和地面能有明显的分界，改善老年人模糊的空间感。

（2）加强各个空间的空间感，建立不同楼层的主题色。养老建筑的室内色彩配置都较为和谐雅致，具有一定的统一性，但是，这种统一性中却缺少了一些层次变化和趣味性。老年人因为感知力的降低，认为每个空间都大同小异，很容易走错路，并且对于前来探视的亲友而言，空间留给他们的印象也不深刻。研究表明，红、绿、蓝这3种颜色能够在人们心中产生心理效应，如安静的蓝色和舒适的绿色能够促进睡眠，非常适合在起居室中体现；红色系能够增强人们的食欲，所以可以在餐厅中体现。设计师还可以对不同楼层进行不同的色彩配置，运用明度高、纯度适宜的色彩，不仅能够明显地区分每个楼层，形成差异化的感受，提高人们的好奇心，增强人们的社交活动，还能为建筑营造温馨、愉悦的空间氛围。

（3）用色彩提高老年人的敏感度和对外来信息的关注度。大多数养老建筑内部都采用了较为保守的沉稳、古朴、柔和的装饰色彩，但是，这种色彩配置只适用于老年人的居室设计，古朴、温馨的装饰色彩有助于老年人在休息时保持心情的安稳和安定。但是公共空间可以采用一些饱和度较高的鲜艳色彩，色彩的跳跃能够给老年人的视觉感受带来一些刺激，增强他们对于外界信息的敏感度，提高他们的心理兴奋度，更有助于加强他们对生活的希望与兴趣。

（二）养老建筑的朝向与采光

老年人对于建筑的声环境、光环境、热环境和无障碍空间设计、人体工学环境等都有着特殊的心理需求，养老建筑的设计与规划应当从老年人的心理需求出发。

在我国，老年人更喜欢明亮和有阳光的地方，因此，我国养老建筑对于日照的要求较高，建筑的日照有杀菌、净化空气、提高室内温度等作用，老年人的免疫力较弱，所以，良好的自然光和通风对老年人的身体健康和心理健康也有益处。

建筑的朝向主要和采光有关系，我国地处地球的北半球，欧亚大陆东部，大多地区位于北回归线以北，一年四季的阳光都是从南方射入，因此，我国大多数的建筑都是坐北朝南。但是相较于一般建筑来说，养老建筑对于建筑的朝向与采光有着更高的要求，养老建筑的房间宜为东南向偏东，因为太阳从东方升起，老年人通常醒得较早，东南向的朝阳能够洒满全屋，给老人们带来温暖和更多的希望。东南偏东朝向的布置还可以避免老人在房间中与夕阳的接触和避免了西晒，因为人到迟暮之年看到夕阳，往往会心情低落，所以，东南偏东向的空间布置更利于老年人的身体和心理的健康。

三、养老建筑室内空间设计

（一）养老建筑空间的细部处理

1.卧室空间

相较于中青年人而言，老年人认为卧室的安全性与舒适度比私密性更加重要，老年人的卧室设计应当遵循4个设计原则：保证适宜的空间尺寸、保证活动空间的相对集中、保证家具摆放的灵活性、营造温馨舒适的休闲环境。

（1）保证适宜的空间尺寸。老年人的卧室相较于普通卧室更需要加大的面宽和进深，以便轮椅等能顺利通过。同时，有些老年人因为生活无法自理，需要陪护人员的介护，老年人在介护期的时候，在使用轮椅或者助行器的同时，还需要陪护人员的照顾，因此，卧室除预留轮椅回转空间外，还应预留陪护人员的活动空间。

（2）保证活动空间的相对集中。老年人的卧室空间不应太拥挤，集中的活动空间宜靠近采光窗或阳台，这样便于老人休闲时享受阳光，欣赏室外风景。如果卧室的空间有限，可以将落地凸窗或者阳台与卧室结合，形成一个完整的活动区，同时增大了卧室的进深。或者将活动空间设置在入口处，更加方便老人的通行，并且方便坐轮椅老人进行活动。

（3）保证家具摆放的灵活性。老年人居住的卧室家具不宜过多，但是卧室空间的形状尺寸与家具的定制和布局应当有一定的灵活性。老年人可以根据自己的生活习惯和自己的心理需求灵活地改变家具的摆放方式，这样能够让每个老人感到最舒适的状态。所以，建筑设计应考虑到老年人的各种心理需求，根据他们的需求设定卧室的空间尺寸与门窗的位置等，使得不同的家具摆放方式都可以实现，使空间更加灵活多变。

（4）营造温馨舒适的休闲环境。第一，选择适合的朝向。朝向对于空间的采光、通风、降噪和节能等方面都会产生一定的影响。尤其对于老年人来说，他们更加喜阳畏冷，不良的朝向不仅会影响老年人居住的舒适度，并且会引起他们心理的变化，甚至会因为通风等问题影响到他们的健康。所以卧室的布置宜朝南，白天的时候太阳光线能够直接照射到床上。这样老年人在休息或者生病卧床时可以享受到阳光，也更加有利于房间的卫生。第二，增强通风与采光的要求。老年人的卧室需要合理的设计与布置，因为他们对于通风和采光的要求较高，良好的通风与采光对于他们的生理和心理健康也有着至关重要的作用，所以要通过调整卧室门窗的相对位置，合理地组织好室内的通风流线，以免造成通风的死角。第三，注重隔绝噪声。卧室的设计尽量避免在电梯井附近，防止电梯运行的噪声影响老年人的休息与生活。卧室的设计也应当与公共活动区分开，最好能将动区与静区分隔开。应防止空调室外机的位置离老年人床头过近，影响老人的休息与睡眠。

2. 交通空间

楼梯厅、电梯厅、走廊、门厅等都是建筑的交通空间，是养老建筑中重要的辅助空间。交通空间将各个功能区连接，是养老建筑中使用率最高的空间。交通空间要符合老年人人体尺寸的规定。大部分养老建筑能够满足老年人基本通行的需求，能够提供较为方便、安全的交通空间，但也存在着一些问题，如走廊的长度过长，楼梯、电梯数量不足、位置不合理，走廊扶手设计不够安全等。交通空间不仅仅是一个通行的空间，更是一个老年人交流、休憩停留的空间。一个好的交通空间设计应该在满足基本功能需求的前提下进行更加精细的人性化设计，满足老年人的生理和心理需求。

首先，交通空间应满足其功能性。养老建筑中电梯的设计应按照货梯、客梯、医用电梯等进行分类和规划。在紧急情况下，不同类型的电梯也可共用，如货梯和医用电梯可以作为客梯使用。各类电梯的布置也应考虑各个功能空间的设置与出入口的位置，以提高电梯的利用率。养老建筑中走廊空间的设计也应考虑到每个功能空间，走廊空间作为一个能够引导行为的空间，使各个功能区之间的过渡没有那么突兀。走廊空间也应避免过于宽大，使老年人产生孤独、空旷的感觉。因此，设计师在设计时应考虑其功能性，走廊空间的便捷性对于老年人来说尤为重要。

又如楼梯的设计，有些养老建筑在设计楼梯时，没有考虑到老年人的行为特征和心理需求，将楼梯梯段设计得过长或者过陡。老年人在上下楼梯过程中都要休息多次，加重了老年人的行动负担。有些养老建筑在楼梯扶手安装上也存在一些问题，如有些楼梯扶手安装不连续，在楼梯踏步的起始段没有布置，导致老年人在上下楼梯抬脚上踏步时无处可扶而站不稳甚至摔倒。所以，正确合理的楼梯扶手布置应在楼梯的起始端和末端都有一段水平的扶手作为老年人上下楼梯时的缓冲（图8-1）。

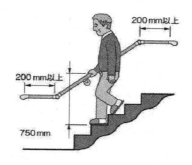

图 8-1　正确的楼梯扶手安装示意图

其次，交通空间的设计应该人性化。例如，走廊空间的设计不仅是一个交通流动空间，也是能够提升建筑亮点，走廊空间的设计能够提升整个室内氛围，如走廊墙面的设计、走廊吊顶的设计都能为老年人营造出温馨的氛围，如在墙面预留出展示老年人文艺特长的书画作品、摄影作品等，都能使走廊变得更加丰富，给人以深刻的印象。有些走廊空间的设计较长，那么就可以在走廊上布置座椅，供老年人短时间休息，这也有利于老年人的相互交流。

最后，交通空间的设计应该容易识别。交通空间的设计应具有可识别性，尤其是对于老年人来说，由于身体机能的衰退，容易迷失方向，而养老建筑经常会出现回形走廊，为了防止老年人迷路，可以将标识的颜色和材质进行合理的运用与布置。例如，养老建筑踏步的处理，老年人因为视力的下降，对地面高差的分辨力减弱，所以楼梯踏步应用色彩或者材质加以区分。

3.公共空间

根据设计的要求，养老建筑通常都设有棋牌室、书报室、绘画室等。很多设计师不知道如何将这些空间融合，所以很多养老院都将这些空间分隔成单独空间。老年人的生活其实应该是非常丰富的，将这些空间分隔成单独空间有时反而会增加他们的孤独感，设计时可以将几个空间相融合，不用墙体将它们强制分开，可以运用透明的玻璃墙，增强每个空间的融合性和可视性。这样可以增强老人们的交流欲望，公共娱乐空间本就应该有热闹的氛围，这样还可以吸引更多的老人来参与，使气氛更好。

（二）养老建筑空间的标准化细节设计

1.竖向交通的设计

设计规范规定的普通楼梯宽度为 260 mm，高度为 170 mm。但是对于养老建筑来说，规范中规定的公共建筑楼梯的宽度不能超过 320 mm，高度不得高于 130 mm。这种缓坡楼梯的设计不仅考虑了老年人生理上的体力要求，而且考虑了老年人心理上对于普通楼梯的坡度给他们带来的恐惧感。缓坡楼梯的设计标准是根据老年人的生理特征制定的，考虑了能够自理型老年人的抬腿高度、走路时的步伐频率、老年人的体能等特征而设定的。楼梯梯段的宽度大于普通楼梯的宽度，对于行动不便的拄拐杖的老人也适用。根据无障碍设计通道的规范，坡道坡度比为 1：12，除了方便老人行走和搬运东西外，坐轮椅的老人也可以依靠自身的能力通过。但是，如果将坡度比设计成为 1：20，那么老年人坐轮椅通行会更加方便省力，更加人性化。同时坡道也不宜过长，以免给坐轮椅的老人带来不便。

2. 高差处的设计

有些建筑空间之间存在着高差，这对于老年人来说非常危险。老年人在行动时，因为生理的原因很难发现地面上微小的高差变化，很容易绊脚跌倒，发生危险，所以在有高差的两个空间之间应设置缓坡作为过渡，如卫生间和其他空间的高差，这样的缓坡作为过渡连接有效地避免了危险的发生，同时也消除了老年人的害怕心理。

3. 重视老年人的人体尺寸特殊性

老年人与年轻人的身形不同，老年人的身形相对略小，动作幅度也较小，有些老年人还需要一些特殊尺寸的设计来满足他们坐轮椅的通行。所以设计人员在进行建筑设计时还需要特别重视老年人的特殊性，如在起居室中，家里一般使用的电视尺寸为 46 英寸（116.84 cm），电视与沙发之间的距离为 3.6 m 时是最佳的，这样坐在沙发上看电视的效果是最好的，也不会损失眼睛。但是对于老年人来说，因为视力的衰退，看电视的距离与年轻人相比较小，设计师在设计时就要缩小电视与沙发的距离，这样对于老年人而言才是较为舒适的距离。

第三节 幼儿园与养老建筑设计的结合

一、基地选址

对于一个建筑设计项目而言，选址是首要的，也是至关重要的。特别是本节所研究的幼儿园与养老院结合（以下简称"老幼院"），其建筑设计要同时满足老年人和儿童这两个特殊群体的生理和心理需求。此外，选址要充分考虑基地的现状环境，包括基地的自然环境、人工环境以及社会环境3个方面。自然环境是指水、土地、气候、植物以及地形地貌等；人工环境是指已有的空间环境，包括基地周围的街道、保留建筑、能源供给、红线退让、行为限制等；社会环境是指历史环境、文化环境及社区环境等。

（一）选址原则

项目选址在遵循上位规划、符合经济政策的条件下，还要同时满足国家针对养老建筑与幼儿园建筑编写的一系列设计规范，经分析总结可以归纳为以下5点：

（1）基地应远离污染源、噪声源及危险品生产、储运的区域，并满足有关卫生防护标准的要求。

（2）基地应选在地质稳定、地形平坦、场地干燥、排水通畅的场地，基地内不宜有过大、过于复杂的高差。

（3）基地应选在交通便捷、方便可达的地段，但应避开公路、快速路及交通流量大的交叉路口等地段。

（4）基地应选在阳光充足、通风良好的地段，以保证老年人和儿童的生活用房拥有良好的朝向，且冬至日满窗日照不小于2 h。

（5）基地应选在自然环境良好、基础设施完善的地段。

（二）选址分类

随着城市发展进程的加快，市区逐渐出现用地紧张、地价高昂的问题。为了节约土地、降低成本，有一部分养老院选择在郊区建设，所以，目前养老院根据地理位置可以分为市区型和郊区型两类。市区型养老院的优点是交通便利，子女探视或自己出行较方便，周边设施资源充分；缺点是建筑密度高，住宅多为高层，建筑床位紧张，环境及空气质量较低。郊区型养老院的优点是空气清新，视野开阔且环境安静，建筑密度低，住宅层数多为中低层，收费较低；缺点是交通不便，路途较远，周边设施资源匮乏。

幼儿园与市区型养老院相结合比较容易，与郊区型养老院相结合则比较困难。因为过分偏远的郊区型老幼院，会给需要天天接送孩子的家长带来很大的不便，而且老年人也不适宜长期居住在远郊，否则容易与社会隔离，造成心理压力，所以，老幼院在选址时要尽量靠近城市中心区域，近郊区域也可。

综上所述，老幼院的基地选址根据地理位置可以分为市区型和近郊型两类。

二、总平面设计

（一）主体建筑用地与室外休闲活动用地分开布置

主体建筑用地与室外休闲活动用地分开布置，这种布局形式最大的优点就是给老年人与儿童创造了相对安静的休息环境，缺点就是降低了建筑与室外的"交流"，也削弱了老年人与儿童的"交流"，如老年人坐在阳台观看儿童在室外玩耍的需求不能得到很好的满足等。这种布局形式主要包括以下两种情况：

（1）主体建筑用地与室外休闲活动用地呈南北方向布置。这种布局形式常见于东西向距离较短、南北向距离较长基地。通常北半部布置主体建筑，南半部布置休闲活动场地。

这种布局形式的优点是基地内（包括主体建筑和室外休闲活动场地）均能获得充足的采光和良好的通风；老年人和儿童生活用房南临室外休闲活动场地，视野开阔，有利于促进身心健康；北部布置主体建筑还可以避免室外休闲活动场地遭受冬季西北寒风的侵袭，这样，老年人和儿童在冬季也可以进行适当的户外活动。其缺点是无序的室外休闲活动场地需要通过另外的流线贯穿方式，或者区域划分方式进行有序地组织。设计时，要注意主入口的位置选择，尽量布置在基地北侧，这样既方便服务用房与外界的交流，也可避免闲杂人员进入室外休闲活动场地。

（2）主体建筑用地与室外休闲活动用地呈东西方向布置。这种布局形式常见于南北向距离较短、东西向距离较长基地。通常西半部布置主体建筑，东半部布置休闲活动场地。这种布局形式与上一种布局形式相似，不同之处是生活用房与室外休闲活动场地呈横向并置，相互之间的对话关系不够紧密。

（二）主体建筑用地与室外休闲活动用地合并布置

主体建筑用地与室外休闲活动用地合并布置，这种布局形式与上述布局形式的优缺点正好相反。其最大优点是增加了建筑与室外的"交流"，相应地也加强了老年人与儿童的"交流"；缺点是会对老年人与儿童的休息环境造成影响。这种布局形式主要包括以下 3 种情况：

（1）主体建筑用地与室外休闲活动用地各据一角，呈包围布置。这种布局形式多见于主体建筑呈"L"形或折线形，通常布置在基地的西北部，将室外休闲活动用地围合在其中。

这种布局形式的优点是主体建筑与室外休闲活动场地关系密切，可以发生多层次的互动；主体建筑向心布置，面向东南，既可以在夏季保证通风顺畅，又可以在冬季提供避风场地。缺点是室外的噪声很容易影响老年人和儿童的休息，所以，要注意采取一定的降噪措施。此外，设计时主要出入口宜布置在西侧，这样道路交通便捷，而且老年人与儿童可以独享内院，避免受到干扰。

（2）以室外休闲活动用地为中心，将主体建筑用地环绕其布置。这种布局形式多见于主体建筑呈"回"字形或"凹"字形，通常位于基地的边缘处，将室外休闲活动场地包围在其中。

这种布局形式的优点是可以得到大面积而完整的室外空间，且与周边各类用房联系紧密，无形中促进了老年人与儿童的交流，达到活跃气氛的效果；有利于工作人员对院内动态的观察、检查和管理。缺点是由于建筑沿基地边缘多面布置，必然会存在一部分东西向的房间。所以设计时，要妥善处理好西晒的问题，最好避免将老年人和儿童的生活用房布置在东西向的建筑里。

（3）以主体建筑用地为中心，将室外休闲活动用地分割成不同的功能区域。这种布局形式多见于主体建筑呈"H"形或枝状形，通常跨越整个基地，其中老年人和儿童的生活用房应该布置在最佳位置，服务用房分散穿插在生活用房各部分，或者单独集中布置在主体建筑距离主入口较近的一端，供应用房应该选在基地的边缘处布置，主次入口尽量分设在不同方向的两条道路上。

这种布局形式的优点是老年人和儿童生活用房都有良好的通风、采光条件；室外休闲活动场地分区布置，互不干扰。缺点是建筑占地较大，室外空间分割零碎，不够开阔，不利于通风，老年人与儿童也很难形成互动；室外场地容易常年处于阴影中，不利于老年人和儿童的身心健康。所以设计时，要有意识地留一块方位较好的、面积较大的室外场地，作为老年人和儿童共同的休闲场地。

（三）因地制宜的总平面布局方式

设计老幼院总平面时，如果是在新基地上一般比较容易，因为新基地通常会比较规整，没有过多的限制条件，这时候可以根据实际需要采用上述布局形式进行设计。但如果是在已有建筑的基础上进行加建或者改建时，总平面的布置就可能面临较多的困难，因为要多方面考虑现状条件所带来的限制，包括与原有建筑的结合、场地的不规整等，这时，就不能直接照搬上述布局形式，而应根据实际情况，尽可能地使总平面布局合理。

三、建筑设计

（一）建筑布局

1.建筑平面组合基本形式

（1）分散式布局。这种平面组合形式是将生活用房、服务用房、供应用房三者分开独立设置，多见于用地充裕的新建基地或者有条件的老基地。其中，生活用房通常布置在基地的最佳位置，以满足其特殊的采光和通风要求；服务用房一般会布置在临近主出入口位置，便于与外界的交流；供应用房作为食材和其他货物的集散地，通常与次出入口相连，位于较偏僻的位置。

这种平面组合形式的优点是减少了外界对老年人和儿童生活的打扰；降低了供应用房产生的噪声、气味、烟尘等污染对生活用房造成的影响；

室外环境场地连贯、视野开阔。缺点是由于建筑布局过于分散，使得占地面积较大；三部分用房之间距离较远，导致联系不便，尤其是在天气恶劣的情况下，很难进行交流。最优解决方案是增设廊道，不过这必然会增加交通面积，提升成本，所以，设计时要重点考虑这一问题。

（2）集中式。这种平面组合形式是将生活用房、服务用房、供应用房三者集中合并布置，多见于用地较紧张的基地或者老建筑改建等情况，且同等功能要求下，楼层一般较高。与上述平面组合形式一样，生活用房通常布置在基地的最佳位置，服务用房布置在主体建筑的前端，接近院区主出入口，供应用房布置在主体建筑的后端，接近院区次出入口。

这种平面组合形式的优点是节约用地，交通面积较少，老幼院的三个功能组成部分联系紧密，便于管理。缺点是服务用房和供应用房与生活用房距离太近，人流穿梭、机器运转等都不可避免地给老年人和儿童的生活带来一定的干扰。所以设计时要合理处理三者之间的关系，适当采取降噪措施。

（3）综合式。综合式是根据实际情况结合上述两种建筑组合形式，形成半分散半集中式。这种组合形式有 3 种情况：一种是将服务用房与生活用房毗邻，供应用房单独布置；另一种是将供应用房与生活用房毗邻，服务用房单独布置；还有一种是服务用房与供应用房毗邻，生活用房单独布置。

这种组合方式的优点如下：第一种可以降低供应用房噪声、气味等对生活用房的干扰；第二种可以降低外界对生活用房的干扰；第三种是可以降低外界和供应用房对生活用房的干扰。

2. 生活用房平面组合的基本形式

（1）竖向分层式。这种组合形式建议将儿童生活用房布置在低层，老年人生活用房布置在高层，而且可以根据老年人身体情况，按照自理型老年人、介助型老年人、介护型老年人类型，楼层依次升高。

这种组合形式的优点是尽可能地避免了由于儿童的活泼好动给老年人休息带来的干扰；老年人更具有参与交流的主动权，完全可以根据自己的实际需要和主观意愿来调节生活节奏，有选择地与儿童发生对话。设计时，还可以把共用的一些文化教育空间和娱乐活动空间布置在底层，以便为老年人与儿童提供更多的交流场所，同时尽可能地降低对休憩空间的打扰，而且底层公共空间更容易与室外产生互动，增加生活的乐趣。

（2）水平分区式。这种组合形式是将老年人生活用房部分与儿童生活用房部分布置在同一层的不同区域，建议将儿童生活用房与自理型老年人或介助型老年人布置在同一层，因为介护老年人相对而言需要更多的休息，应该独立设置。但这并不是说介护型老年人与儿童完全没有交集，他们之间更多的"交流"是观望与被观望的关系，如介护型老年人观看儿童玩耍或者组织儿童探望介护型老年人等，儿童的天真向上会感染这些老年人，让他们的精神生活更充实。

这种组合形式的优点是增加了老年人在室内与儿童进行"交流"的可能性。不过设计时要注重降噪处理，避免影响老年人休息。

（二）具体的建筑设计

1. 减弱公共空间的界面隔阂

文化教育空间和娱乐活动空间部分可以根据实际情况采用玻璃等材质与走廊隔断，实现界面的渗透，从而增加视线上的交流；也可以采用灵活隔断，设置小范围的开放空间，实现界面的消解，从而扩大接触面，促进交流。

2. 增加走廊空间的交流场所

走廊空间无论是在功能上还是在面积上都是建筑的重要组成部分，合理优化走廊空间设计，改变传统走廊只是连接各个封闭空间的交通作用，使走廊空间功能多样化，可以达到意想不到的效果。设计人员可以适当增加走廊的界面范围，营造出一些主题不同的、有意思的小"厅"，给老年人和儿童提供更多的停驻空间，促进他们的交流，丰富他们的生活。

3. 加强屋顶平台的有效利用

屋顶平台是建筑的一个特殊部分，它紧密地联系着室内与室外，不仅在生活中为老年人提供了丰富的空间，在精神上也给予了老年人不同的感受。屋顶平台的有效利用可以增加院区的活跃性，这在用地紧缺的城市中显得尤为重要。它不仅可以为老年人与儿童提供交流的场所，还可以为老年人观望室外孩子玩耍提供良好的视野，设计时要注意加强屋顶平台的舒适性和安全性。

四、室外环境设计

（一）室外环境布局形式

1. 并列式布局

并列式布局是将老年人专用休闲活动场地、儿童专用休闲活动场地和公共活动场地三者各自独立分开，根据基地情况呈并列形式设置。这种布局形式的优点是各部分功能明确，较大程度地降低了对彼此的打扰。缺点是三部分场地独立有余、联系不足，减少了彼此间的交流，如果想去其他场地还要特意过去，不能及时了解其他场地的动态。例如，老年人想观看孩子们在器械上玩耍或在开阔的场地上追逐时，就必须特意去儿童专用休闲活动场地，这样容易降低老年人的积极性。

2. 环绕式布局

儿童专用休闲活动场地属于一个偏动态空间，存在形式多为方形整块场地，老年人专用休闲活动空间属于一个偏静态空间，存在形式比较多变，环绕式布局中公共空间刚好作为一个过渡空间联系二者。这种布局形式的优点是三部分场地既相互独立又相互联系，是比较理想的形式。

3. 综合式布局

综合式布局是根据具体情况既有并列式布局，又有环绕式布局，它是对上述两种布局形式的综合使用。其突出的优点是适应性强，具有上述两者的优点，但它设计起来较为复杂，要注意协调各场地的相互关系。

（二）室外环境具体设计

1. 休闲活动空间设计

老幼院的室外休闲活动空间是老年人在室外待的时间最长、利用频率最高的一部分功能空间。休闲活动空间根据老年人活动形式的不同，可以分为静态型休闲活动空间、动态型休闲活动空间和观望型休闲活动空间3种不同形式。

由于老年人来自不同的家庭环境，有着不同的社会经历、不同的经济条件、不同的文化水平和不同的生活习惯，所以，有时候他们更愿意独处或者和几个趣味相投的老年人聚在一起。静态型休闲活动空间就是通过在室外做一些有意思的隔断和围合，创造出一些舒适宜人的小场景，为老年人提供一些相对独立、安静的空间。

相对而言，老年人和儿童在室外的活动更多的还是动态型的活动。老年人在室外可以参与健身、跳舞、唱歌、朗诵等活动，儿童则主要是在室外器材上玩耍或者在广场上追逐游戏。丰富的文娱活动和人际交往有利于老年人和儿童身心的发展，而且，老年人和儿童一起生活、在室外共同活动会带来更多的乐趣。所以，设计动态休闲活动空间时要注重空间层次和尺寸的把握，可以考虑通过绿色植物的围合，形成若干尺寸适宜的空间来满足不同活动类型的需求。

除了上述两种休闲活动空间类型之外，还有一部分老年人由于身体状况等原因，不能完全参与活动，所以，要为他们设计一些观望型休闲活动空间，使这些老年人可以观看孩子们玩耍和其他老年人的活动，感受他们的朝气和快乐，从而改善自己的心理状态。设计时可以利用树荫、廊道等元素实现空间的塑造，要尽量避免其与动态型休闲空间之间的视线遮挡，要让这些老年人有参与感。

2.园艺种植空间设计

园艺活动是老年人休闲养老中最受欢迎的活动之一，也是儿童比较钟情的活动之一。幼儿园会定期组织儿童去院区观赏和采摘，所以，如果条件允许的话，可以在老幼院设置一片园艺种植空间。适当的园艺活动可以使老年人亲近大自然，更有归属感、自立感、成就感，有利于他们的身体健康，也可以培养儿童热爱劳动、节约粮食、爱护自然的美好习惯和品质。

3.景观观赏空间设计

室外环境最吸引人的就是室外的景观观赏空间。喜欢绿色植物、有生命力的花草是人的天性，而且绿色植物有净化空气、优化环境、软化道路转折角等功能。设计时巧妙利用植物的种类、形态、色彩进行布局，再辅以景观小品的点缀，可以增加室外绿化空间的趣味性和观赏性，老年人和儿童徜徉其中可以体验生命的朝气和生活的惬意。

4.步行交通空间设计

在不同的活动场所中，步行交通空间是不可缺少的组成部分。在老幼院中，儿童行走多是具有目的性的，从一个空间到另一个空间，这里主要还是起交通作用；而对老年人而言，除去交通的因素，步行还是一种重要的日常活动方式，如消遣、散步等。因此，步行空间在老幼院是集交通、休闲、交往等多种作用于一体的复合空间。所以，理想的步行空间应该在满足交通这项基本功能的基础上，带给老年人舒适感，同时提高老年人和儿童交往的可能性。

进行步行交通空间的设计时，首先，要设计合理的循环路线。随着身体机能的减弱，老年人的记忆力也会逐渐衰退，所以，设计时要让老年人知道自己身处何地、想去何处、要经过什么样的路线，若这些信息不清晰，老人会产生迷茫感，以至于影响老年人室外活动的积极性。步道设置最好经过老幼院内的各个活动场地，位于场地外和附近活动区域视线可达的范围内，能相互连通形成环路；其次，要选择适当的步行距离。受体力的影响，老年人和儿童不论在体力上还是在意愿上，行走距离都要比一般人短得多。步行空间可以有意识地安排各种丰富的小空间，使得步行空间更加紧凑，让行走者感觉距离缩短，不易产生疲劳感，同时可以丰富步行的节奏，增加不同的空间感受。

参考文献

[1] 宋剑勇，牛婷婷 . 智能健康和养老 [M]. 北京：科学技术文献出版社，2020.

[2] 马斯洛，荣格，罗杰斯，等 . 人的潜能和价值：人本主义心理学译文集 [M]. 林方，主编 . 北京：华夏出版社，1987.

[3] 王洪羿 . 走向交互设计的养老建筑 [M]. 南京：江苏科学技术出版社，2021.

[4] 周燕珉 . 养老设施建筑设计详解 1 [M]. 北京：中国建筑工业出版社，2018.

[5] 周军 . 养老建筑设计现状与发展趋势研究 [M]. 长春：吉林大学出版社，2019.

[6] 陆杰华，郭冉 . 从新国情到新国策：积极应对人口老龄化的战略思考 [J]. 国家行政学院学报，2016（5）：27-34，141-142.

[7] 魏金玲 . 关注老人精神需求与加强我国精神养老 [J]. 决策与信息（中旬刊），2015（12）：284-286.

[8] 杜浩渊，王竹，裘知 . 我国养老设施相关设计规范解析 [J]. 建筑与文化，2017（9）：107-109.

[9] 穆光宗 . 关于"异地养老"的几点思考 [J]. 中共浙江省委党校学报，2010，26（2）：19-24.

[10] 袁开国，刘莲，邓湘琳 . 国外关于异地旅游养老问题研究综述 [J]. 福建江夏学院学报，2013，3（6）：63-69.

[11] 崔树义，杨素雯．健康中国视域下的"医养结合"问题研究 [J]. 东岳论丛，
2019，40（6）：42–51，191–192.

[12] 高鹏，刘赚．乡村建设中养老建筑设施问题的研究 [J]. 居舍，2018（2）：
158，167.

[13] 高鹍飞，孙荣苃．农村集体养老建筑设计研究 [J]. 建筑知识：学术刊，
2014（12）：36，43.

[14] 魏则超．面向城市人群的乡村养老建筑设计研究 [J]. 工程建设与设计，
2019（6）：17–18.

[15] 孙君．郝堂村一号院改造，信阳，河南，中国 [J]. 世界建筑，2015（2）：
94–99.

[16] 袁帅，郭彦．田园综合体模式下的养老建筑设计研究 [J]. 城市建筑空间，
2022（1）：99–101.

[17] 孙俊桥，杨亚婕．基于"医养结合"的介护级养老建筑设计研究 [J]. 人民
论坛，2015（33）：200–201.

[18] 唐树斌．医养结合建筑设计的探讨 [J]. 工程技术发展，2020，1（1）：15–16.

[19] 顾工，李静，孙安其．山地度假型养老建筑设计探析 [J]. 中国住宅设施，
2019（10）：46–47.

[20] 杨浩，冯杰．论绿色理念在建筑设计中的应用 [J]. 住宅与房地产，2016
（24）：82.

[21] 石大建，余哨．农村终生自立养老模式探索 [J]. 黄冈职业技术学院学报，
2022，24（3）：87–91.

[22] 谢国萍，俞昀，毛龙生．"互联网＋嵌入式"社区养老模式探析 [J]. 城市开发，
2022（6）：76–77.

[23] 方礼刚．"候鸟式"养老背景下乡村旅游养老模式设计分析 [J]. 农业经济，
2022（5）：140–141.

[24] 黄靖语．新发展阶段农村互助养老模式发展研究 [J]. 黑龙江人力资源和社
会保障，2022（9）：22–24.

[25] 苏农比・居来提．我国农村互助养老模式研究 [J]. 农村实用技术，2022（4）：
17–19.

[26] 李英杰，颜丽娟，冯明伟."互联网＋社区互助"养老模式探究 [J]. 北京劳动保障职业学院学报，2022，16（1）：53-57，63.

[27] 樊洁，王亚玲，张涛梅，等.医养救护一体化结合新型养老模式探究 [J].国际护理学杂志，2022，41（6）：1148-1151.

[28] 刘洁茹，王丹丹，相号号，等.关于医养结合战略下的智慧养老模式的思考：以南方城市为例 [J].科技风，2022（7）：154-159.

[29] 冯玉莹."医养结合嵌入式"养老模式的必要性、困境与对策研究 [J].云南民族大学学报（哲学社会科学版），2022，39（2）：66-75.

[30] 魏鑫.新农村背景下农村互助养老模式研究 [J].黑龙江科学，2022（3）：8-10.

[31] 蒲新微，孙宏臣.互助养老模式：现状、优势及发展 [J].理论探索，2022（2）：54-60.

[32] 刘洁，鲁捷.医养结合养老模式困境及对策 [J].合作经济与科技，2022（6）：166-167.

[33] 喻倩倩，代方梅，李可乐.健康老龄化背景下"体养融合"养老模式研究 [J].体育科技文献通报，2022（2）：92-94.

[34] 费越，王菲，宋玉姗.医养结合模式下老年人养老建筑智能化设计：以常州湖塘悦康养老中心改造设计为例 [J].绿色科技，2021，23（24）：241-245.

[35] 李彦，尚玉涛，喻思雅."医养结合"模式下养老建筑的康复景观设计 [J].工程建设，2021，53（12）：22-27.

[36] 周于翔，周京蓉.基于老年人心理需求的养老设施建筑设计研究 [J].城市建筑，2021，18（20）：106-108.

[37] 张淼，吴绍鹏.基于老年人心理需求的养老建筑规划模式探析：以北京市医物园建筑方案设计为例 [J].中国住宅设施，2021（5）：5，93-94.

[38] 刘彤."医养结合"模式下的养老建筑探究：以从化惠仁医院一期项目设计为例 [J].低碳世界，2021（3）：110-111.

[39] 李晶磊.医养结合模式下养老机构建筑设计实践探讨：以上海某新建公办养老院为例 [J].建材与装饰，2020（17）：57-58.

[40] 练桂芳. 基于心理需求的养老建筑设计研究 [J]. 城市建设理论研究（电子版），2020（3）：12.

[41] 孙婷婷，冯晨阳. 农村互助养老模式下建筑设计研究 [J]. 住宅与房地产，2019（28）：217.

[42] 魏则超.“医养结合”养老模式下介护级养老建筑设计分析 [J]. 工程建设与设计，2019（4）：21–22.

[43] 杨艳梅. 医养结合型养老设施建筑设计策略研究：以成都地区为例 [D]. 成都：西南交通大学，2015.

[44] 史俊. 基于老年人健康差异下的养老院建筑设计研究 [D]. 苏州：苏州科技大学，2016.

[45] 尹颖. 我国住房反向抵押贷款养老模式分析 [D]. 南昌：江西财经大学，2019.

[46] 杨椰蓁.“医养结合”模式下养老建筑设计策略初探 [D]. 西安：西安建筑科技大学，2018.

[47] 张瑞瑞. 基于绿色建筑理念的关中地区养老建筑设计策略研究 [D]. 西安：长安大学，2020.